2016
甘肃科技发展报告

主　编：李文卿

副主编：王　彬　曹　方

甘肃科学技术出版社

图书在版编目（ＣＩＰ）数据

2016甘肃科技发展报告 / 李文卿主编. --兰州：
甘肃科学技术出版社，2016.9
　ISBN 978-7-5424-2354-2

　Ⅰ．①2... Ⅱ．①李... Ⅲ．①科学研究事业－研究报
告－甘肃－2016 Ⅳ．①G322.742

　中国版本图书馆ＣＩＰ数据核字（2016）第220203号

出 版 人　王永生
责任编辑　刘　钊（0931-8773274　13919356432)
封面设计　冯　渊
出版发行　甘肃科学技术出版社（兰州市读者大道568号　0931-8773237）
印　　刷　兰州中科印务有限责任公司
开　　本　880mm×1230mm　1/16
印　　张　16.75
字　　数　506千
插　　页　4
版　　次　2016年10月第1版　2016年10月第1次印刷
印　　数　1~700
书　　号　ISBN 978-7-5424-2354-2
定　　价　68.00元

前　言

2015年是"十二五"收官之年，是科技体制改革扎实推进之年，也是科技创新成果汇聚与收获之年。习近平总书记、李克强总理多次就加快科技创新，实施创新驱动发展战略作出重要指示。十八届五中全会把创新发展作为五大发展理念之首，强调创新是引领发展的第一动力，要求充分发挥科技创新在全面创新中的引领作用。在省委、省政府的坚强领导下，全省科技工作紧紧围绕经济社会发展大局，坚定不移实施创新驱动发展战略，扎实推进科技体制"八项改革"，各项工作迈上了新台阶，创新能力和科技实力进一步增强，取得了一批重大科技成果，涌现出了一批创新人才，全社会大众创业万众创新蓬勃兴起，为适应和引领经济发展新常态，保持经济平稳发展提供了强有力支撑。

抓创新就是抓发展，谋科技就是谋未来。过去的一年，全省科技系统充分发挥科技创新在促进跨越式发展中的核心作用和主导力量，加快构建以企业为主体、以市场为导向、以应用为目的的区域创新体系，充分发挥兰白科技创新改革试验区的龙头作用，建立从试验研究、中试到生产无缝对接的创新链条，把科技需求侧同技术研发侧、转化侧贯通起来，培育发展新动能，改造提升传统动能，依靠创新驱动促进发展，促进产学研一体化，进而服务于实体产业，实现经济和科技发展的良性循环。2015年，甘肃省7项重大科技成果获国家科学技术奖，登记省级科技成果819项，技术市场合同交易额达到130.3亿元，有效发明专利4093件，PCT国际专利申请19件，万人发明专利拥有量1.59件。科技对经济增长的贡献率达到50.3%。

当前，在新一轮技术革命、产业革命和信息化变革交融对接的时代大背景下，科技创新从技术维度的单一创新转向"新技术、新业态、新模式、新产业"的集成创新，"四新"经济时代的到来，使甘肃又进行到一个新的交汇点。我们要坚持创新、协调、绿色、开放、共享的发展理念，聚焦"3341"项目工程、"1236"扶贫攻坚行动和"丝绸之路经济带"甘肃段建设，全面落实创新驱动发展战略重大部署，更加注重改革任务落实，更加注重营造良好创新环境，更加注重基础研究和原始创新，更加注重成果转移转化，更加注重依靠科技人员和服务创新主体，更加注重自身能力和作风建设，发挥科技创新在供给侧结构性改革中的基础、关键和引领作用，提高科技创新供给的质量和效率，加快实现发展动力转换，为实施"十三五"规划、确保与全国同步进入全面小康社会开好局、起好步。

2016年，是全面建成小康社会决胜阶段的开局之年，是推进结构性改革的攻坚之年，也是建设创新型甘肃的关键之年，面对紧迫的发展任务，复杂的国内外形势，科技工作将迎来严峻的挑战，也将迎来大有可为的机遇期，广大科技工作者要抢抓机遇，迎难而上，以新的作为、新的业绩，为深入实施创新驱动发展战略，加快建设创新型甘肃，谱写新的篇章！

编写组

2016 年 9 月

目　　录

综　合　篇

专 题 篇

"十二五"科研院所改革与发展

研 究 篇

科技大事记

Contents

Special Articles

Research Papers

特 载

兰白科技创新改革试验区发展规划

（2015～2020年）

（节 选）

建设兰白科技创新改革试验区，以下简称（兰白试验区），是实施创新驱动发展战略、全面深化体制机制改革的重大举措，是推进"一带一路"国家战略、打造向西开放通道的重要支点，是东西部协同发展、区域一体化建设的试验平台，是欠发达地区创新政府管理和服务、发挥市场导向作用的示范载体，是经济结构转型、实现与全国同步进入小康社会的现实需要。通过体制机制改革、创新资源配置、产业优化升级、科技合作交流等方面的先行先试，促进科技创新与经济社会发展的深度融合，最大限度地激发科技第一生产力、创新第一驱动力的巨大潜能，增强科技进步对经济发展的贡献度。积极探索欠发达地区依靠创新驱动、实现跨越发展的新模式和新路径，把甘肃从经济社会发展的后院变成"一带一路"战略的前沿，将兰白试验区建成丝绸之路经济带创新驱动的"发动机、加油站、中继站"。

一、基础条件

培育了具有比较优势的产业集群。集聚了比较丰富的科教人才资源。涌现出一批高端的技术创新成果。探索与建立良好的创新创业环境。具有战略意义的区位优势和功能。

二、指导思想和发展目标

（一）指导思想

全面贯彻落实党的十八大和十八届三中、四中、五中全会精神，深入学习贯彻习近平总书记系列重要讲话精神，落实省委十二届六中全会精神，按照"四个全面"战略布局总要求，牢固树立创新、协调、绿色、开放、共享发展理念。加快实施创新驱动发展战略，全面推进科技创新、理论创新、制度创新、文化创新，加快构建以企业为主体、以市场为导向、以应用为目的的区域创新体系，开展系统性、整体性、协同性改革的先行先试，探索具有时代特征、体现西部特色、符合甘肃省情的创新驱动发展模式。把科技需求侧同技术研发侧、成果转化侧贯通起来，推动大众创业、万众创新，拓展新空间，释放新需求，创造新供给，推动新技术、新产业、新业态蓬勃发展，进一步提高科技贡献率和全要素生产率。立足甘肃、服务全国、辐射"一带一路"，重点实施"三大计划"、"五大工程"、"十项创新改革举措"，全面提升兰白试验区集聚、示范、辐射和带动功能，建成统领区域其他战略平台的高位平台，向西开放黄河上游城市群、陇海兰新经济带的重要产业引擎和创新创业中心。协同京津冀一体化、长江经济带区域发展战略的内陆示范区和创新共同体建设，为全面建成小康社会和创新型甘肃做出积极贡献。

（二）基本原则

深化改革，全面创新。发挥科技创新在全面创新中的引领作用，统筹推进体制机制等方面的改革措施，明确目标，明察路径，明朗标准，明晰载体，破解体制机制障碍和政策壁垒，科技创新与制度创新同步发力，继承与发展同频共振，实现创新要素的整体协同与产业要素的多元协同，深化责任担当，建立长效协同创新机制。

问题导向，精准创新。把补齐发展短板和弥补薄弱环节作为着力点，精准施策，找准改革突破口，强化产业链、创新链、资金链、政策链、服务链的融合和对接，让创新真正成为促进产业发展的有效动力，提高科技创新对经济发展的融入度和贡献率，推动发展升级、小康提速、转型跨越、富民兴陇。

聚集资源，集成创新。聚集、整合、调动内外部创新资源，汇聚创新源头、健全创新机制、强化创新保障、把握创新重点，整合目标，统筹推进，形成科技与产业、人才、资金、信息、文化、金融、贸易、消费、土地等发展要素之间的良性互动和优化配置，统筹各类发展平台，提升集成创新能力。

加强合作，开放创新。围绕资源共享、优势互补和互利共赢主题，畅通创新路径，丰富合作形式，深化交流层次，打造开放品牌，深度对接国家自主创新示范区（试验区），在高新技术产业、创新体系建设、创新基地与人才队伍建设等方面扩大合作规模和领域，提升"丝绸之路经济带"甘肃黄金段的经济技术交流和产业合作能力。

落实落地，系统创新。坚持创新驱动发展战略的目标和方向，统筹衔接当前和长远举措，把握节奏，分步实施，开展系统性、整体性、协调性改革的先行先试，更高质量、更有效率、更加公平、更可持续配置创新资源，注重可操作、可考核、可评价、可督查，确保各项试验举措、重点产业、重大项目落地生根，形成标志性成果。

（三）战略定位

——全面深化改革试验区。持续推进科技教育体制、人才支撑体系、投融资体制等重点领域的改革，建设同频共振、高效协调的基础性制度试验环境。以改革释放创新活力，形成较强的要素聚集能力、科技创新能力、产业发展能力和市场配置能力，营造有利于创新创业和企业成长的良好环境，让创新贯穿于一切工作的全过程。

——创新驱动发展引领区。将科技势能转化为发展动能，将创新盆景打造为产业风景。推动以科技创新为核心的全面创新，促进科技资源的聚集、融合与统筹，依靠创新创业建设甘肃经济社会发展新的动力引擎，率先探索依靠创新驱动经济社会发展的新模式。通过制度创新集聚创新要素，构建有特色、普惠性的区域创新体系和创新生态环境。

——向西开放战略支撑区。发挥丝绸之路经济带黄金段的区位优势，推进以向西开放为重点的全方位开放，在更大空间布局内集聚和释放创新能量和活力，打造特色产业和新兴产业集群，推进高新技术产业化，形成有利于内陆地区开放发展的大服务、大产业、大基地，提升产能与装备、技术与标准、人员与服务国际化水平，建设国家层面发展开放型经济的试验区。

——东西协调发展示范区。强化与上海张江等国家自主创新示范区（试验区）的密切合作，实施双边与多边的科技经济合作项目，促进重大科技项目、高端研发团队、创新基地与服务平台的引进落地，积极参与国家和国际重大项目与工程，吸引科技创新资源向试验区聚集，带动区域间的融合互动和振兴崛起，促进经济社会协调发展，增强发展的整体性。

——新型城镇建设样板区。聚焦制约全面建成小康社会的瓶颈，实施差别化和突破性的政策措施，依靠科技创新支撑新型工业化、新型城镇化发展，率先建设资源节约型、环境友好型的生态文明示范区，探索特色发展、持续发展、绿色发展、共享发展的产城融合模式，以转型跨越提升区域经济社会发展水平，提升公共服务能力，共享试验发展成果。

——产业承接转移先行区。把科技优势、区位优势、资源优势转化为产业承接优势，按照各建设主体功能定位，精准对接市场需求，优化投资环境，壮大产业规模，促进信息技术与传统产业融合，集聚集约集成发展，实现从梯度转移到全面承接再到产业升级的无缝对接，推进重点产业在承接中发展，构建现代产业体系，打造服务于中西部地区承接产业转移的枢纽。

（四）主要目标

到2020年，初步建成创新要素集聚、创新能力领先、创新体制机制健全、创新环境良好、全方位开放合作的试验区，为西部地区深化科技体制改革和现代市场体系建设提供可复制、可推广的示范样板。建设成为西部地区有影响力的区域科技创新中心和创新创业特区。通过一个周期建设，兰白试验区新增地区生产总值超过800亿元，高技术产业增加值占工业增加值的比重达到39%。促进兰白两市科技进步对经济增长贡献率达到60%以上、城镇化率达到80%以上。

（五）试验主题

围绕管理体制试验、运行机制试验、创新模式试验、产业发展试验、军民结合试验、区域一体试验六个主题，实施一批重大试验任务，努力取得一批可复制、可推广、可持续的经验，在试验区内探索"经济活跃、法制健全、社会和谐、环境友好"的新型发展模式。充分授权有关部门和地方政府，从3个层面实施试验任务：一是已明确了具体方向、需要落地的改革举措；二是已明确了基本方向、全面推开有较大风险，需要由中央授权地方开展先行先试的改革举措；三是正在探索并取得一定经验，需要局部试验和推广的相关改革举措，以及地方在事权范围内自主提出，对其他区域有借鉴意义的相关改革举措。加强政策协同，支持和允许试验过程中的试错、容错和纠错，支持各级政府、企业、高校、院所在试验区参加改革试验。

三、空间布局

兰白试验区以兰州新区、兰州高新区、兰州经济区、白银高新区为物理边界，规划面积2448.65 km²，其中兰州新区规划面积占到71%。按照"核心引领、城市辐射、园区带动、产业集聚、突出重点"形成功能梯度布局、产业优化发展的"一核4区多园"总体格局，形成"梯度转移、布局合理、功能互补、协同孵化"的良好创新生态。"一核"即兰白试验区核心创新区，建设科技研发中心、科技孵化中心和科技服务中心。"4区"即兰州新区、兰州高新区、兰州经济区、白银高新区4个区块，"多园"即隶属4区的多个分园与区块、飞地、专业园、集中区，建设专业孵化器、企业加速器和专业园区（基地）。

以兰白试验区为核心，辐射引领省级开发区和工业集中区，将建设经验与模式延伸到酒嘉新能源及新能源装备、金武有色金属新材料、天水高端装备制造、陇东能源化工产业创新区。建立与京津冀一体化、长江经济带、海上丝绸之路的科技、产业、人文有机联系与协同。建设向西开放的纵深创新区域、丝绸之路经济带的创新要素枢纽和流动通道、产业发展的创新平台、国际交流合作示范基地。

四、发展任务

（一）实施三大计划

1. 传统特色产业提质增效创新支撑计划

深入贯彻"互联网+"行动、大数据发展行动纲要和《中国制造2025》，推动新一代信息技术与传统产业有机对接，加快化工、冶金有色、装备制造、建筑材料、轻工等传统特色产业提质改造，完善产业技术创新体系。

2. 战略性新兴产业提速发展创新支撑计划

发挥甘肃省战略性新兴产业发展总体攻坚战骨干企业带动作用，重点培育发展生物、新材料、先进装备制造、节能环保、信息技术、新能源和现代服务业等战略性新兴产业新兴企业，建成一批战略性新兴产业集聚区。

3. 自主创新能力提升计划

构建高效的科研体系。健全应用基础研究平台。完善以企业为主体的产业技术创新机制。鼓励构建以企业为主导、产学研合作、新型机制运作的产业技术创新战略联盟。强化高校院所与企业的产学研合作。

（二）推进五大工程

为深入推动三大计划，围绕主体培育、环境建设、空间优化，为技术研发侧改革提供基础支撑，集中政府资金和资源，优化创新资源配置效率。实施创新型企业培育、创新人才聚集、创新平台建设、创新生态优化、兰白一体化和产城一体化五大工程。

五、改革举措

（一）探索市场与政府作用机制创新改革

厘清市场与政府边界。完善创新资源配置引导。转变政府科技管理职能。

（二）探索科技与经济深度融合创新改革

打通科技创新与经济发展之间的通道。创新科技投融资机制。优化创新型企业上市环境。

（三）探索人才激励机制创新改革

改革人才管理制度。探索创新人才引进和流动制度。完善知识产权归属和利益分配机制。

（四）探索开放合作模式创新改革

开展更加开放的国际创新合作。加强与国内高水平机构的创新合作。发挥国内外智库对试验区的决策咨询作用。

（五）探索科教体制机制创新改革

深化科研院所改革。深化高等教育改革。加强科教协同和开放创新。

（六）探索评估评价制度创新改革

改革创新评估评价机制。改进人才评价方式。

（七）探索财税制度创新改革

持续提高财政科技投入。统筹资金并实现基金化。运用多种财税工具引导企业技术创新。

（八）探索科技服务机构创新改革

大力发展科技服务业。推进科技公共服务平台建设。分类指导各类科技服务机构。

（九）探索企业发展机制创新改革

形成国有企业自主创新机制。推进企业股权多元化改革。非国有经济参与国有企业创新发展。

（十）探索新型城镇化制度创新改革

统筹协调新型城镇化发展。科技创新引领新型城镇化。加大供地保障力度。盘活现有存量用地。

六、阶段进展与分工实施

自2015年起，按照"1+2+3"的时间安排，分为1年基础培育、2年资源聚集和3年突破发展三个阶段。分步骤、分任务、分时段实现兰白试验区建设目标。

七、保障措施

（一）加强组织领导

将兰白试验区建设作为"一把手"工程，建立甘肃省政府、科技部、上海张江示范区管委会三方会商制度。成立兰白试验区工作推进领导小组，由省委、省政府主要领导为组长。组建甘肃省创新办公室，加挂在省科技厅。两市政府分别成立创新办，形成常态化咨询制度。

（二）落实考核评价

按照总体方案和规划要求，把建设目标、重点任务纳入兰州市、白银市政府和4区管委会工作计划、目标责任制考核范围，建立责任明确、行之有效的试验区建设考核评价机制，强化方案执行、绩效评估和期末考核，制度化、规范化地推进各项建设任务实施。

（三）完善投入机制

市场化运作政策性母基金，以试验区产业发展为目的，吸引境内外资金共同参与兰白试验区发展，引入先进的投资管理理念和投资管理人才，努力实现投资效益的最大化，从而实现技术驱动基金的良性循环、滚动发展。

（四）建立统计制度

按照准确性、一致性、规范性、严肃性原则，建立兰白试验区统计监测和评价分析制度，客观设计符合试验区特点的统计指标与体系，按照"一套表"直报规则，纳入统计规范联网直报系统。

（五）强化法治保障

制订发布《兰白科技创新改革试验区条例》，明确试验区管理运行的执法主体，赋予试验区责任主体及各职能部门法定职责。落实《促进科技成果转化法》，完善试验区先行先试政策体系。

（六）统筹规划衔接

规划内容与国家中长期科技发展规划、"十三五"科技创新发展规划、省国民经济和社会发展规划、城市规划、产业规划、土地利用规划、环保规划等密切衔接，积极争取试验区重大项目工程能纳入国家"十三五"各类规划。

綜

合

篇

第一章 科技发展概况

第一节 世界科技发展回顾

2015年，世界经济处于深度调整期，发达经济体保持温和复苏的势头，新兴经济体经济下行压力加大，改革创新任务依然艰巨。这一年，中国深入实施创新驱动发展战略，扎实推进科技体制改革，努力促进经济保持中高速增长，圆满完成了"十二五"规划目标任务，为适应和引领经济发展新常态，保持经济平稳发展提供了强有力的支撑。

一、科技创新政策与发展战略

2015年，中国科技体制改革向系统化、纵深化迈进，发布了《关于深化体制机制改革加快实施创新驱动发展战略的若干意见》。科技成果使用权、处置权和收益权管理改革全面推进，《促进科技成果转化法》修订实施。全社会创新创业活动蓬勃兴起，《关于发展众创空间推进大众创新创业的指导意见》《关于大力推进大众创业万众创新若干政策措施的意见》等颁布实施。

2015年10月，美国发布新版《美国国家创新战略》，提出了"投资创新生态环境基础要素、推动私营部门创新、打造创新者国家"三大创新要素和"创造高质量就业岗位和持续经济增长、推动国家优先领域突破、建设创新型政府"三项战略计划，旨在通过三大战略计划进一步激活三大创新要素，创造一个良好的创新生态系统。

2015年3月，英国公布的核心科学年度预算首次涵盖了创新经费。同年，设立了58亿英镑的国际气候基金，其中17亿英镑用于帮助贫穷国家的去碳化进程和适应气候变化影响。

2015年5月，法国推出了"未来工业"战略，旨在通过信息化改造产业模式，实现再工业化的目标。7月，出台了绿色转换能源法案，对各种能源的消耗和温室气体排放等做了硬性规定，并设置了新的"能源气候贡献税"。

2015年，德国出台了能源转型的哥白尼克斯计划、IT安全研究计划、基因组编辑新方法对社会影响的研究计划、建立新的工业4.0合作平台等一系列鼓励创新的举措，推出了首个科技合作的国别战略——《中国战略2015~2020》。

2015年，南非2015~2016财政年度在科技创新上投入近35亿人民币；继续推进实施《2008~2018：面向知识经济的十年创新计划》、《面对全球变化重大挑战的国家研究计划》和《南非生物技术战略》等重要战略。

二、基础研究

中国首次实现了多自由度量子隐形传态，为发展可扩展的量子计算和量子网络技术奠定了坚实的基础，该成果被欧洲物理学会评为"2015年度物理学重大突破"。

美国物理学家开发出一种新技术，使用单个光子成功实现了与3000个原子的纠缠，创下了迄今为止粒子纠缠数量的新纪录。

英国建成世界最大综合孔径射电望远镜项目，总部落户于焦德雷耳班克天文台。帝国理工学院科学家开发出一种可提前至少24 h预报太阳风暴的新型测量方法和模型工具。

法国物理学家首次成功进行了双原子的干涉实验。欧洲核子研究中心通过大型强子对撞机的底夸克实验（LHCb）发现了新粒子-五夸克粒子。

由德国和以色列物理学家组成的研究小组，在超导材料中观察到了希格斯模式，这是首次在常规实验室以较低成本发现了材料微观世界谜团；马普核物理研究所科学家进行了世界首个超冷分子储存环（CSR）实验。

俄罗斯莫斯科工程物理所科学家采用钍-229研发核时钟取得阶段性进展，新型核时钟误差为138亿年每0.01秒；圣彼得堡约费物理技术学院科学家发现了新型中子星。

日本研究人员通过向含有特定金属微粒子的绝缘体磁石照射可见光，证实了可产生磁力流的新原理。

三、前沿技术

先进制造领域。中国首个自驱动可变形液态金属机器问世，标志着中国在液态金属领域达到世界领先水平。中国自主研制的首架大型客机C919正式下线。美国科学家研制出全球首款全彩色柔性薄膜反射显示屏。美国食品药品监督管理局首次批准利用3D打印技术生产癫痫病药物。英国皇家海军在HMS Mersey号舰上测试了一款利用3D打印技术制造的无人机。英国罗·罗公司采用3D打印零部件制造的空客发动机成功完成第一次飞行试验。德国马普智能系统研究所开发出两款新一代机器人"阿波罗"和"雅典娜"。俄罗斯研发出一项航空工业零部件3D制造技术。韩国研发出世界上首个可治疗癌症的纳米机器人。

信息技术领域。美国IBM公司展示了首个完整集成的单片硅光子芯片，并研制出首个制程为7 nm的测试芯片，计算能力为当前最强芯片的4倍，突破了半导体行业的瓶颈。法国泰雷兹集团推出新型网络安全解决方案，将军用网络安全技术扩展至民用领域。英国和日本科学家合作，首次成功将量子隐形传态的核心电路集成为一块微型光学芯片，将复杂的量子光学系统缩小了104倍。德国研制出世界首个非易失性光学存储器，该存储器采用$Ge_2Sb_2Te_5$（GST）材料来作为存储介质。加拿大物理学家在利用纯光打造量子计算机基础元件——逻辑门的研究工作中取得进展。

生物医学领域。中国科学家成功解析了视紫红质与阻遏蛋白复合物的晶体结构，攻克了细胞信号传导领域的重大科学难题。国际癌症基因组联盟完成癌症基因组图谱计划，发现了近107个与癌症相关的基因突变。埃博拉疫苗已完成一期或二期人体临床试验，可为接种者提供100%保护。英国开发出一种能在药片上刻印肉眼无法看出的微型条码作为药物"身份证"新技术。法国首次发现一种存在于早老性痴呆症患者大脑中的活性肽——伊塔（η）淀粉样蛋白。俄罗斯生物物理学家利用一种小型桡足类海虾合成了世界上最小的发光生物分子——荧光素酶分子。以色列首次绘制完成野生二粒小麦基因组图谱。日本研究人员首次发现了导致帕金森病的致病基因。

能源环保领域。美国公司首次证明利用场反向位形结构磁性约束，能使球型过热气体在107 ℃的超高温中稳定保持5 ms，达到足以维持核聚变反应的程度。美国华人科学家研制出首款可商用的高性能铝电池，充满电仅需 1 min。英国科学家和经济学家联名提议设立"全球阿波罗计划"，以引导更多资金投入清洁能源开发。法国企业合作开发的 Venteea 智能电网方案正式启用，以建设法国最大的电池储能系统。德国研制的世界最大仿星器"螺旋石 7-X"开始运行，并首次制造出氦等离子体。俄罗斯推出一种新型低成本太阳能电池，其涂层材料采用金属有机物钙钛矿取代硅。

新材料领域。美国研究人员首次设计出一种折射率为零、能整合在芯片上的"超材料"，为探索零折射率物理学及其在集成光学中的应用打开了大门。英国剑桥大学研究人员克服了困扰锂-空气电池的多个技术难题，把这项技术朝实用化方向推进了一大步。意大利和美国科学家首次创建出基于硅烯材质的晶体管，其在真空中能稳定工作。德国开发出了一种纳米结构材料，可用于制造无触摸的感应屏幕。俄罗斯科学家研发出纳米纤维素制备新方法，将纳米纤维素的生产成本降低了三分之二。日本研究人员成功设计合成了世界最强的分子磁石，为开发使用磁力的高性能记忆体等新技术打开了突破口。

航空航天领域。美国"新视野"号探测器带领人类首次近距离观察冥王星。美国航天局在火星表面找到液态水的"强有力"证据。英国宇航员蒂姆·皮克搭乘俄罗斯"联盟"号宇宙飞船首次造访国际空间站。欧洲"哨兵-2A"环境监测卫星被成功送入轨道。欧洲空中客车集团开发的第一代 E-Fan 全电动飞机成为世界首架依靠自身动力起飞并成功飞越英吉利海峡的全电动飞机。欧洲航天局将用于验证太空引力波观测技术的"LISA 探路者"探测器成功发射，为人类太空探索打开新的大门。德国科学家开发出首个"人体卫星导航"设备。俄罗斯"联盟-ST"运载火箭成功将两颗伽利略导航系统卫星送入预定轨道。巴西自行研制的 KC-390 大型军用运输机首飞取得圆满成功，标志着巴西国防工业又迈出了关键性一步。

第二节 甘肃省科技工作概述

2015 年是"十二五"收官之年，在省委、省政府的坚强领导下，全省科技工作紧紧围绕经济社会发展大局，坚定不移实施创新驱动发展战略，扎实推进科技体制"八项改革"，各项工作迈上了新台阶，创新能力和科技实力进一步增强，取得了一批重大科技成果，涌现出了一批创新人才，全社会大众创业万众创新蓬勃兴起，新常态下为甘肃省经济社会持续稳步发展提供了强有力的支撑。

一、2015 年工作回顾

2015 年，甘肃省 7 项重大科技成果获国家科学技术奖，登记省级科技成果 819 项，技术市场合同交易额达到 130.3 亿元。争取国家科技计划项目 688 项，资金 10.39 亿元；组织省级科技计划项目 792 项，资金 3.19 亿元。专利申请受理 14 584 件，同比增长 21.3%；授权 6912 件，同比增长 35.6%；有效发明专利 4093 件，同比增长 25.9%；PCT 国际专利申请 19 件；万人口发明专利拥有量 1.59 件。科技对经济增长的贡献率达到 50.3%。

（一）加强创新驱动谋划部署，科技体制改革取得重要突破

按照省委、省政府要求，加强创新驱动发展的战略谋划，系统推进科技资源配置、成果转化、科技评价等重点领域改革，全面完成省委深改领导小组部署的重大改革任务。一是加快实施创新驱动发展战略。制定了《中共甘肃省委甘肃省人民政府贯彻落实<中共中央国务院关于深化体制机制改革加快实施创新驱动发展战略的若干意见>的实施意见》，明确了甘肃省改革创新驱动体制机制的总体思路和目标，坚持全面创新的改革主线、突出技术创新的市场导向、注重激发人才的创新活力、聚焦创新发展的瓶颈制约，全力推进创新型甘肃建设。二是优化科技资源配置。制定了《关于改进加强省级财政科研项目和资金管理的办法》，围绕创新链配置省财政科技资源，优化整合省级各类科技计划（专项、基金等）设置，使科研项目和资金配置更加聚焦甘肃省经济社会发展重大需求。三是提高科技资源的利用效率和共享水平。制定了《关于重大科研基础设施和大型科研仪器向社会开放共享的实施意见》，充分发挥市场在资源配置中的决定性作用，加快推进科研设施与仪器向高校、科研院所、企业、社会研发及各类科技合作组织等社会用户的开放，实现资源共享。四是科技成果转化机制进一步优化。《甘肃省促进科技成果转化条例（修订草案）》已经省人大常委会一审。规范省级科技成果管理，实现科技成果共享，大幅度推动新技术转移和成果快速转化。五是分阶段建立科技报告制度。制定了《加快建立甘肃省科技报告制度的实施意见》，印发《甘肃省科技报告制度建设实施方案》和《甘肃省科技报告管理办法》。2015年，全省共呈交科技报告450份，通过开放共享达到了410份，率先在西部地区开展了市级科技项目报告呈交工作。六是推进科技评价和奖励改革。深入推进科技项目评审、科技人才评价和科研机构评估机制改革，开展"科技人才培养和评价机制"专题调研。科技奖励评审更加规范严格、更加突出企业创新主体地位，奖励项目更加注重与甘肃经济社会发展的结合。

（二）大力推进"3510"行动，兰白试验区建设步伐加快

按照王三运书记"三个高度统一"的要求，充分动员和激发全社会的创造性，大胆探索，先行先试。一是完善工作体系。成立兰白试验区工作推进领导小组，省委、省政府主要负责同志担任领导小组组长。设立省创新办，下设政策财经、产业、科技、人才等四个工作小组。二是加强顶层设计。兰白试验区领导小组会议原则审议通过《兰白科技创新改革试验区发展规划（2015~2020年）》，重点推进实施"3510"行动，即传统特色产业提质增效创新、战略性新型产业提速发展、自主创新能力提升"三大计划"，推进创新型企业培育、创新人才聚集、创新平台建设、创新生态建设、兰白一体化和产城一体化"五大工程"，深化政府行政管理体制、科教体制、国有企业、人事管理与收入分配制度、投融资机制、财税制度、科技服务机构、合作开放机制、土地管理制度、创新评价制度创新驱动改革等"十大创新驱动改革"。制定《兰白科技创新改革试验区条例（草案）》并提请省人大常委会审议。出台《关于进一步支持兰白科技创新改革试验区人才发展的办法（试行）》。三是设立技术创新驱动基金。创新财政资金使用方式，整合财政资金20亿元设立兰白试验区技术创新驱动基金。成立甘肃兰白试验区创新基金管理有限公司，通过市场化运作、专业化管理，使其良性循环、滚动发展。制定《兰白科技创新改革试验区技术创新驱动基金使用办法》和《兰白科技创新改革试验区技术创新驱动基金风险控制委员会管理暂行办法》，进一步规范基金的运行管理。同时，省财政厅与省科技厅联合印发了4个子基金管理办法。四是基

金杠杆效应逐渐显现。2015年，技术创新驱动基金运行良好，科技贷款增信基金已为229家科技型中小企业贷款融资10.09亿元；首批发起设立的科技创新创业引导基金4支子基金总规模16亿元，其中吸引社会资金11.7亿元；对15家申请科技孵化器专项基金的科技企业孵化器进行了初审和尽职调查。通过甘肃股权交易中心科技创新板、知识产权价值评估质押等模式，为科技型企业累计融资5.92亿元。甘肃银行、兰州银行、交通银行分别设立科技支行并挂牌运营。五是加强开放合作。积极开展与上海张江国家自主创新示范区东西区域合作，在双方往来交流、互派挂职干部、共建技术转移中心和产业创新园、加强企业合作对接等方面，探索出了优势互补、共同发展的新路径。

（三）战略性新兴产业快速发展，企业技术创新主体地位更加突出

以推动战略性新兴产业发展为核心，加快建立以企业为主体、市场为导向、产学研相结合的技术创新机制。一是助力战略性新兴产业发展壮大。培育战略性新兴产业项目85项，制定了省科技厅支持战略性新兴产业骨干企业发展的8条措施，推荐的两批企业通过层层审核分别进入第二、三批骨干企业名单。战略性新兴产业知识产权工作全面展开，对战略性新兴产业专利进行预警分析，建成战略性新兴产业专利信息服务平台和优势行业专题专利数据库。战略性新兴产业骨干企业近三年获得科学技术奖励项目达到31项。二是突出科技奖励导向作用。2015年度全省科技奖中，企业主要参与完成的项目占74.1%。首次评选甘肃省专利奖，发明专利占获奖项目的85%。三是企业技术创新体系建设取得重大突破。金川集团股份有限公司"镍钴资源综合利用国家重点实验室"和天水电气传动研究所有限责任公司"大型电气传动系统与装备技术国家重点实验室"获批建设，为甘肃省首次获批企业国家重点实验室。四是项目支持重点突出企业主体地位。由企业承担或为企业服务项目达到167项，科技重大专项、科技"小巨人"培育计划、科技型中小企业创新基金项目全部由企业承担。

（四）大力夯实科技基础，区域创新能力稳步提升

加强基础研究，推动源头创新，科技创新人才和科研基地建设工作不断开创新局面。一是基础前沿加速赶超引领。我国首台自主研发的医用重离子加速器成功出束，标志着国家重离子辐照技术的应用迈出了实质性的步伐。成功完成我国首颗暗物质粒子探测卫星"悟空"载荷的关键分系统——塑闪阵列探测器的研制工作。首次在国际上成功鉴别215U和216U两个铀最轻的新同位素。二是科技创新人才培养和凝聚不断加强。新增中国科学院院士1名。获得国家自然科学基金项目643项，支持经费3.078亿元。企业拔尖科技人才首次获得省杰出青年基金。三是科研基地创新能力持续提升。新建省级重点实验室（培育基地）15个，省级工程技术研究中心4个。

（五）加大科技精准扶贫力度，农业科技创新不断推进

全面落实"六个精准"要求，集中有限资源和优势兵力，实施定向"喷灌"、定点"滴灌"，增强现代农业发展的科技支撑力，帮助贫困群众脱贫致富。一是聚焦科技精准扶贫。联合省农牧厅、省扶贫办出台了《关于开展科技精准扶贫工作的实施方案》，选派科技特派员覆盖全省建档立卡的2110个贫困村。实施"三区"人才支持计划科技人员专项，为甘肃省60个县区选派科技人员1080人，培训本土科技人才138人。二是农业科技园区建设规模显现。酒泉、张掖、白银、临夏、甘南国家农业科技园区先后获批建

设，新认定16个省级农业科技园区。三是企业主体育种创新体系建设不断推进。组建了甘肃省玉米产业技术创新战略联盟。组织省级科技重大专项"饲用甜高粱种质创新及饲用技术的研究与示范"，为饲用甜高粱产业发展提供坚强地科技支撑。四是双联行动和精准扶贫深度融合。把精准扶贫精准脱贫作为推进和拓展双联行动的着力点，充分发挥康县双联组长单位的统筹协调作用。在三个双联县分别实施民生科技项目，带动当地优势产业发展，促进农户增收致富。支持美丽乡村建设，提升农村科技信息化建设水平。选派16名干部到贫困县、双联点、贫困村挂职。

（六）"双创"工作成效初显，科技支撑经济社会发展能力持续增强

大力推进大众创业万众创新，汇聚经济社会发展强大新动能。一是努力激发大众创业万众创新活力。张掖市获得"国家小微企业创业创新基地城市示范"立项，支持经费6亿元。获批2家国家级科技企业孵化器，14家众创空间纳入国家级科技企业孵化器管理服务体系。制定了《甘肃省发展众创空间推进大众创新创业实施方案》。出台了《关于扎实推进众创空间建设工作的意见》和《甘肃省众创空间认定管理办法（试行）》，认定了61家省级众创空间、242名省级创新创业导师，张掖市成为创新创业示范城市。成功举办第四届中国创新创业大赛（甘肃赛区）赛事、首届"丝绸之路"国际大学生创新创业大赛暨甘肃省第六届大学生创新创业大赛、首届工业设计大赛、甘肃省第十届中小学生科学知识网络竞答活动、2015年全省科技活动周系列活动。二是着力培育科技服务业新业态。兰州高新区、白银高新区入选科技部首批25家科技服务业试点区域，制定了《甘肃省加快科技服务业发展实施方案》，"科聚网"和"兰州科技大市场"正式上线，实现了科技综合服务。三是科技创新力促工业提质增效。认定的123家高新技术企业全部通过国家备案审查。帮助8家企业享受研发费用税前加计扣除政策，对甘肃省国家大学科技园、国家级科技企业孵化器进行了免税资格审核。成立了"甘青宁生产力促进服务联盟""甘肃省大数据产业技术创新联盟"，新备案2家生产力促进中心。四是注重科技创新服务社会民生。"凝结水与乏汽闭式回收装置"等7项技术被国家《节水治污水生态修复先进适用指导目录》收录，兰州城关区数字化社会管理和服务平台示范等项目取得显著成效。在循环经济、生物医药、人口健康、生态环保、公共安全等领域组织实施62项省级重点研发项目。兰州新区获准创建国家可持续发展实验区。

（七）加强知识产权运用和保护，专利权质押融资取得突破

知识产权事业发展基础日益夯实，为促进经济提质增效升级提供了有力支撑。一是知识产权战略扎实推进。出台《深入实施甘肃省知识产权战略行动计划（2015~2020年）》和《2015年甘肃省知识产权战略实施推进计划》。制定出台《甘肃省专利奖励试行办法》和《甘肃省专利奖励实施细则》。二是专利权质押融资成效显著。建立甘肃省中小微企业专利权质押融资信息库，举办专利权质押融资银企对接会。2015年，全省专利权质押融资额达到8.9亿元，同时正在积极推动设立专利权质押融资风险补偿基金。三是知识产权创造和运用能力不断提升。首次将万人口发明专利拥有量指标纳入全省经济社会发展主要指标并圆满完成目标任务。开展了第三批知识产权优势企业培育，总数达到101家。获批2家知识产权分析评议服务示范创建机构。四是专利执法保护成效明显。甘肃省国家级知识产权试点县达到6个。2015年，全省出动执法人员960余人次，检查商业场所150多个，检查商品8万余件，共受理各类专利案件340件。

（八）主动融入"一带一路"建设，科技开放合作水平迈上新台阶

以科技创新为核心的合作交流亮点纷呈，优势互补加强共赢发展。一是国际科技合作领域不断拓展。中国-马来西亚清真食品国家联合实验室落户甘肃。中国-巴基斯坦农业生物质能源技术研发与示范联合中心获科技部立项支持。积极支持省内高校与以色列开展技术研发合作。引导甘肃省科技力量与"一带一路"沿线国家开展国际科技合作，30个科技创新合作项目入选科技部项目库。二是"项目-人才"合作模式不断创新。积极搭建紧扣甘肃省经济社会发展需求的国际科技合作平台，谋划开展与俄罗斯、德国、克罗地亚等国家政府间科技合作项目。依托发展中国家技术培训班，继续深化与中亚诸国间的科技合作。首次实施日本樱花科技计划项目。新获批2家国际科技合作基地。三是国内科技合作水平显著提升。国家技术转移东部中心分中心、北京大学技术转移甘肃中心、中国科学技术大学技术转移甘肃中心落户兰白科技创新改革试验区。两岸四地合作稳步推进，院地合作继续深化。认真落实部省会商议题，完善厅市会商机制，进一步加强与兄弟省区市科技交流合作，构建了多层次合作平台。

（九）坚持依法行政，机关党建和自身建设不断加强

紧紧围绕"三严三实"要求，不断提升服务能力和水平。一是加强党建工作。深入学习习近平总书记系列重要讲话精神，打牢实施创新驱动发展的思想基础。切实抓好"工作落实年"活动，扎实深入开展"三严三实"专题教育。严格落实党内法规制度和"一岗双责"要求。二是推进党风廉政建设。认真落实党风廉政建设主体责任和监督责任，严格遵守中央八项规定和省委"双十条"规定，坚决纠正和反对"四风"。认真开展厅系统领导干部"三述"活动，强化重点领域及关键环节的监督检查，加大巡视检查和案件查办力度，确保权力规范运行。三是加快政府职能转变。全力推动"两好两促"专项行动。在甘肃政务服务网正式公布省科技厅权力清单、责任清单和便民服务事项，梳理确定了31项行政权力事项和88项便民服务事项。四是不断加强自身建设。严格执行领导干部报告个人有关事项的规定，对领导干部在社会团体兼职问题进行了全面清理，开展违规办理和持有因私出国（境）证件专项治理和机关事业单位"吃空饷"问题集中治理，对8名厅属单位主要负责人开展经济责任审计。成立省科技厅人才工作领导小组，着力打造一支高素质、高效能、清正廉洁的科技管理干部人才队伍。

二、2016年工作部署

2016年，是全面建成小康社会决胜阶段的开局之年，是推进结构性改革的攻坚之年，也是建设创新型甘肃的关键之年。省科技厅党组出台1号文件对科技工作进行部署安排。2016年全省科技工作的总体思路是：深入贯彻落实党的十八大和十八届三中、四中、五中全会精神，认真学习贯彻习近平总书记系列重要讲话精神，按照省第十二次党代会、省委十二届十四次全委会议、省委经济工作暨扶贫开发工作会议的决策部署，坚持创新、协调、绿色、开放、共享的发展理念，聚焦"3341"项目工程、"1236"扶贫攻坚行动和"丝绸之路经济带"甘肃段建设，全面落实创新驱动发展战略重大部署，更加注重改革任务落实，更加注重营造良好创新环境，更加注重基础研究和原始创新，更加注重成果转移转化，更加注重依靠科技人员和服务创新主体，更加注重自身能力和作风建设，发挥科技创新在供给侧结构性改革中的基础、关键和引领作用，提高科技创新供给的质量和效率，加快实现发展动力转换，为实施"十三五"规划，确保与全国同步进入全面小康社会开好局、起好步。

2016年全省科技工作的预期目标是：科技对经济增长的贡献率提高1个百分点，全社会R&D/GDP（研究与试验发展经费/国内生产总值）投入比例力争达到1.2%，万人口发明专利拥有量力争达到1.9件，争取国家专项经费、专利申请量、技术市场合同交易额比上年增长10%以上，新建省级重点实验室、工程技术研究中心15个左右，组织研发新产品、新工艺、新品种200个左右。

围绕以上思路和目标，重点做好以下八个方面工作：

（一）推进落实创新驱动发展战略，发布实施全省"十三五"科技创新发展规划

2015年，省委、省政府围绕实施创新驱动发展战略和深化科技体制改革出台了系列重要文件，力度之大、范围之广、影响之深前所未有，要把改革的落实当做重中之重。一是全面落实创新驱动发展战略纲要。制定落实创新驱动发展战略纲要的具体措施，细化分解任务，明确责任单位和进度安排，确保重点任务落实到位。协调推动有关部门和市州制定贯彻落实《中共甘肃省委甘肃省人民政府贯彻落实<中共中央国务院关于深化体制机制改革加快实施创新驱动发展战略的若干意见>的实施意见》的具体实施方案。对重大改革任务和重点政策措施积极开展宣讲，加大宣传解读力度，推动创新驱动发展理念成为全社会的广泛共识。二是发布实施全省"十三五"科技创新规划。按照全省"十三五"规划总体部署，加快推进科技创新规划文本起草，明确"十三五"科技创新总体思路、发展目标和重点任务，加强规划咨询论证和修改完善，争取按照程序提交省政府常务会议审议后发布实施。建立全省科技创新规划体系，在重点任务、重点工作、重点区域方面编制一批专项规划，对总体规划的任务部署予以细化落实。推动全省规划与市州规划的衔接协调，加强对市州"十三五"科技创新规划编制的指导。三是做好"十二五"重大科技成就的总结宣传。全面总结、系统梳理"十二五"以来的重大科技成果、重大改革进展，采用群众喜闻乐见的形式，讲好创新故事，弘扬创新时代主旋律。通过媒体宣传、展会展览，充分展示"十二五"科技创新成就，向省委、省政府和全省人民汇报科技改革新进展，展示创新驱动发展新成就，展现广大科技工作者新风采。

（二）继续深化重点领域改革，提高科技创新供给的质量和效率

协同推动科技创新和体制机制改革"两个轮子"，发挥好科技创新在供给侧结构性改革中的基础、关键和引领作用，充分激发创新主体活力，加速科技成果向现实生产力转化。一是推进科技计划管理改革。研究出台深化省级科技计划（专项、基金等）管理改革的实施方案，围绕省级科技计划体系，建立以目标和绩效为导向，更加聚焦全省经济社会发展，更加符合科技创新规律，更加高效配置科技资源，更加强化科技与经济的紧密结合，最大限度激发科研人员创新热情的科技计划（专项、基金等）管理体制。探索与高校、科研院所、企业联合设立省自然科学基金联合基金，适当扩充省级自然科学基金B类计划项目依托单位。二是推进科研设施与仪器向社会开放共享。贯彻落实《甘肃省人民政府关于重大科研基础设施和大型科研仪器向社会开放共享的实施意见》，制定配套后补助措施，加快重大科研基础设施和大型科研仪器向社会开放共享的进程，进一步提高甘肃省科技资源利用效率和共享水平。提升甘肃省科研设施与仪器在线平台服务质量和水平，并与国家网络平台进行有效对接。积极探索和总结有利于科研设施与仪器开放共享的运行评价机制，逐步建立科研设施与仪器开放评价体系和奖惩办法。三是推进"三评"改革。继续推进科研评审、人才评价和机构评估改革，充分调动科技人员的积极性和创造性。完善科研评审规章制度，确保立项的专家不能参加项目的评审，评审项目的专家不能参加验收，探索科研评审引入第三方机制。完善人才评价激励机制，推进全省自然科学研究系列职称评审改革，高层次人才选拔培养和资助重点向科技成果转化人员倾斜。修订《甘肃省科学技术奖励办法实施细则》，为科技人员潜心研究创造环境。完善对科研机构分类评估和第三方评估规则，建立稳定支持和退出机制，提升各类科研机构的创新能力。四是推进科研院所分类改革。推动公益类科研院所优化布局结构，坚持技术开发类科研院所企业化转制方向，加强分类管理和分类考核。探索制定科研院所绩效评价办法。五是贯彻落实《甘肃省促进科技成果转化条例》。继续推进《甘肃省促进科技成果转化条例》修订，释放激活高校和科研机构的创新潜力，加大加快科技成果向企业和社会转化的速度、转化的效率以及转化的利益机制分配，让科研人员的创新性、创造性成果走向社会，服务产业结构调整和改造升级。做好《甘肃省促进科技成果转化条例》的宣传、落实以及配套措施制定工作。

（三）打造自主创新核心区，提升兰白试验区辐射带动效应

兰白试验区建设不仅是甘肃省实施创新驱动发展战略的重大举措，更肩负着全国欠发达地区通过科技创新促进发展的探索示范重任。一是完善兰白试验区政策支持体系。发布实施《兰白科技创新改革试验区发展规划（2015~2020年）》，推动兰州、白银及兰州新区的规划与省级规划有效衔接、同步推进。加快兰白试验区立法进程。参考借鉴国家自主创新示范区（试验区）地方政府出台的相关政策，在科技教育、人才支撑、投融资体制、科技成果处置等领域制定更具吸引力的政策措施。二是充分发挥基金效益。加大兰白试验区技术创新驱动基金投入力度，发挥财政资金的引导和放大效应，撬动更多社会资金跟进投入试验区，增强对企业创新驱动发展的支持。大力发展科技保险、融资租赁、信托等业务，提升金融服务，为科技型企业发展提供更多融资渠道。吸引股份制商业银行、证券公司和各类股权投资机构在试验区内设立分支机构。三是积极推动产业创新。支持创新型专业园区建设，推进兰州新区科技创新城和战略性新兴产业孵化基地建设，推动孵化项目产业化应用，促进科技型中小企业发展。在试验区内先行开展"科技创新企业"培育工作。四是加强产学研用协同创新。推动高校、科研院所依托自身优势与试验区内企业开展多方面多层次交流合作，促进科技成果的有效转化。推动成立兰州新区联合创新研究院，加快建设并命名一批"兰白试验区产学研示范基地"，促进中德职教园区落户兰州新区。五是做好创新人才引进培养。落实《兰白科技创新改革试验区人才发展支持办法（试行）》文件精神，为高层次人才引进提供绿色通道。开展急需紧缺人才工作，支持引进人才开展科技研发、成果转化和理念输出。吸引国家"千人计划"和国内外高校科研人员在试验区内创办企业，率先开展企业家培育活动。支持白银市和兰州新区职业教育工场化实训基地建设。六是加强与上海张江等国家自主创新示范区（试验区）的创新合作。推动签署上海市政府与甘肃省政府的战略合作协议和共建张江兰白试验区产业园（基地）框架协议。对已签订的技术研发合作项目提供优质服务，促进项目实施。

（四）培育壮大战略性新兴产业，进一步激励大众创新创业

着力培育战略性新兴产业，积极营造良好创新创业生态，不断激发新的消费需求，发掘培育新的经济增长点。一是大力推进战略性新兴产业发展。按照全省战略性新兴产业总体攻坚战部署，财政科技资金向战略性新兴产业进一步倾斜，实施好支持骨干企业发展的8条措施，编制创新图谱，完善骨干企业专

利信息利用工作机制，做好战略性新兴产业知识产权分析预警与评议，支持骨干企业做大做强。二是引导支持科技型中小企业健康发展。引导中小微企业向"专精特新"发展，培育壮大一批科技"小巨人"，促进创新要素进入新材料、生物制药及中藏药、先进装备制造、节能环保等产业。推动市州建设一批专业领域技术创新服务平台，面向中小企业提供研发设计、检验检测、技术转移等服务，提高专业化服务能力和网络化协同水平。有序推进科研设施与仪器、自然科技资源、科技文献、科学数据等科技基础条件资源的开放共享，为中小企业提供创新资源服务。三是加快建设众创空间。组织实施甘肃省大众创业万众创新"百千万工程"，新认定一批省级众创空间、创新创业导师、创新创业示范城市，构建市场主导、政府扶持的创新创业服务体系，推动众创空间等创新创业孵化载体向专业化纵深发展。加强创业导师队伍建设，开展"创业导师陇原行"系列活动。充分利用互联网等新一代信息技术，搭建服务科技型中小企业和创新创业者的科技服务平台，向创业者开放创新资源，降低创新创业成本。充分发挥大学科技园作用，注重以科技成果转移转化为重点，推动科技型创新创业。继续办好创新创业大赛、科技活动周等赛事和活动。四是促进科技服务业发展。充分发挥科技服务业在支撑科技创新、推动战略性新兴产业发展、促进传统产业升级等方面的作用，着力培育新的经济增长点。认真做好科技服务业区域试点工作，深入推进"科技入园"，打造一批特色鲜明、功能完善、布局合理的科技服务业集聚区。继续做好兰州科技大市场建设，面向中小微企业适时试行发放科技创新券，降低企业创新成本。

（五）增强创新驱动源头供给，提升区域创新发展水平

一是持续加强基础研究。遵循科学规律和基础研究特点，聚焦基础、前沿和人才，鼓励自由探索，推动学科均衡发展和交叉融合。把基础研究作为重大基础工程来抓，加强聚焦全省目标任务的应用基础和前沿技术研究，加快基础研究成果向应用技术、产品研发转化的速度。二是强化创新型人才的激励、评价与服务。充分发挥自然科学（青年）基金计划、杰出青年基金和创新群体计划在培养、吸引、聚集人才方面的作用，在重点优势学科和领域加大优秀人才培养支持力度，努力培养一批具有竞争力的科学领军人才和进入科学前沿的创新团队。强化对青年科技创新人才的支持，在任务委托、岗位聘用及职称评定中，打破论资排辈，大胆启用青年科技人才担当重任。突出对重点领域高精尖和急需紧缺人才的引进，加强对引进人才的后续支持和跟踪服务。三是优化科研基地的布局。根据区域创新体系建设需要，合理规划布局新建的省级科研基地。组织开展企业国家重点实验室的规划编制和建设工作。开展全省科研基地建设情况调查，按功能定位分类整合省级科研基地资源。用好稳定支持和竞争性支持两个机制，引导各类创新资源向科研基地集聚。支持省市共建，鼓励校企（院企）联建，筹划科研基地联盟建设。在清真食品（产品）、有色金属新材料、高端装备制造领域开展试点。四是加大基层科技工作力度。与市州科技局签订"2016年度甘肃省创新驱动发展工作考核目标责任书"，完善基层科技进步工作的评价与监测。深入推进创新型试点城市建设，推动发展县市科技成果转化与创新服务平台，支持民族地区、边疆地区、革命老区振兴发展。加强基层科技管理队伍建设和科技管理人员培训，加大对市县科技工作的指导和支持。

（六）聚焦科技扶贫脱贫，强化引领型发展的科技支撑

坚决打好打赢精准扶贫精准脱贫攻坚战大决战，不断提升科技创新支撑经济社会转型升级能力。一是扎实做好精准扶贫脱贫科技工作。落实《关于开展科技精准扶贫工作的实施方案》，把科技特派员和"三区"科技人才作为科技精准扶贫的中坚力量。继续向全省建档立卡的贫困村选派科技特派员，加大为"三区"贫困县培养科技服务人员和农村科技创新创业人员力度，加快农业科技示范村建设和科技示范户培育，为精准扶贫提供有力的科技支撑。二是大力推进现代农业科技创新。加强国家级和省级农业科技园区建设。构建以企业为主体、科技为依托、产学研融合、育繁推一体化的现代种业体系，支持"种子生产加工工程""节水灌溉装备"国家工程技术研究中心建设。推进新丝绸之路经济带国家农业科技创新综合示范区建设，支持建设具有民族特色的"中兽药""油橄榄""变性淀粉"国家工程技术研究中心。三是大力发展高新技术产业。集成技术创新资源和条件，依托行业大型技术创新平台，构建支撑甘肃省优势特色高新技术产业的技术创新体系，发挥好国家级科技企业孵化器、生产力促进中心的示范带动作用。落实"中国制造2025"甘肃行动纲要科技创新工作，提高制造业创新能力。大力培育高新技术企业，完善和加强高新技术企业的管理，出台省级高新技术产业开发区的评价管理办法。四是推进社会发展领域科技创新。围绕全省"三大战略平台"建设，加快构建支撑民生科技产业发展的技术创新体系，让科技成果成为直接服务人民群众的重要纽带。加强开展智慧城市创建试点中的科技服务与技术支持。在精准医疗、生态环境、建筑节能、城镇化管理、防灾减灾等领域，示范推广应用一批先进实用新技术、新产品，增强科技的支撑力度。实施科技惠民计划，加快推进民生科技成果转化应用。五是大力推进知识产权强省建设。认真贯彻落实《国务院关于新形势下加快知识产权强国建设的若干意见》，制定甘肃省实施方案和配套政策。发布《甘肃省知识产权（专利）"十三五"规划》，依法严厉打击侵犯知识产权犯罪行为，做好知识产权维权援助工作。促进知识产权创造量增质优，建立专利权质押融资风险补偿机制和知识产权运营转化平台，引导各类金融机构为企业提供知识产权金融服务。大力拓展知识产权服务领域，提升中高端服务水平。

（七）深化科技创新开放合作，融入区域创新发展网络

一是推动"一带一路"科技创新合作。结合"一带一路"沿线国家发展基础和需求，依托政府间科技创新合作机制，推进科技创新平台建设，加强科技人文交流。推动清真食品、生物质能源技术等重点领域的联合研发、技术转移与创新合作，共建特色平台，支持优势产业走出去，积极打造"一带一路"协同创新共同体。二是促进创新资源双向开放流动。深化上海张江、北京大学、中国科学技术大学技术转移甘肃中心建设，鼓励高校、科研院所和企业与甘肃省合作建立技术转移中心，进一步促进先进科技成果在甘肃省转移转化。加大对国际科技合作的支持力度，推进基础性、前沿性和战略性技术研发合作和成果应用。推动在甘国家级国际科技合作平台升级，引领优势产能和创新合作。三是完善科技创新开放合作机制。进一步完善部省间、政府间科技合作，完善双边、多边重点领域的合作研发平台建设。进一步丰富创新对话机制内涵，加强创新战略对接。鼓励社会力量更广泛地参与国际科技创新合作，推动甘肃省企业"走出去"，推介我国科技创新的发展战略和模式，推广我国技术标准和技术体系。推动同港澳台科技合作再上新台阶。

（八）完善创新治理机制，推动政府职能由研发管理向创新服务转变

一是加强简政放权和依法行政。加强创新发展与改革的宏观管理，建立政策、规划、计划、监督等

重点业务工作推进机制，规范行政审批，加强事前事中事后监管。完善科技创新政策法规体系，完善重大科技战略部署、重大科技任务安排、重大政策研究制定等咨询机制。完善责任清单、权利清单和便民服务事项，加强动态管理，做好网上行权工作，进一步厘清与行政权力相对应的责任事项、责任主体，推进依法履职。二是加强公共创新服务供给。完善政府信息公开机制，强化科技信息资源的开放共享。开展创新调查，推进科技报告制度，加大对创新方向的科学引导。推动建设高水平科技创新智库，引导智库开展科技创新战略研究和评估工作，加强创新政策研究与储备，加强科技管理干部能力素质培训。三是加强反腐倡廉建设。坚持全面从严治党，强化看齐意识和律己意识，深化落实"两个责任"，牢固树立党章党规党纪意识，真正把纪律和规矩挺在前面。把廉政风险防控融入科技计划管理改革全过程，抓好机关作风建设，落实中央八项规定和省委"双十条"规定精神，坚决反对"四风"。加大对科技项目、科技经费、科技奖励评审等重要领域和关键环节的监督检查力度，严格执行领导干部问责制，把权力关进制度的笼子。加大查办违纪违法案件的力度，对发现问题零容忍，让权力在阳光下运行。四是加强科技宣传工作。充分发挥传统媒体作用，积极利用微博微信等新兴媒体，大力提升传播交流能力和舆论引导能力，向全社会积极宣传展示甘肃省科技创新重大成果、优秀人物和时代精神，提升科技和科学普及工作的深度和广度。

第三节　甘肃省科技进步水平

自1993年以来，《全国科技进步统计监测报告》作为衡量全国各省（市、自治区）年度科技进步的标尺，以其公开性、规范性、可核查、可比较的特点，逐步建立起在众多监测和评价报告中的权威地位，以其科学规范、稳定持续、简明易读的特色为地方科技管理部门的综合科技进步监测提供了参考依据和决策支撑。随着国家创新调查制度的实施，《全国科技进步统计监测报告》从2015年起，正式纳入国家创新调查系列报告中，并更名为《中国区域科技进步评价报告》，本章节相关监测指标数据紧密对接《中国区域科技进步评价报告》。

一、甘肃省综合科技进步水平

纵观"十二五"，我省科技创新取得了长足进步。综合科技进步水平在全国和西部的排位均稳中有升，在全国的排位由第21位上升至第18位，前进3位；在西部地区的排位由第6位上升至第4位，前进2位。

（一）甘肃科技进步水平与全国的比较

1. 综合科技进步水平的比较

《中国区域科技进步评价报告（2015）》显示，甘肃省综合科技进步水平指数为49.51%，排在全国第18位，比上年上升1位；在西部12个省市中居第4位，与上年持平。（见图1-1，图1-2）。

2015综合科技进步水平指数

	0 20 40 60 80 100
1.上　海	84.57
2.北　京	83.43
3.天　津	81.43
4.江　苏	76.21
5.广　东	74.73
6.浙　江	69.40
7.山　东	63.09
8.重　庆	63.06
9.陕　西	62.96
10.湖　北	62.84
11.辽　宁	60.17
12.四　川	59.62
13.福　建	57.98
14.黑龙江	56.48
15.安　徽	54.97
16.湖　南	54.29
17.山　西	52.20
18.甘　肃	49.51
19.吉　林	49.50
20.河　南	47.21
21.宁　夏	45.61
22.江　西	44.92
23.内蒙古	44.89
24.河　北	44.37
25.广　西	42.09
26.海　南	41.28
27.青　海	41.14
28.云　南	38.84
29.新　疆	38.83
30.贵　州	38.56
31.西　藏	29.43

全国综合科技进步水平指数63.49%

2014综合科技进步水平指数

	0 20 40 60 80 100
1.北　京	83.12
2.上　海	82.48
3.天　津	78.63
4.江　苏	73.06
5.广　东	72.41
6.浙　江	67.58
7.陕　西	60.73
8.辽　宁	59.54
9.山　东	59.53
10.重　庆	59.30
11.湖　北	59.20
12.四　川	57.13
13.福　建	56.42
14.黑龙江	55.61
15.安　徽	51.43
16.湖　南	49.60
17.山　西	49.53
18.吉　林	48.95
19.甘　肃	47.06
20.内蒙古	45.13
21.河　南	43.35
22.宁　夏	43.29
23.江　西	43.07
24.青　海	41.87
25.河　北	41.78
26.海　南	41.51
27.广　西	40.30
28.云　南	39.10
29.新　疆	38.41
30.贵　州	37.29
31.西　藏	29.54

全国综合科技进步水平指数63.55%

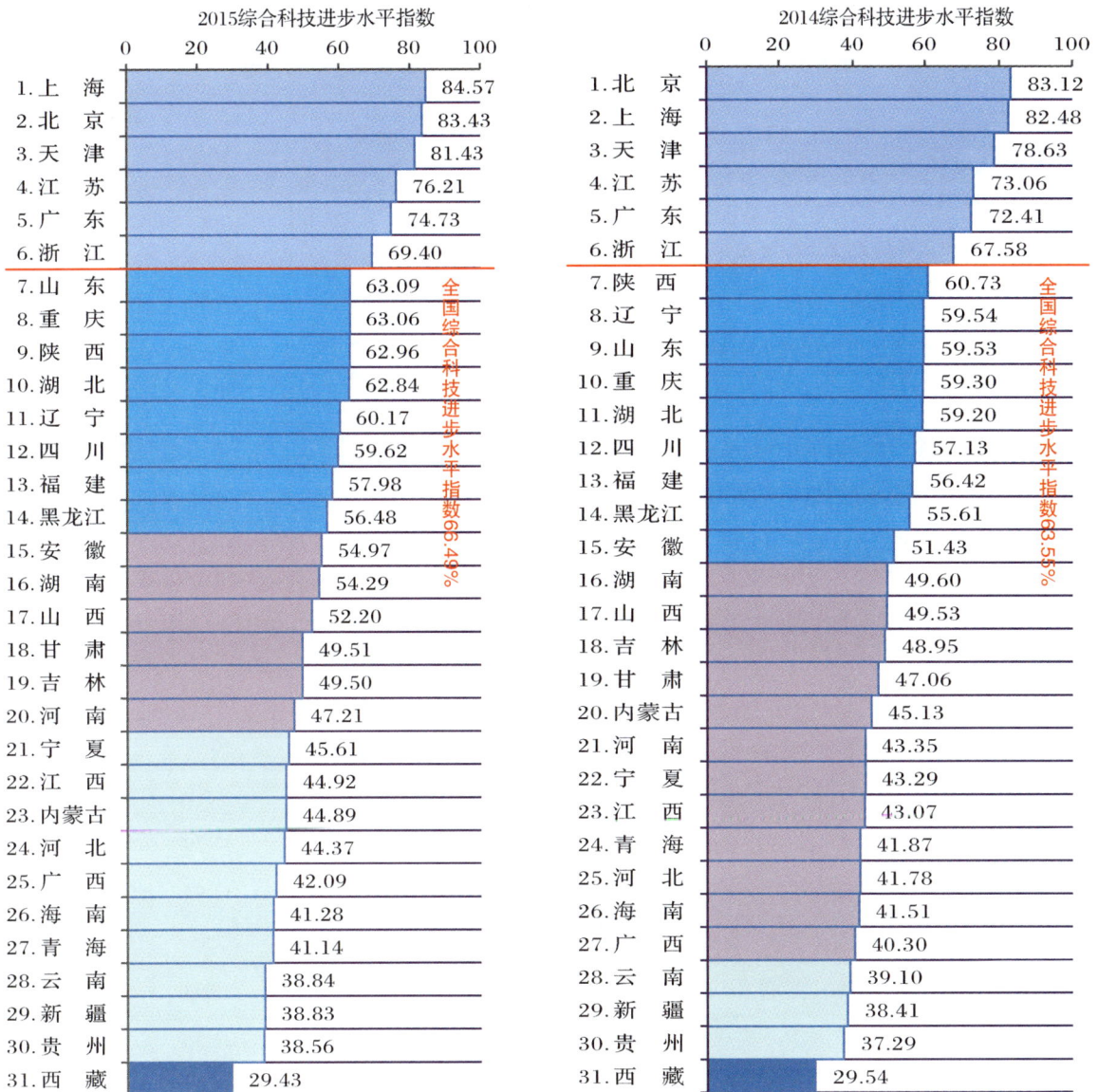

图1-1　甘肃及全国省市综合科技进步水平指数

全国综合科技进步水平指数提高2.94个百分点

省份	提高百分点
湖南	4.69
河南	3.86
重庆	3.76
湖北	3.64
山东	3.56
安徽	3.54
江苏	3.15
天津	2.80
山西	2.67
河川	2.59
四川	2.49
甘肃	2.45
广东	2.32
宁夏	2.32
陕西	2.23
上海	2.09
江西	1.85
浙江	1.82
广建	1.79
福建	1.56
贵州	1.27
黑龙	0.87
辽宁	0.63
吉林	0.55
新疆	0.42
北京	0.31
西藏	-0.11
海南	-0.23
内蒙古	-0.24
云南	-0.26
青海	-0.73

图1-2　甘肃及全国综合科技进步水平指数提高百分点排序图

2. 主要科技进步指标的比较（见表1-1）

表1-1　2015甘肃省科技进步统计监测主要指标及与全国的比较

指　标	全国	甘肃	
		指标	位次
万人R&D人员数（人年/万人）	27.67	10.59	23
万人大专以上学历人数（人/万人）	1152.70	1031.33	20
万人R&D研究人员数（人/万人）	11.37	6.40	22
企业R&D研究人员占全社会R&D研究人员比重（%）	62.07	49.78	18
R&D经费支出与GDP比例（%）	2.05	1.12	18
地方财政科技支出占地方财政支出比重（%）	2.23	0.83	29
企业R&D经费支出占主营业务收入比重（%）	0.84	0.51	22
科学研究和技术服务业新增固定资产占比重（%）	1.13	1.21	12
万人科技论文数（篇/万人）	3.72	3.22	11
万人发明专利拥有量（件/万人）	5.29	1.27	22
万人吸纳技术成交额（万元/万人）	548.67	445.41	15
有R&D活动的企业占比重（%）	16.85	16.94	7
高技术产业增加值占工业增加值比重（%）	14.17	4.64	25
知识密集型服务业增加值占生产总值比重（%）	14.42	11.39	13
高技术产品出口额占商品出口额比重（%）	28.20	11.94	20
新产品销售收入占主营业务收入比重（%）	12.91	7.85	15
高技术产业劳动生产率（万元/人）	19.73	25.94	16
高技术产业增加值率（%）	23.94	46.30	1
知识密集型服务业劳动生产率（万元/人）	36.19	24.35	24
劳动生产率（万元/人）	7.16	4.40	29
资本生产率（万元/万元）	0.34	0.31	17
综合能耗产出率（元/千克标准煤）	14.27	8.18	25
万人国际互联网络用户数（户/万人）	4838.13	3714.87	27
环境质量指数	–	66.50	16
环境污染治理指数	–	82.18	16
万人高等教育学校平均在校学生数	–	221.88	21
十万人创新中介从业人员数	–	1.39	20
十万人累计孵化企业数	–	0.63	30

数据来源：《中国区域科技进步评价报告（2015）》。其中，万人高等教育学校平均在校学生数、十万人创新中介从业人员数和十万人累计孵化企业数是2015年新增指标。

从表1-1中可以看出，甘肃省在高技术产业增加值率（第1位）、有R&D活动的企业占比（第7位）、万人科技论文数、科学研究和技术服务业新增固定资产占比重、知识密集型服务业增加值占生产总值比重等指标居全国前列；万人吸纳技术成交额、资本生产率、新产品销售收入占主营业务收入比重、高技术产业劳动生产率、环境质量指数、环境质量污染指数等指标居全国中游水平。尤其是高技术产业劳动生产率、企业R&D经费支出占主营业务收入比重、科学研究和技术服务业新增固定资产占比重、环境质量指数比上年增长幅度较大，说明甘肃省科技活动条件和高技术产业创新水平不断改善，在科技创新、成果转化和高技术产业化中创造出了良好的经济效益或社会效益。

但地方财政科技支出占地方财政支出比重、劳动生产率、综合能耗产出率、万人国际互联网络用户数和十万人累计孵化企业数等几项指标仍然位于全国倒数几位，反映出地方财政科技投入强度不够，单位劳动生产率偏低，孵化企业造血功能弱，创新创业动力不足，与其他省份差距较大。

（二）甘肃科技进步水平与西部省区的比较

1. 科技进步综合水平的比较

据《中国区域科技进步评价报告（2015）》显示，甘肃科技进步水平在西部12个省市中位于第4位。

在科技进步环境、科技活动投入、科技活动产出、高新技术产业化、科技促进经济社会发展等5个衡量区域综合科技进步水平科技的一级指标中，科技活动产出位于全国第14位、西部省区第4位，具有相对优势；科技进步环境位于全国第17位、西部省区第5位，科技活动投入位于全国第20位、西部省区第4位，这2项指标基本处于全国中下游水平；高新技术产业化位于全国第21位、西部省区第8位，科技促进经济社会发展位于全国第27位、西部省区第9位，这2项指标处于全国下游水平。见表1-2。

表1-2 甘肃及西部省区综合科技进步水平及5个一级指标的比较

全国的位次	陕西	重庆	四川	内蒙古	甘肃	宁夏	青海	广西	新疆	云南	贵州	西藏
科技进步环境	8	11	14	16	17	24	19	27	26	30	29	31
科技活动投入	11	14	17	22	20	21	29	26	27	28	25	31
科技活动产出	6	12	9	28	14	25	20	30	22	21	29	31
高新技术产业化	16	4	6	25	21	29	31	9	30	17	18	23
科技促进经济社会发展	17	8	19	21	27	14	26	25	24	31	30	28
在全国的总排位	9	8	12	23	18	21	27	25	29	28	30	31
在西部的总排位	2	1	3	6	4	5	8	7	10	9	11	12

2. 科技进步环境

一级指标"科技进步环境"排序中，甘肃省位于全国第17位，首次进入全国前20位，比上年上升6位，取得突破性进展。与上年比较，"科技进步环境"下的二级指标"科技人力资源"在全国排名第22位，比上年上升3位，位于西部第6位；"科研物质条件"位于全国排名第15位，比上年上升4位，位于西部第6位；"科技意识"在全国排名第16位，比上年上升2位，位于西部第4位。见图1-3、表1-3。

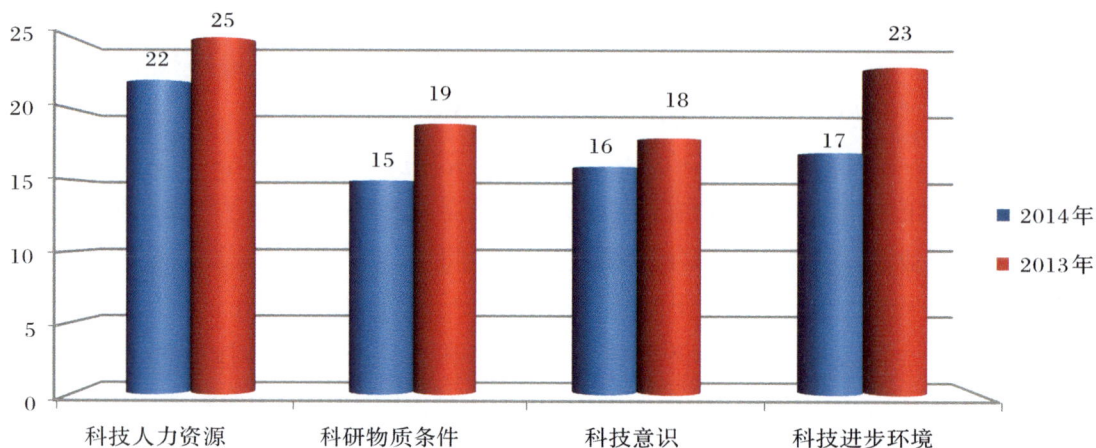

图1-3 甘肃"科技进步环境"指标在全国的排序

表1-3 "科技进步环境"中的二级指标部分省区比较

	科技人力资源		科研物质条件		科技意识	
	数值	全国排名	数值	全国排名	数值	全国排名
甘 肃	63.24	22	46.42	15	36.09	16
陕 西	82.51	9	69.85	4	42.58	9
新 疆	58.96	24	27.94	29	35.49	18
青 海	60.49	23	50.49	10	31.93	22
宁 夏	68.76	17	30.27	26	35.59	17

3. 科技活动投入

一级指标"科技活动投入"排序中，甘肃省位于全国第20位，比上年上升1位。与上年比较，"科技活动投入"下的二级指标"科技活动人力投入"在全国排名第18位，比上年上升3位，位于西部第4位；"科技活动财力投入"在全国排名第19位，与上年排名没有变动，位于西部第5位。见图1-4、表1-4。

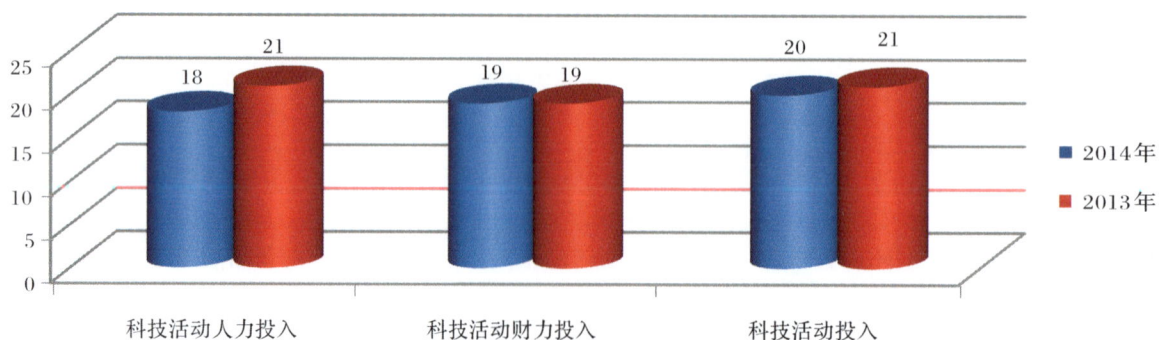

图1-4 甘肃"科技活动投入"指标在全国排序

表1-4　"科技活动投入"中的二级指标部分省区比较

	科技活动人力投入		科技活动财力投入	
	数值	全国排名	数值	全国排名
甘 肃	83.3	18	31.25	19
陕 西	84.4	17	48.39	10
新 疆	58.44	26	19.36	29
青 海	52.21	28	18.41	30
宁 夏	77.9	22	32.38	17

4. 科技活动产出

一级指标"科技活动产出"排序中，甘肃省位于全国第14位，排名没有变动。与上年比较，"科技活动投入"下的二级指标"科技活动产出水平"在全国排名第17位，比上年上升1位，位于西部第4位；"技术成果市场化"在全国排名第14位，比上年下降1位，位于西部第4位。见图1-5、表1-5。

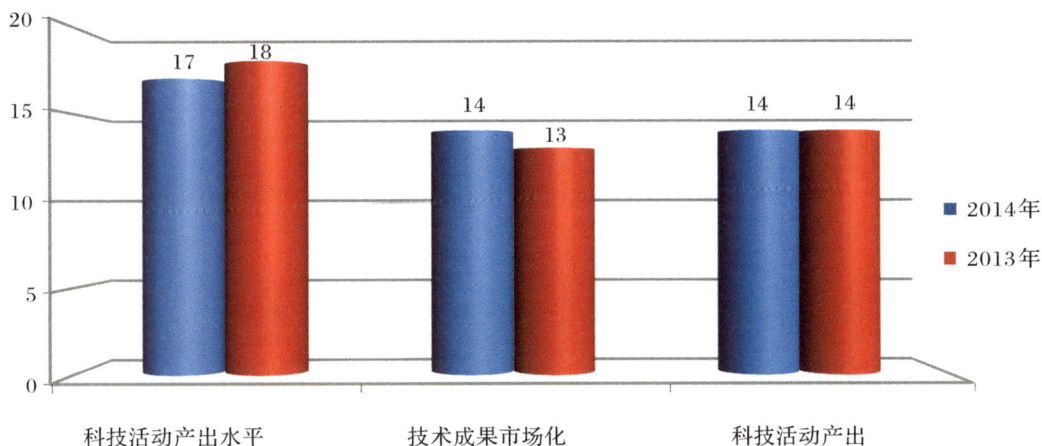

图1-5　甘肃"科技活动产出"指标在全国排序

表1-5　"科技活动产出"中的二级指标部分省区比较

	科技活动产出水平		技术成果市场化	
	数值	全国排名	数值	全国排名
甘 肃	37.26	17	52.41	14
陕 西	72.25	4	60.46	9
新 疆	36.24	18	7.09	28
青 海	23.24	26	50.24	15
宁 夏	29.22	23	12.94	24

5. 高新技术产业化

一级指标"高新技术产业化"排序中，甘肃省位于全国第22位，比上年上升3位。二级指标"高新技术产业化水平"在全国排名第24位，比上年下降3位，位于西部第7位；"高新技术产业化效益"在全国排名第20位，比上年上升1位，位于西部第8位。见图1-6、表1-6。

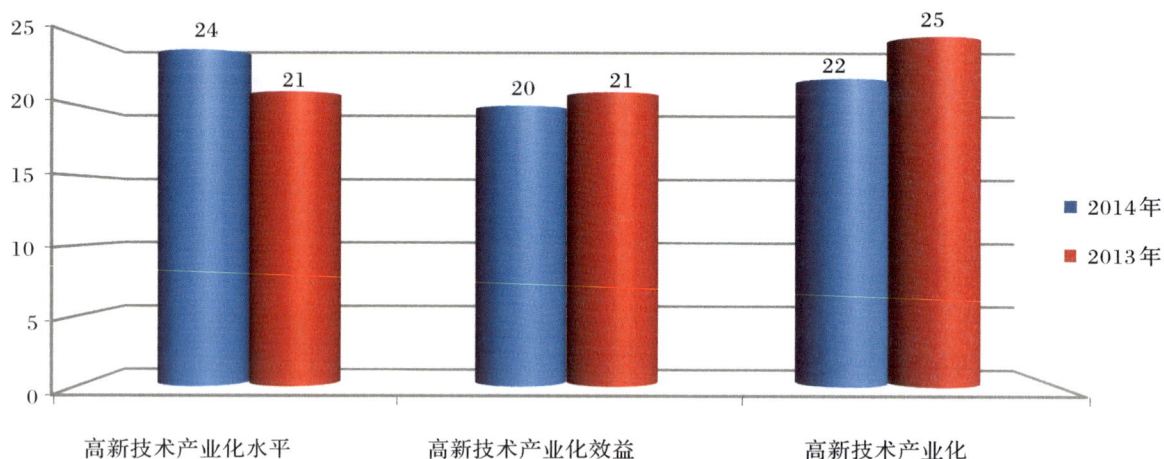

图1-6　甘肃"高新技术产业化"在全国的排序

表1-6　"高新技术产业化"中的二级指标部分省区比较

	高新技术产业化水平		高新技术产业化效益	
	数值	全国排名	数值	全国排名
甘肃	25.11	24	69.35	20
陕西	49.21	10	57.98	26
新疆	11.59	31	49.46	28
青海	12.54	30	46.89	30
宁夏	24.77	25	46.95	29

6. 科技促进经济社会发展

一级指标"科技促进经济社会发展"排序中，甘肃省位于全国第27位，比上年下降3位。其中二级指标"经济发展方式转变"指标在全国排名第28位，与上年持平，位于西部第9位；"环境改善"指标在全国排名第17位，比上年下降2位，位于西部第6位；"社会生活信息化"指标在全国排名第18位，比上年下降8位，位于西部第6位，主要原因是三级指标万人国际互联网上网人数在全国排名与上年度一致，列第27位，相对靠后；信息传输、软件和信息技术服务业增加值占生产总值比重在全国排名比上年下降8位；电子商务消费占居民消费支出比重在全国排名比上年下降3位，列全国倒数第一。见图1-7、

表1-7。

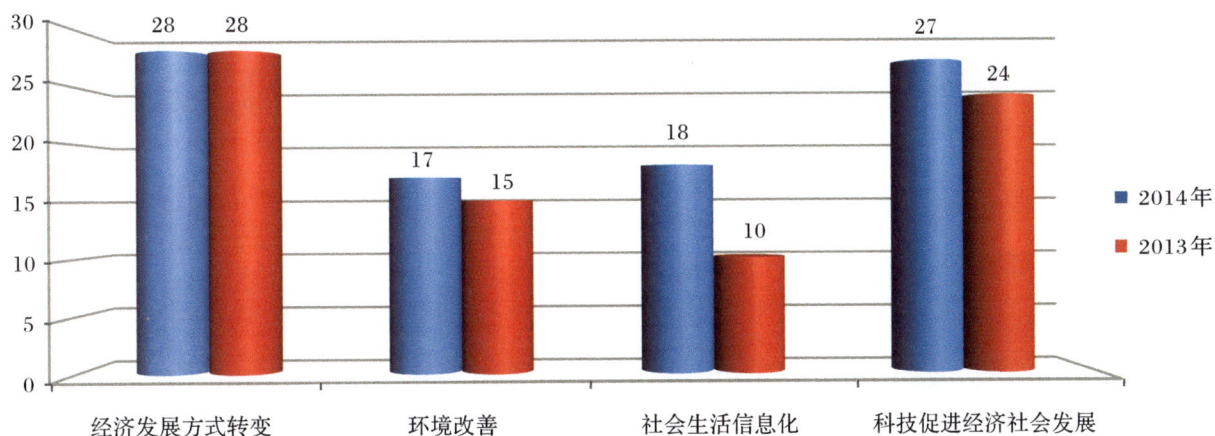

图1-7 甘肃"科技促进经济社会发展"在全国的排序

表1-7 "科技促进经济社会发展"中的二级指标部分省区比较

	经济发展方式转变		环境改善		社会生活信息化	
	数值	全国排名	数值	全国排名	数值	全国排名
甘肃	38.15	28	79.04	17	77.73	18
陕西	55.85	13	76.48	20	77.18	20
新疆	51.18	20	64.17	30	72.28	23
青海	44.29	25	77.36	19	79.6	16
宁夏	47.14	23	77.98	18	94.54	7

二、市州综合科技进步水平评价

依据《2015甘肃省科技进步统计监测报告》，根据综合科技进步水平指数，将全省14个地区划分为五类：

第一类：综合科技进步水平指数高于全省平均水平（54.79%）的地区，包括兰州市和天水市。

第二类：综合科技进步水平指数低于全省平均水平（54.79%），但高于45%的地区，包括金昌市和嘉峪关市。

第三类：综合科技进步水平指数在45%以下，但高于35%的地区，包括酒泉市、张掖市、白银市、武威市和庆阳市。

第四类：综合科技进步水平指数在35%以下，但高于30%的地区，包括陇南市、平凉市和定西市。

第五类：综合科技进步水平指数在30%以下的地区，包括甘南州和临夏州。

2015年综合科技进步水平指数

排名	市州	指数
1	兰州	61.51
2	天水	57.37
3	金昌	49.82
4	嘉峪关	47.66
5	酒泉	43.75
6	张掖	41.16
7	白银	38.63
8	武威	36.74
9	庆阳	35.22
10	陇南	34.04
11	平凉	33.51
12	定西	31.53
13	甘南	25.39
14	临夏	20.34

全省综合科技进步水平指数51.79%

2014年综合科技进步水平指数

排名	市州	指数
1	兰州	62.85
2	金昌	51.34
3	嘉峪关	47.29
4	天水	46.48
5	张掖	41.52
6	白银	40.60
7	酒泉	39.92
8	平凉	35.37
9	庆阳	34.65
10	武威	33.83
11	陇南	33.50
12	定西	30.75
13	甘南	26.09
14	临夏	21.24

全省综合科技进步水平指数52.33%

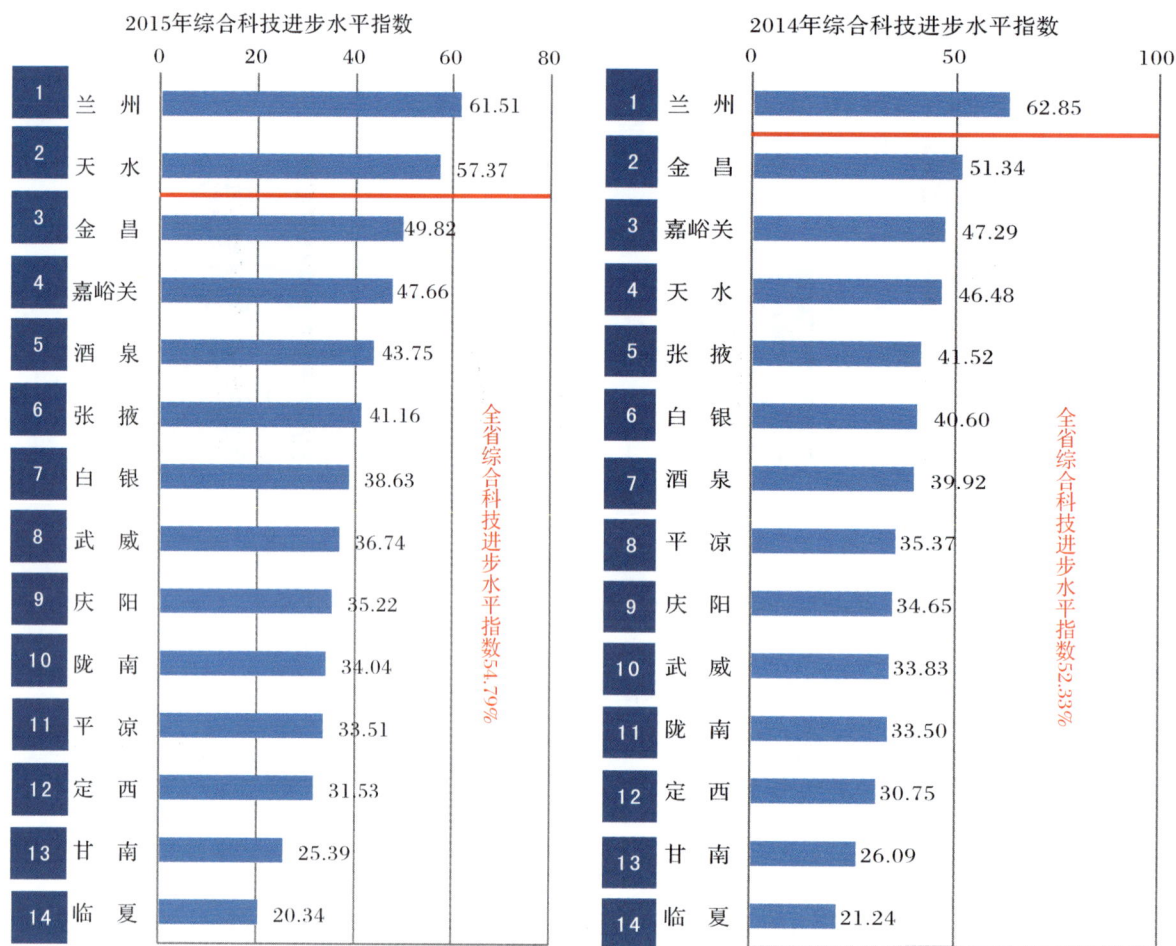

图1-8 各市州综合科技进步水平指数排序图

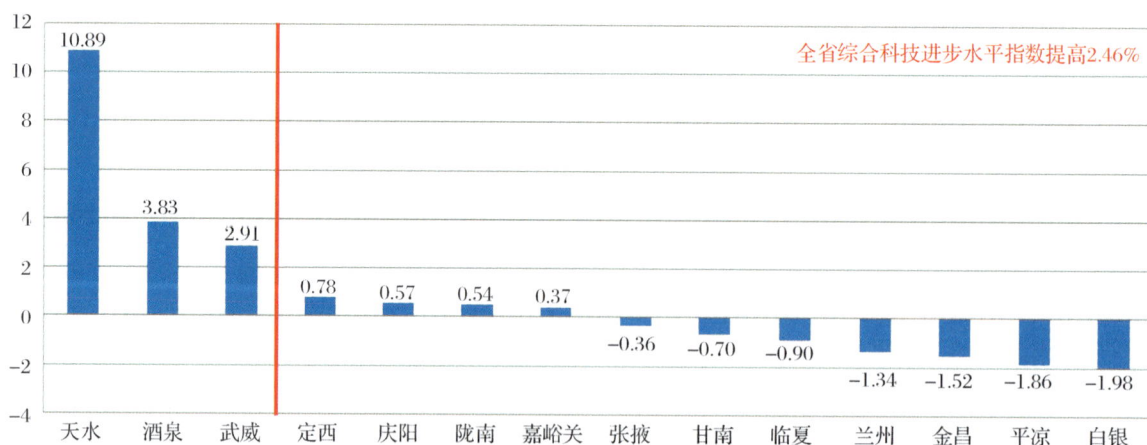

全省综合科技进步水平指数提高2.46%

市州	提高百分点
天水	10.89
酒泉	3.83
武威	2.91
定西	0.78
庆阳	0.57
陇南	0.54
嘉峪关	0.37
张掖	-0.36
甘南	-0.70
临夏	-0.90
兰州	-1.34
金昌	-1.52
平凉	-1.86
白银	-1.98

图1-9 各市州综合科技进步水平指数提高百分点排序图

（一）市州科技进步一级指标

1.科技进步环境评价

在科技进步环境指标的排序中，兰州市、嘉峪关市、酒泉市排在前3位，高于全省平均水平（51.95%）。见图1-10。

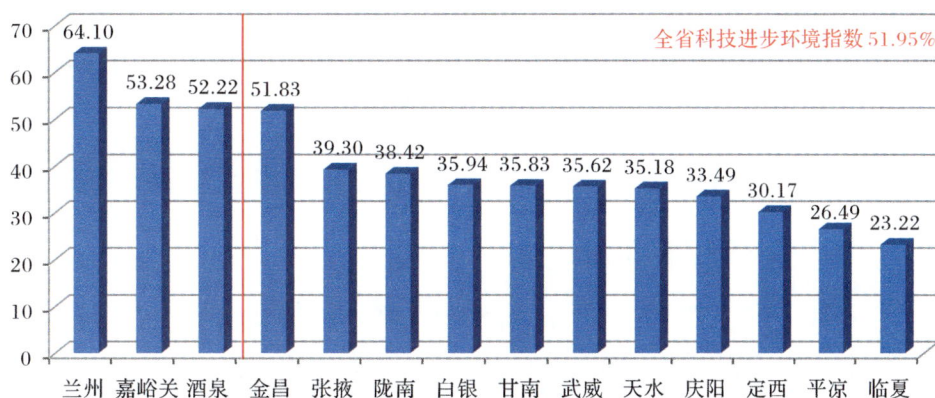

图1-10 各市州科技进步环境指数排序图

2. 科技活动投入评价

在科技活动投入指标的排序中，嘉峪关市、金昌市、兰州市排在前3位，高于全省平均水平（55.91%）。见图1-11。

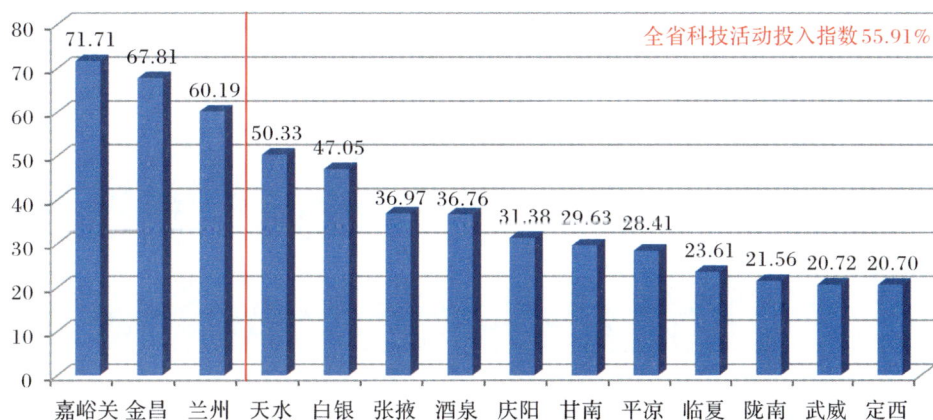

图1-11 各市州科技活动投入指数排序图

3. 科技活动产出评价

在科技活动产出指标的排序中，兰州市、金昌市、天水市排在前3位，高于全省平均水平（48.28%）。见图1-12。

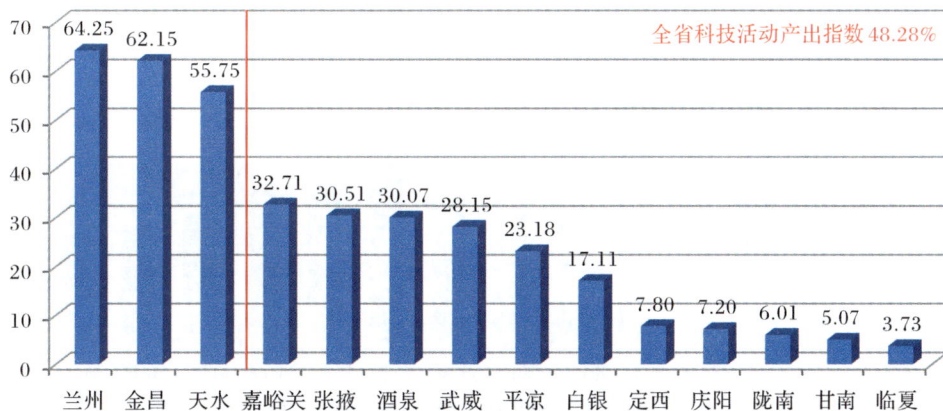

图1-12 各市州科技活动产出指数排序图

4. 高新技术产业化评价

在高新技术产业化指标的排序中，天水市排在第1位，高于全省平均水平（54.73%）。见图1-13。

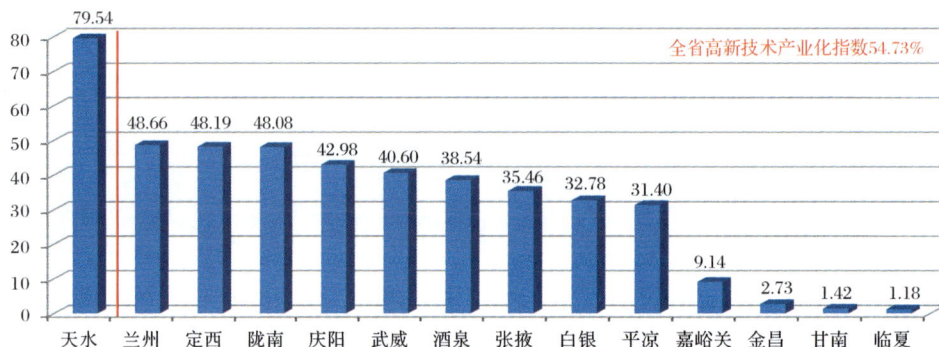

图1-13　各市州高新技术产业化指数排序图

5. 科技促进经济社会发展评价

在科技促进经济社会发展指标的排序中，嘉峪关市、兰州市、金昌市、张掖市、天水市、酒泉市排在前6位，高于全省平均水平（63.35%）。见图1-14。

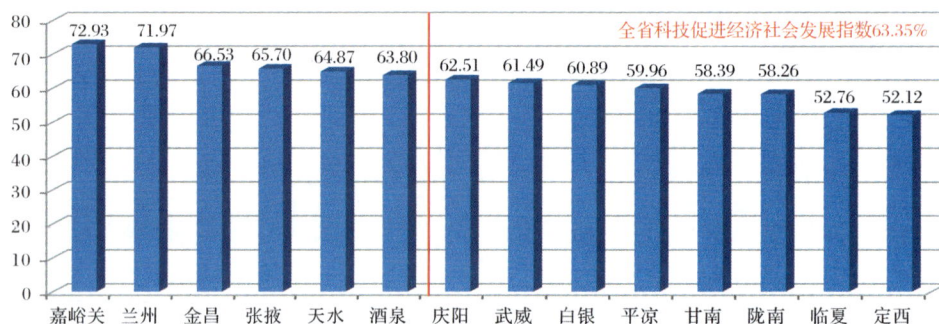

图1-14　各市州科技促进经济社会发展指数排序图

（二）地区科技进步二级指标

1. 科技人力资源评价

从科技人力资源指数看，嘉峪关、金昌、兰州、酒泉4市高于全省平均水平（60.28%）。见图1-15。

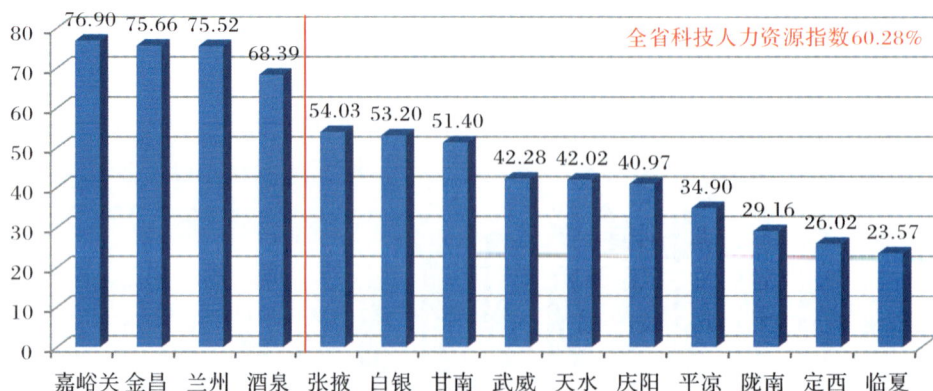

图1-15　各市州科技人力资源指数排序图

2. 科研物质条件指数

从科研物质条件指数看，兰州、陇南、天水3市高于全省平均水平（20.41%）。见图1-16。

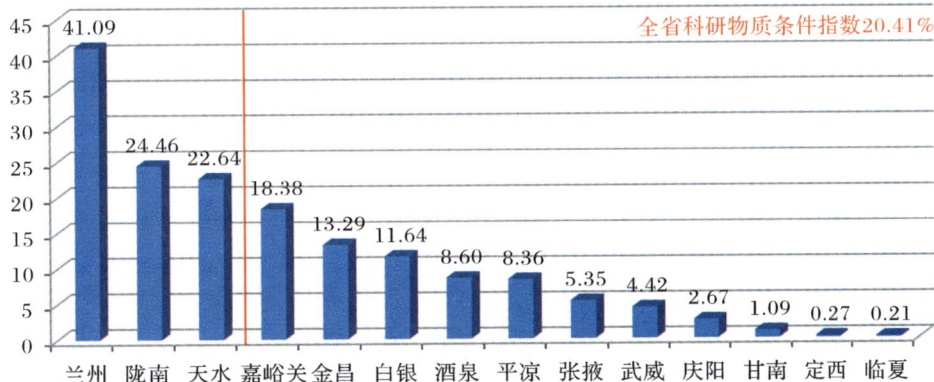

图1-16 各市州科研物质条件指数排序图

3. 科技意识评价

从科技意识指数看，酒泉、兰州2市高于全省平均水平（75.15%）。见图1-17。

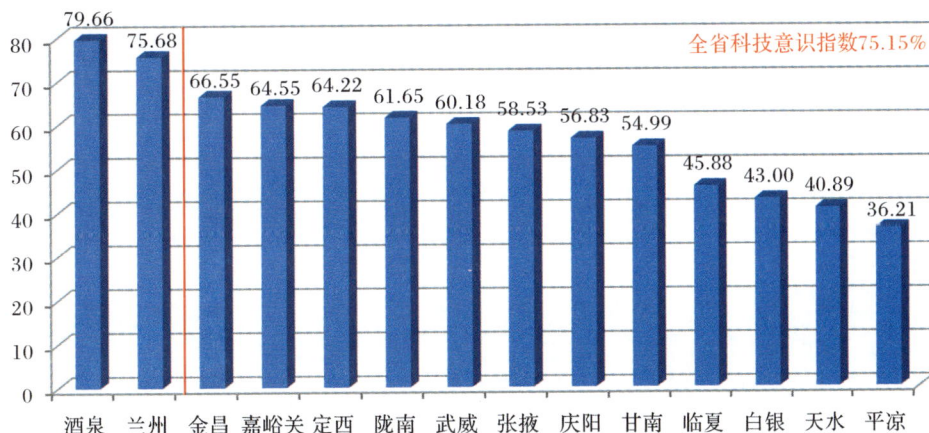

图1-17 各市州科技意识指数排序图

4. 科技活动人力投入评价

从科技活动人力投入指数看，金昌、兰州、嘉峪关3市高于全省平均水平（89.24%）。见图1-18。

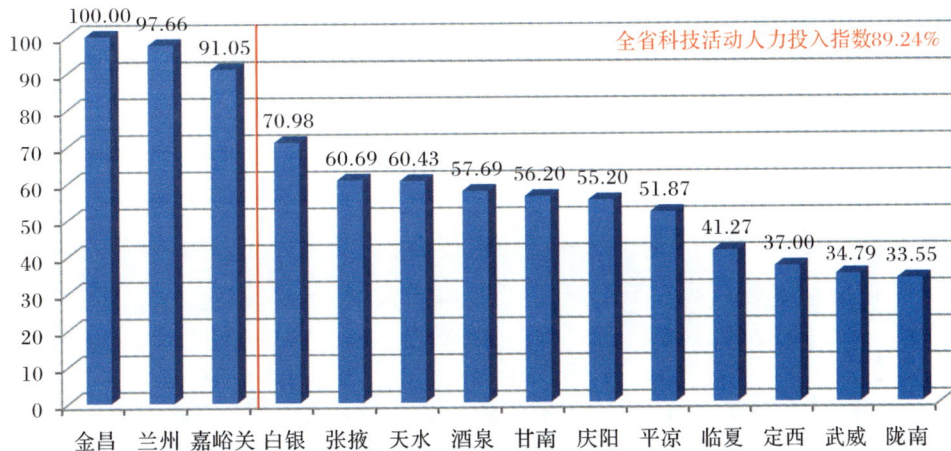

图1-18 各市州科技活动人力投入指数排序图

5. 科技活动财力投入评价

从科技活动财力投入指数看，嘉峪关、天水、金昌、白银、兰州5市高于全省平均水平（22.59%）。见图1-19。

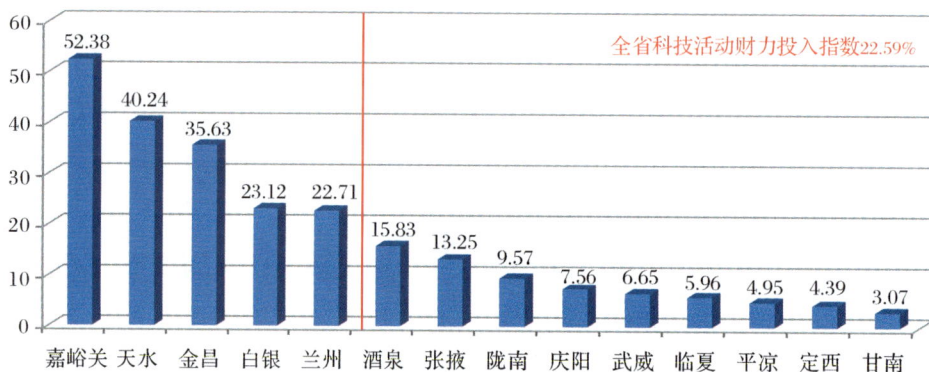

图1-19　各市州科技活动财力投入指数排序图

6. 科技活动产出水平评价

从科技活动产出水平指数看，兰州、金昌2市高于全省平均水平（22.27%）。见图1-20。

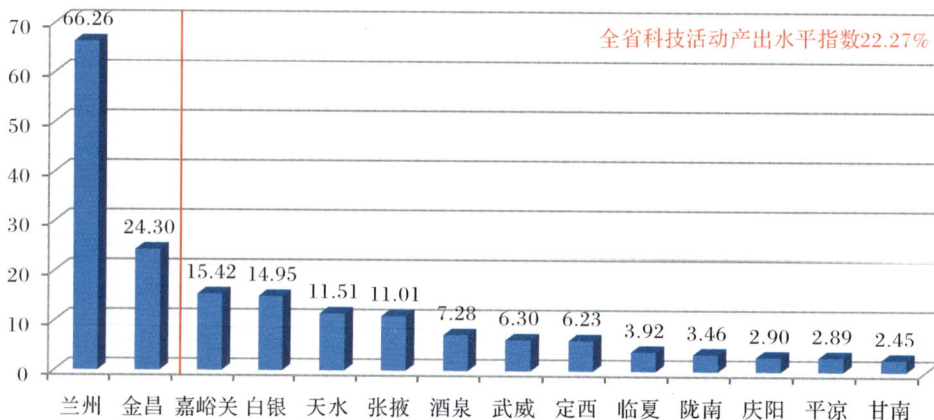

图1-20　各市州科技活动产出水平指数排序图

7. 技术成果市场化评价

从技术成果市场化指数看，金昌、天水2市高于全省平均水平（74.28%）。见图1-21。

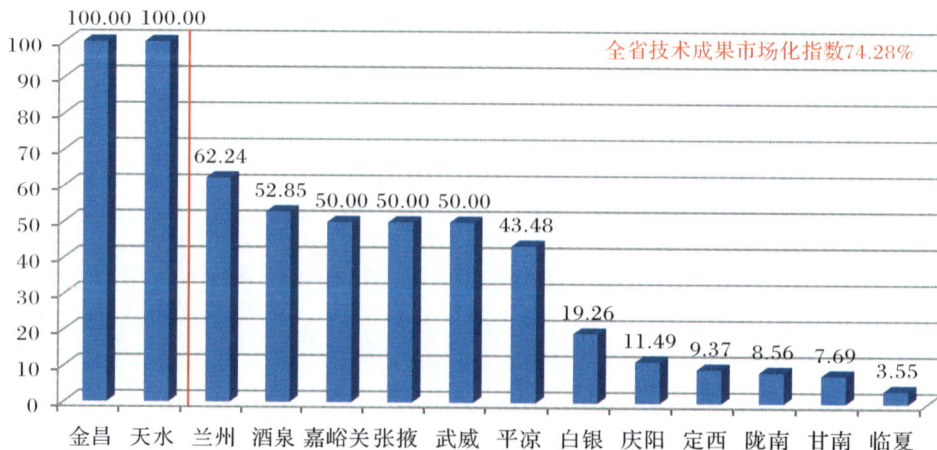

图1-21　各市州技术成果市场化指数排序图

8. 高新技术产业化水平评价

从高新技术产业化水平指数看，天水1市高于全省平均水平（29.27%）。见图1-22。

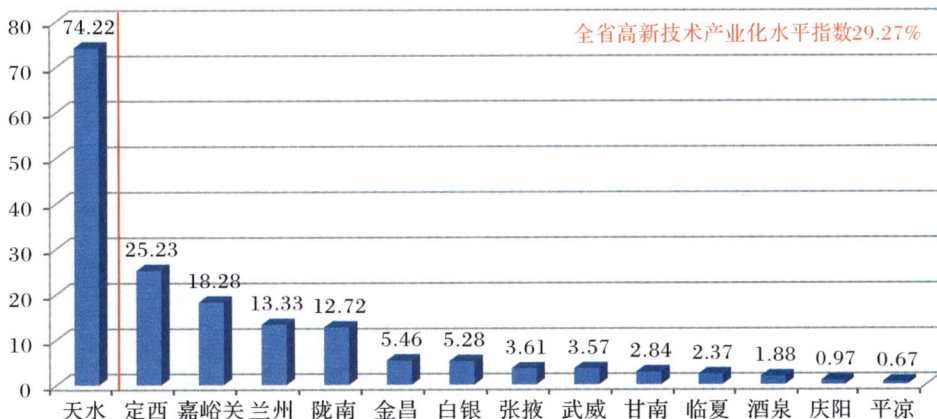

图1-22 各市州高新技术产业化水平指数排序图

9. 高新技术产业化效益评价

从高新技术产业化效益指数看，庆阳、天水、兰州、陇南4市高于全省平均水平（80.18%）。见图1-23。

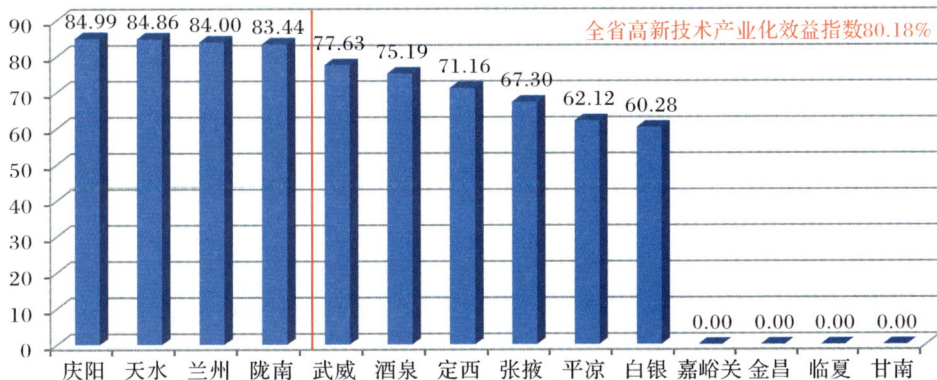

图1-23 各市州高新技术产业化效益指数排序图

10. 经济发展方式转变

从经济发展方式转变指数看，嘉峪关、天水、庆阳、兰州、张掖、酒泉、武威7市高于全省平均水平（51.75%）。见图1-24。

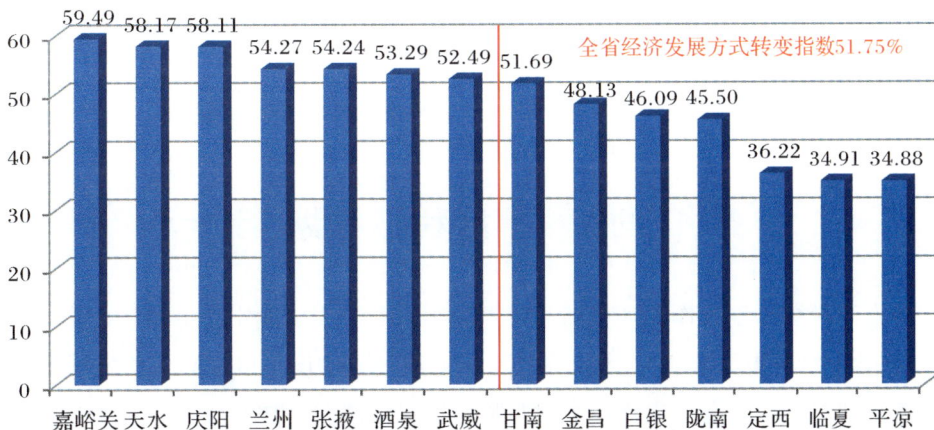

图1-24 各市州经济发展方式转变指数排序图

11. 环境改善评价

从环境改善指数看，平凉、兰州、天水3市高于全省平均水平（71.79%）。见图1-25。

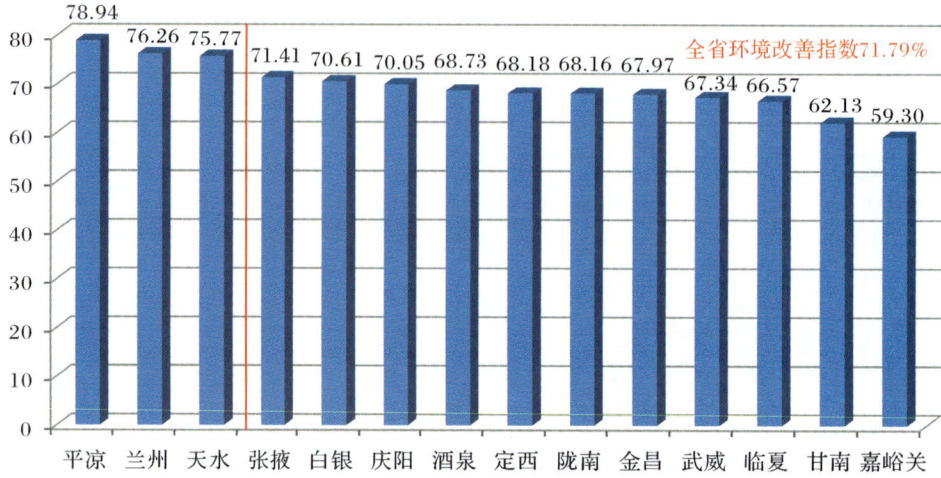

图1-25 各市州环境改善指数排序图

12. 社会生活信息化评价

从社会生活信息化指数看，嘉峪关、兰州、金昌、张掖、酒泉5市高于全省平均水平（66.51%）。见图1-26。

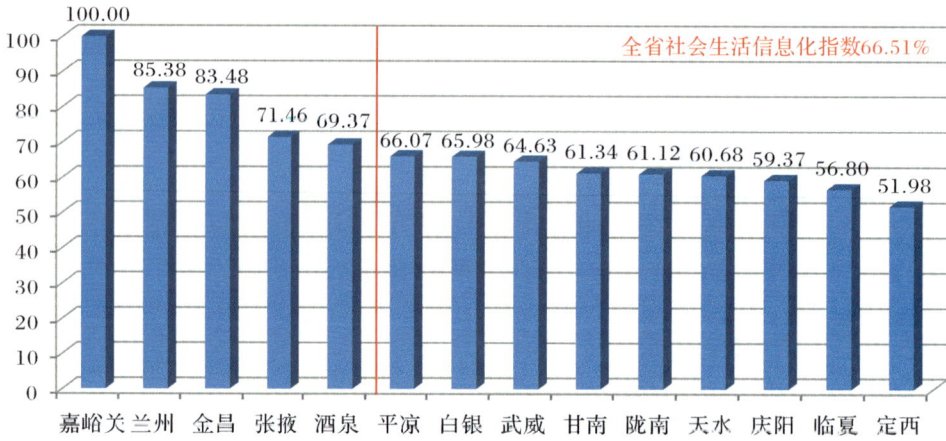

图1-26 各市州社会生活信息化指数排序图

第四节 年度科技计划

2015年，甘肃省级科技计划工作深入贯彻落实党的十八届三中、四中全会精神，聚焦"3341"项目工程、"1236"扶贫攻坚行动和"丝绸之路经济带"甘肃黄金段建设，以提高经济发展质量和效益为中心，加快实施创新驱动战略，着力深化科技体制改革，加强创新驱动战略部署，强力推进战略性新兴产业发展，加大科技精准扶贫力度，多措施激发大众创业万众创新活力，全省各项科技工作迈上了新台阶，创新能力和科技实力进一步增强，取得了一批重大科技成果，涌现出了一批创新人才，全社会大众创业万众创新蓬勃兴起，为全省经济社会持续稳步发展提供了强有力的支撑。

一、甘肃省科技计划项目申报情况

2015年，全省进一步优化科技资源配置，省科技厅发布了2015年度科技计划指南和申报通知，在全省范围内征集科技重大专项计划等科技计划项目。经全省科技系统认真组织，共征集到各类计划项目2277项。按照各类科技计划项目管理办法，省科技厅组织相关专家对征集到的项目开展了前期论证、专家评审、现场考察等工作，最终遴选出2015年度甘肃省各类科技计划项目。2015年全省级科技计划共立项792项，安排资金总额31 880万元。

二、甘肃省科技计划项目立项情况

（一）项目总体情况

2015年，实际安排资金包括两个方面：一是拨付2014年结转计划项目资金7306万元，二是拨付2015年新上的792项科技计划项目资金31 880万元。项目平均投入强度达到了40.25万元/项。

表1-8 2015年度甘肃省科技计划项目申报与立项情况

	计划类别	申报数（项）	立项数（项）
1	科技小巨人企业培育计划	25	21
2	省属科研院所基础条件建设专项	21	10
3	重点实验室专项	34	16
4	科技基础条件平台与创新能力建设计划	148	2
5	民生科技计划	103	29
6	市县科技条件建设专项	33	15
7	工程技术研究中心专项	33	4
8	自然科学基金	630	286
9	科技创新平台专项	61	24
10	软科学专项	77	57
11	知识产权计划	60	59
12	青年科技基金	289	103
13	基础研究创新群体	23	6
14	杰出青年基金	26	8
15	科技重大专项计划	175	28
16	中小企业创新基金	68	15
17	科技支撑计划	471	109
	合 计	2277	792

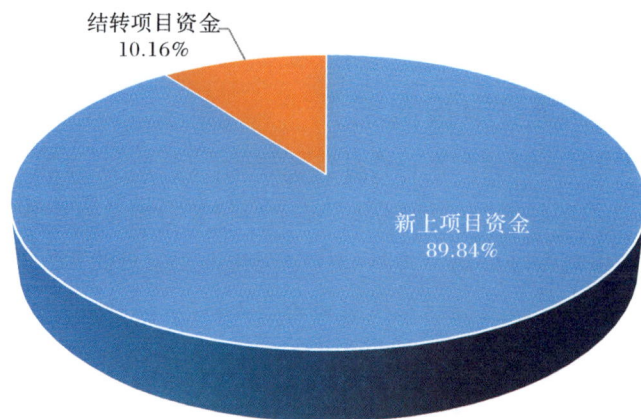

图1-27　2015年甘肃省科技计划项目资金安排结构图

从承担单位性质看，2015年省级科技计划项目安排资金总额中：

企业承担项目182项，安排资金19 585万元，占安排资金总额的49.98%，项目投入强度达到了107.6万元/项。其中国有企业（包括国有控股企业）安排项目75项，安排资金9675万元，占企业安排资金的比例为49.4%；非公有制企业安排项目107项，安排资金9910万元，占企业安排资金的比例为50.6%。支持企业的研发资金占到了当年可用于支持企业资金的71.6%。

科研院所承担项目142项，安排资金3383万元，占安排资金总额的8.63%，项目投入强度达到了23.82万元/项。

高等院校承担项目372项，安排资金3075万元，占安排资金总额的7.85%，项目投入强度达到了8.3万元/项。

其他开展科技活动的机构（包括医疗机构，市州、县区科技管理部门、开展科技活动的行政事业单位等）承担项目203项，安排资金13 143万元，占安排资金总额的33.54%，项目投入强度达到了64.7万元/项。

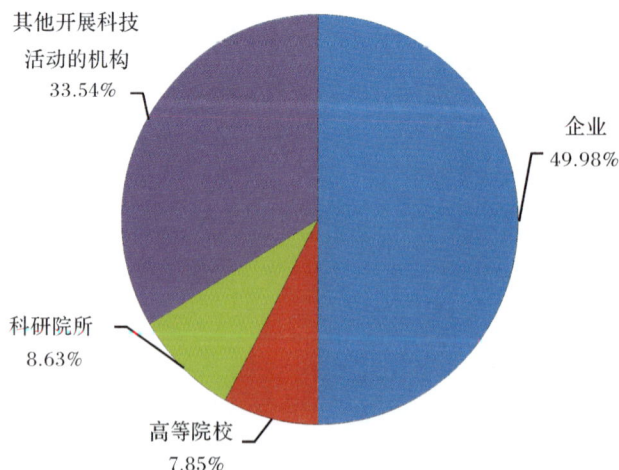

图1-28　2015年甘肃省科技计划项目按承担单位性质划分资金安排情况

（二）新立项项目情况

2015年，新立项的792项省级科技计划项目当年拨付资金为31 880万元。从立项项目计划类别看，自然科学基金、科技支撑计划（含工业类、农业类和社会发展类）和省青年科技基金计划3类计划立项数较多，分别立项286项、109项和103项，这三类计划类别立项数占全部新立项数的62.9%；从立项项目经费投入来看，科技重大专项计划、科技创新平台专项和科技支撑计划这3类计划经费投入较多，分别为6470万元、6000万元和2360万元，这3类计划经费额占全部投入经费的65.7%。

从项目承担单位地域分布来看，省会兰州由于汇集了一大批科研单位，科技资源丰富，依然是省级科技计划项目承担单位最集中区域。2015年，兰州市所在单位承担省级科技计划项目611项，占科技计划项目总数的77.15%，其他市（州）新上项目数占比均在3%以下。从立项项目经费来看，兰州市争取项目经费最高，为22 363万元，占总经费的70.15%；其次是天水市和酒泉市，分别占5.34%和5.28%；占比最少的是甘南，仅占0.38%。

表1–9　2015年甘肃省新立项的科技计划项目情况（按计划类别划分）

	计划类别	项目数（项）	各类项目数占比（%）	当年拨付经费（万元）	各类项目经费占比（%）
1	科技重大专项计划	28	3.54	9894	31.04
2	科技创新平台专项	24	3.28	7737	25.52
3	省属科研院所基础条件建设专项	10	1.26	1500	4.71
4	科技支撑计划	109	13.76	3300	10.35
5	中小企业创新基金	15	1.89	400	1.25
6	自然科学基金	286	36.11	858	2.69
7	知识产权计划	59	7.45	1000	3.14
8	工程技术研究中心专项	4	0.51	160	0.50
9	民生科技计划	29	3.66	3000	9.41
10	科技小巨人企业培育计划	21	2.65	2100	6.59
11	重点实验室专项	16	2.02	320	1.00
12	基础研究创新群体	6	0.76	300	0.94
13	科技基础条件平台与创新能力建设计划	2	0.25	400	1.25
14	市县科技条件建设专项	15	1.89	200	0.63
15	国际科技合作专项		0.00		0.00
16	省青年科技基金计划	103	13.01	206	0.65
17	杰出青年基金	8	1.01	160	0.50
18	软科学专项	57	7.20	345	1.08
	合计	792		31 880	

从各地区承担的计划项目平均经费来看,定西市各类单位承担省级科技计划项目平均支持强度最高,为71.5万元/项,其次依次为嘉峪关、酒泉、金昌、天水、临夏、白银6市(州)科研项目平均经费均在50万元/项以上,庆阳市各类平均经费最低,为22.15万元/项。

按技术领域划分,2015年省级科技计划项目涉及技术领域广泛,从项目立项数量来看,生物医药、农业、信息产业与现代服务业、材料和制造业5大技术领域的项目数量较多,分别为142项、131项、98项、60项和52项,共占项目总数的61%;城镇化与城市发展、资源和农业信息技术三个领域立项项目较少,分别为14项、11项和4项。

表1-10 2015年甘肃省新立项的科技计划项目情况(按地域划分)

市(州)	项目数(项)	项目数占比(%)	当年拨付经费(万元)	项目经费占比(%)
兰州	611	77.15	22 363	70.15
天水	27	3.41	1701	5.34
陇南	12	1.52	391	1.23
定西	14	1.77	1001	3.14
金昌	10	1.26	652	2.05
甘南	5	0.63	121	0.38
武威	14	1.77	609	1.91
临夏	11	1.39	650	2.04
张掖	19	2.40	744	2.33
庆阳	13	1.64	288	0.90
平凉	9	1.14	348	1.09
白银	14	1.77	777	2.44
嘉峪关	8	1.01	553	1.73
酒泉	25	3.16	1682	5.28
合计	792	100	31 880	100

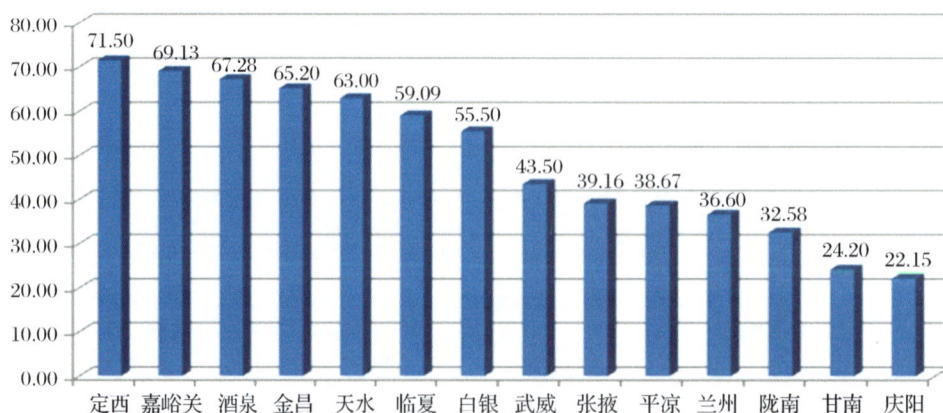

图1-29 2015年各市(州)新立项的省级科技计划项目经费投入强度情况

从立项项目经费投入来看，农业、制造业、信息产业与现代服务业、材料、畜牧业、生物医药、公共安全和其他社会事业7大技术领域的项目经费分别为10 202万元、3465万元、3248万元、3134万元、2815万元、2305万元、1447万元，经费合计占全部经费投入的83.49%。

表1-11 2015年甘肃省新立项的科技计划项目情况（按领域划分）

领域	项目数 （项）	项目数占比 （%）	项目经费 （万元）	项目经费占比 （%）
农业	161	20.33	10 202	32.00
制造业	52	6.57	3465	10.87
信息产业与现代服务业	102	12.88	3248	10.19
畜牧业	22	2.78	2815	8.83
材料	60	7.58	3134	9.83
生物医药	142	17.93	2305	7.23
公共安全与其他社会事业	49	6.19	1447	4.54
环境	42	5.30	775	2.43
资源	11	1.39	864	2.71
能源	22	2.78	507	1.59
城镇化与城市发展	14	1.77	322	1.01
交通运输	25	3.16	523	1.64
人口与健康	51	6.44	800	2.51
其他	39	4.92	1473	4.62
合计	792	100	31 880	100

第五节 重大科技成果

一、国家科技奖励

2015年，甘肃省有7项重大科技成果获得国家科技奖励，首次在国家奖励评审三大主体奖中均有获奖项目，成绩斐然。其中4项为省内科研机构或科研人员主持完成，3项为参与完成。见表1-12。

表1-12   2014年甘肃省获得国家科技奖励情况

序号	奖励名称	项目名称	主要承担单位
1	国家技术发明奖二等奖	高精度微小气体流量测量新技术及应用	兰州空间技术物理研究所（主持）
2	国家自然科学奖二等奖	工程材料表面的润湿及其调控	中国科学院兰州化学物理研究所（主持）
3	国家科技进步奖二等奖	藏药现代化与独一味新药创制、资源保护及产业化示范	中国人民解放军兰州军区兰州总医院（主持）
4	国家科技进步奖二等奖	精量滴灌关键技术与产品研发及应用	甘肃大禹节水集团股份有限公司（主持）
5	国家科技进步奖二等奖	CIMMYT小麦引进、研究与创新利用	甘肃省农业科学院小麦研究所（参与）
6	国家科技进步奖二等奖	青藏电力联网工程	中国科学院寒区旱区环境与工程研究所（参与）
7	国家科技进步奖二等奖	复杂稀贵金属物料多元素梯级回收关键技术	兰州华冶化工机械技术工程有限公司（参与）

二、甘肃省科技奖励

2015年，甘肃省评选出15项科技成果获得甘肃省科学技术三大奖励一等奖，其中自然科学奖2项，技术发明奖1项，科技进步奖12项；企业技术创新示范奖1项；5项发明获得首届专利一等奖。摘要如下：

（一）甘肃省科学技术奖励一等奖

1. 具有良好生理活性天然产物全合成及方法学研究

2015年度甘肃省自然科学奖一等奖（2015-Z1-001）

主要完成人：库学功、谢新刚、郑怀基、刘剑、杨震

主要完成单位：兰州大学

天然产物是指从自然界存在的生物体内分离、提取得到的有机化合物。据统计，目前全球上市的药物中一半以上来自天然产物及其衍生物，所以说天然产物是发现药物的重要源泉。但是由于在自然界中含量稀少，许多具有药用价值的动植物资源濒临灭绝，因此化学合成是获得充足的天然产物及其类似物的主要途径。同时，天然产物合成是有机化学的主要研究领域之一，其涉及有机分子化学键的定向连接、断裂或重组，是微观层次上化学物质分子相互作用、相互转化的可控科学，是分子水平上科学与艺术的凝练与融合，富有创造性和挑战性，其发展水平在很大程度上标志着一个国家有机化学学科研究的水平和综合实力。

本项目组历经5年时间，围绕天然产物的全合成中的关键科学问题，以具有抗癌、抗肿瘤、抗HIV等生理活性的天然分子为合成目标，创建了多样性合成、仿生集体合成、多组分串联反应等合成策略，发展了新的合成方法，简捷、高效地完成了32个具有生理活性的天然产物全合成，其中13例为首次全合成

报道, 在国际著名学术期刊 J. Am. Chem. Soc., ACS Cat., Org. Lett. 和 J. Org. Chem.等上发表论文30篇。其研究成果得到国内外同行的高度评价和认可, 10篇论文被 Org. Lett., J. Org. Chem.等选为 Most Read Article(下载量最多的文章), 国际著名期刊 Chem. Rev., Chem. Soc. Rev., Acc. Chem. Res., J. Am. Chem. Soc., Angew. Chem. Int. Ed., Synfacts 也对其研究工作进行了引用或评述。图1-30, 图1-31, 图1-32。

该研究不仅具有重要的学术价值, 而且具有潜在的应用前景。对于增强我国药物开发的自主创新能力, 以及生态资源和环境的保护与我国有机合成人才队伍培养的强化, 都具有积极的战略意义。

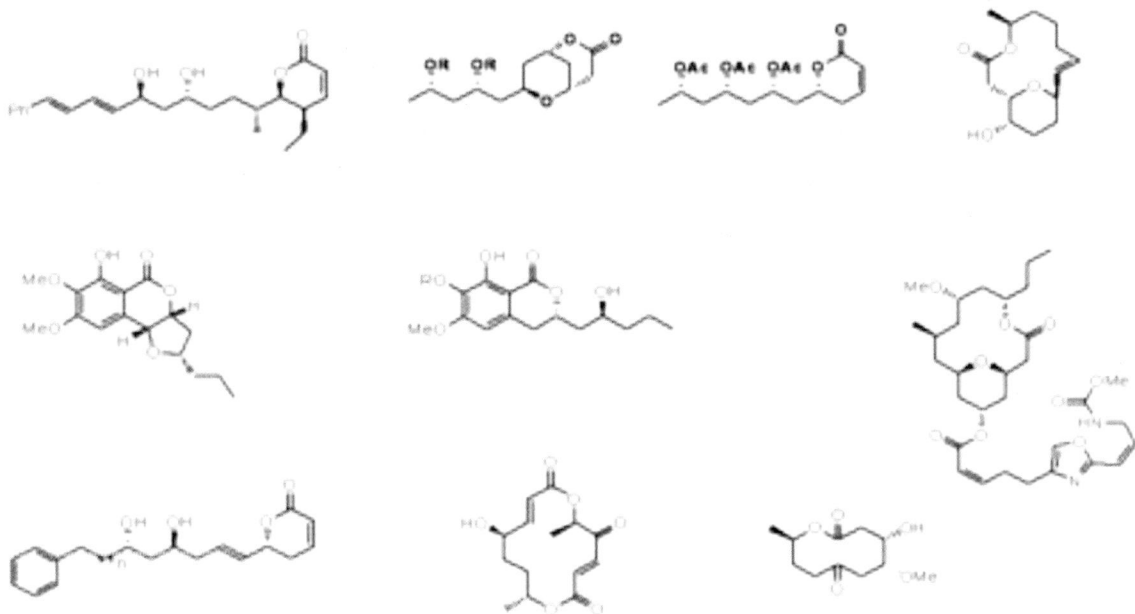

图 1-30　合成的天然产物（一）

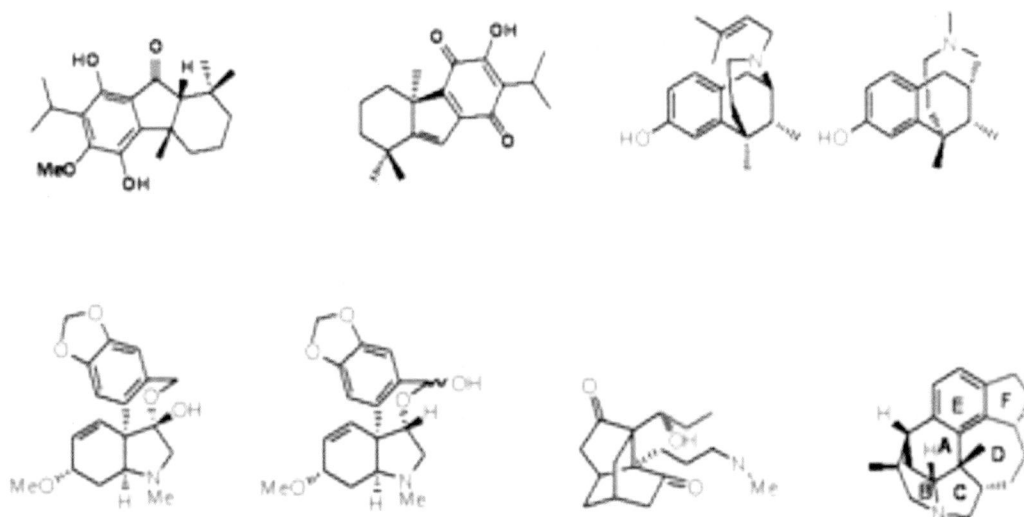

图 1-31　合成的天然产物（二）

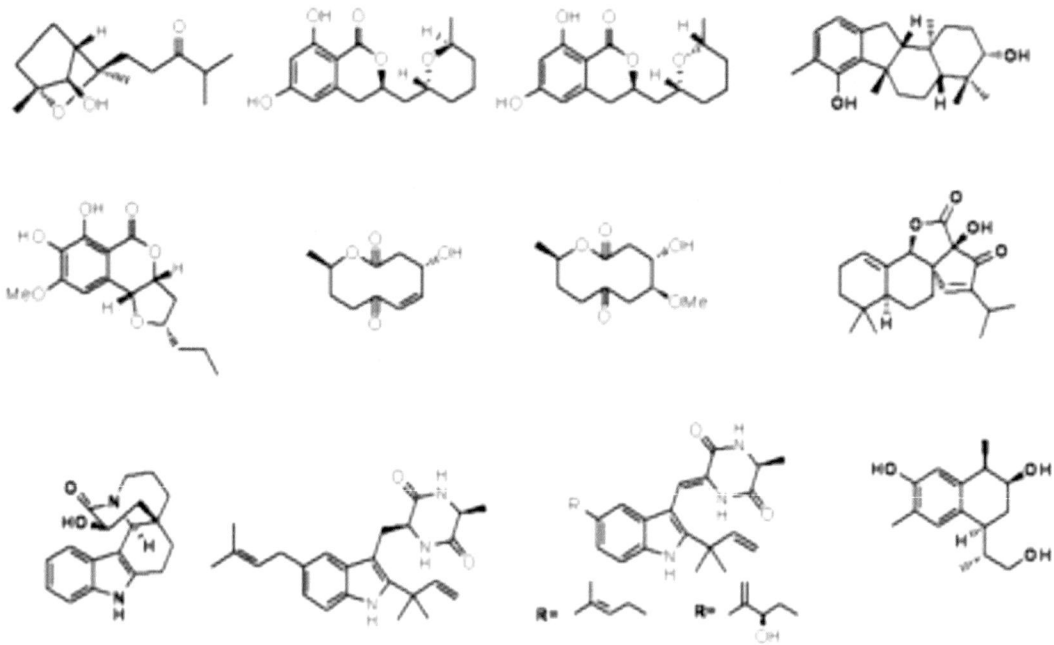

图1-32　合成的天然产物（三），首次合成

2. 寒区水文过程及机理研究

2015年度甘肃省自然科学奖一等奖（2015-Z1-002）

主要完成人：丁永建、叶柏生、张世强、陈仁升、上官冬辉

主要完成单位：中国科学院兰州分院

本项目在寒区水文研究方法、水文过程及机理、水文水资源成果应用等方面开展了系统研究，以研究方法的突破和科学数据的积累为支撑，夯实了中国寒区水文学的科学基础。构建了世界上海拔最高、寒区水文观测最全面的观测试验平台，制定的中国冰冻圈监测规范已被国际气象组织（WMO）推荐为国际标准；在冰冻圈遥感、山区降水校正、复杂地形辐射计算等研究方法上取得突破；通过多手段集成，提高了寒区水文信息要素的自动获取能力和数据精度。寒区水文数据累积5T，访问达45.2万人次，共享服务50余个国家约6500人（次）。在冰川变化对水资源的影响、冻土水文过程、寒区流域全要素水文模型等方面开展了系统研究，将传统的冰川水文学研究拓展到寒区水文的广泛领域，丰富和发展了寒区水文学理论基础，在寒区水文影响方面取得了系统性成果。研究了山区不同冰川、冻土覆盖率对出山口径流的调节作用，是目前定量认识寒区水资源分布规律及流域水文过程等方面引领性的成果。对不同流域冰川融水径流对气候变化的响应机制及其变化有了深入认识。所开发的全要素水文模型对于全面评估寒区水文未来变化提供了坚实基础。部分研究成果被国际权威期刊Nature，Nature Climate Change等杂志引用，并被Nature进行专门报道。在相关研究领域发表论文374篇（SCI论文94篇，被SCI总引1426次，SCI他引1202次）。

该研究针对寒区水文问题，应用研究效应显著。基于对寒区水文过程及机理的科学认识，针对不同应用需求，开发了寒区水文水资源评估平台；将寒区水文的研究成果直接应用于实践，在洪水预警、径流预报、水资源预估和影响评价等方面取得良好成效。为全国政协、国家发改委提供了数据、成果和对策建议；为边防地形测量、边防事务处理和重大军事行动提供了重要参考，为解决多年冻土区边防用水问题提供了科学方案；成功预警了冰湖溃决洪水，效益显著，成果潜在社会经济效益巨大，整体提升了未来服务于一带一路、西部发展的科技支撑能力。

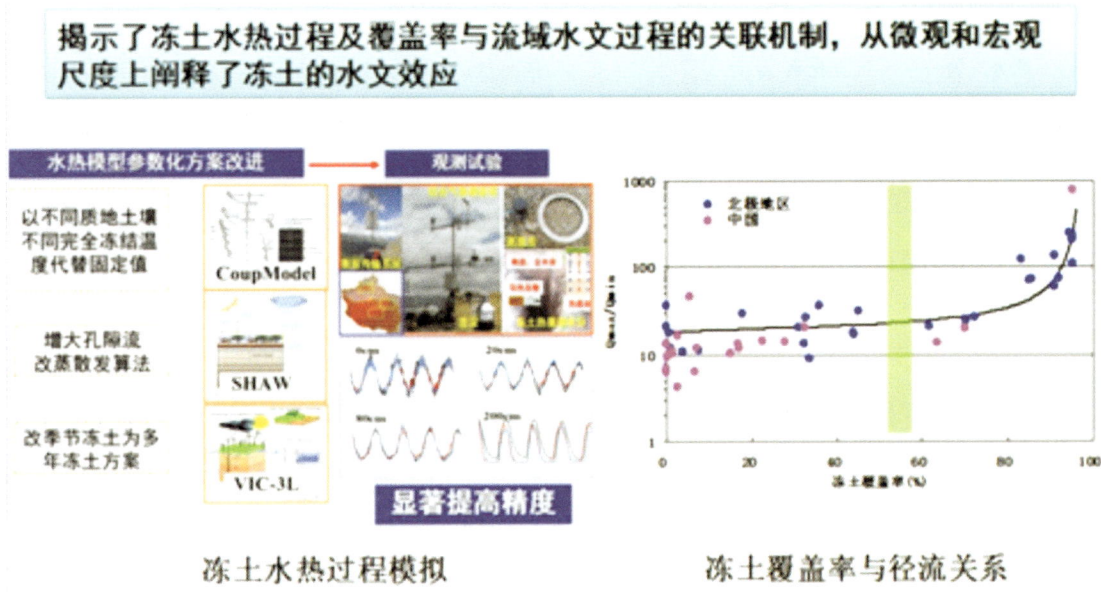

图1-33 阐释冻土水文效应

图1-34 寒区降水校正

初步建立了适合不同精度要求的冰川径流模拟方法体系

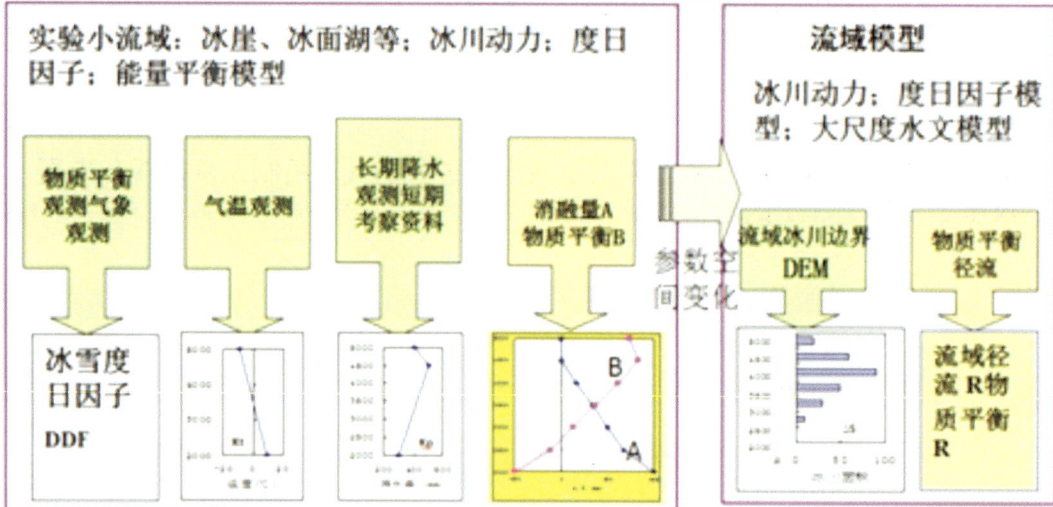

实验小流域：冰崖、冰面湖等；冰川动力；度日因子；能量平衡模型

流域模型

冰川动力；度日因子模型；大尺度水文模型

物质平衡观测气象观测

气温观测

长期降水观测短期考察资料

消融量A
物质平衡B

参数空间变化

流域冰川边界
DEM

物质平衡
径流

冰雪度日因子

DDF

流域径流R物质平衡R

B

A

建立了由单条冰川到区域冰川径流的成套估算方法，为满足水文机理研究、流域径流准确模拟及区域冰川水资源评价等不同需求提供了可靠途径

图1-35　建立冰川径流模拟方法体系

在对冰川水文过程系统研究的基础上，构建了冰川水资源动态评估平台

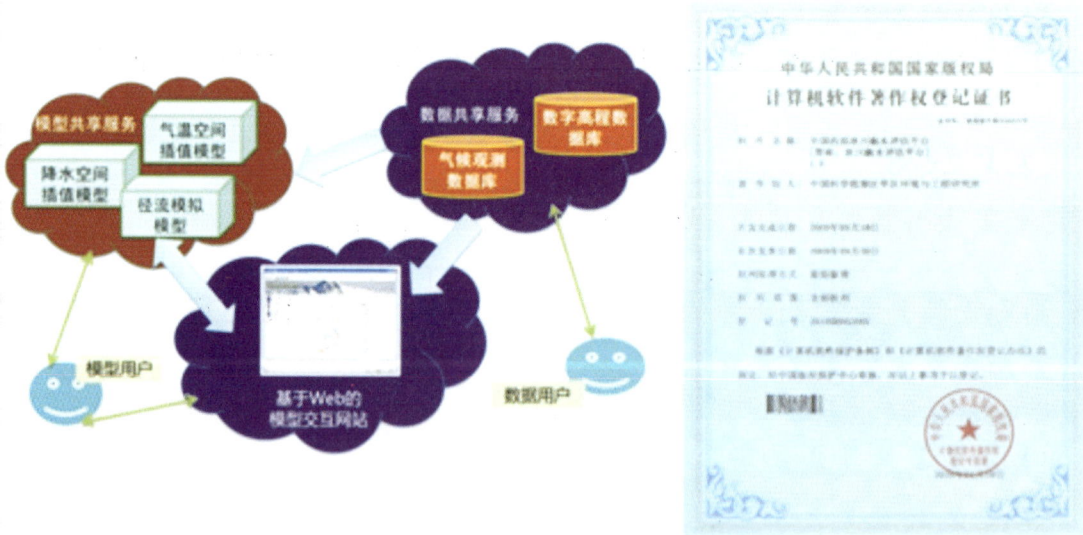

模型共享服务　气温空间插值模型

降水空间插值模型

径流模拟模型

数据共享服务　数字高程数据库

气候观测数据库

模型用户

基于Web的模型交互网站

数据用户

中华人民共和国国家版权局

计算机软件著作权登记证书

实现了对冰川水资源变化的动态评估，并针对不同流域提出了应对冰川融水变化的适应性对策。

图1-36　构建冰川水资源动态评估平台

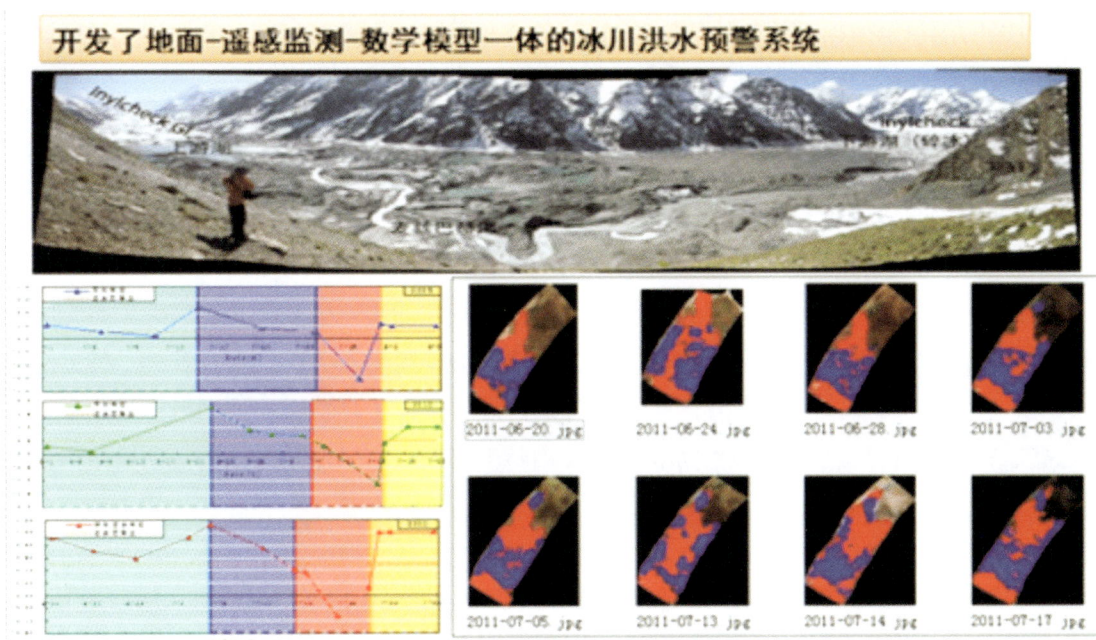

图1-37　开发洪水预警系统

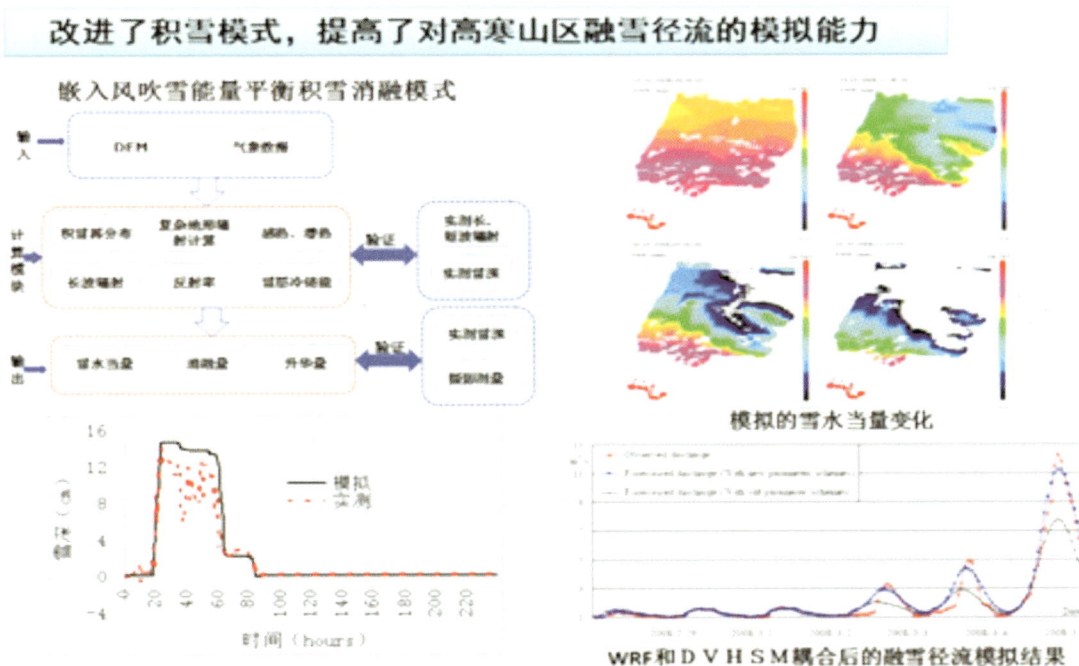

图1-38　改进积雪模式，提高融雪径流模拟能力

3. 强韧与润滑一体化碳基薄膜关键技术与工程应用

2015年度甘肃省技术发明一等奖（2015-F1-001）

主要完成人：王立平、张俊彦、蒲吉斌、薛群基、张斌、阎兴斌

主要完成单位：中国科学院兰州分院

本研究成果属于材料科学与机械工程交叉领域。类金刚石碳基薄膜是目前唯一具有高硬度与自润滑

特性统一的固体润滑薄膜材料。强韧与润滑一体化碳基薄膜是高端机械装备动力和传动系统高可靠和长寿命运行的重要保障，在低摩擦轴承齿轮等关重件、节能减排汽车发动机以及航空航天领域需求迫切。实现碳基薄膜硬度/韧性和低摩擦特性的统一是该领域公认的技术瓶颈。

项目组历时10多年攻关，在碳基薄膜制备技术与装备及应用方面取得重要突破，发明了多尺度耦合强韧化设计方法，突破了软质底材表面集高硬度、韧性与低摩擦特性于一体的碳基薄膜关键制备技术，解决了薄膜结合强度低、脆性强及环境敏感等关键技术难题；利用原位离子注入与薄膜共沉积技术，首次实现了管道内壁表面高速沉积具有超低内应力和超高承载特性的超厚碳基薄膜，突破了类金刚石薄膜稳定使用的承载和温度极限；发明了基于润滑组元特性协同的薄膜制备关键技术，解决了类金刚石碳基薄膜在水润滑、腐蚀介质、高真空及沙尘下的加速失效问题，开辟了环境适应型润滑薄膜制备及应用新方向；通过高能粒子轰击与磁控溅射复合沉积技术在国际上率先攻克了低温沉积类富勒烯结构含氢碳基薄膜的技术难题，发明了具有超低摩擦系数和良好弹性恢复特性的碳基薄膜；开发出PVD装备-工艺-部件一体化集成专机和性能测试专用设备，突破了工件前处理→工装→薄膜沉积→镀后处理→检测的碳基薄膜规模化生产的全流程工艺关键技术，替代了价格高昂的进口装备。

本项目获授权发明专利24项，出版专著2部，合作制定航天行业标准1件。成果在中国第一汽车集团公司、仪征双环活塞环有限公司规模化应用，新增产值超过2.5亿元，推动了我国节能减排汽车发动机和轴承齿轮等产业的发展；发明的强韧化碳基薄膜在涡轮泵动力系统、飞行器钛合金构件和折叠翼复杂机构等航空航天核心部件上获得首次突破性应用，解决了核心运动部件的润滑与强化一体化技术难题。

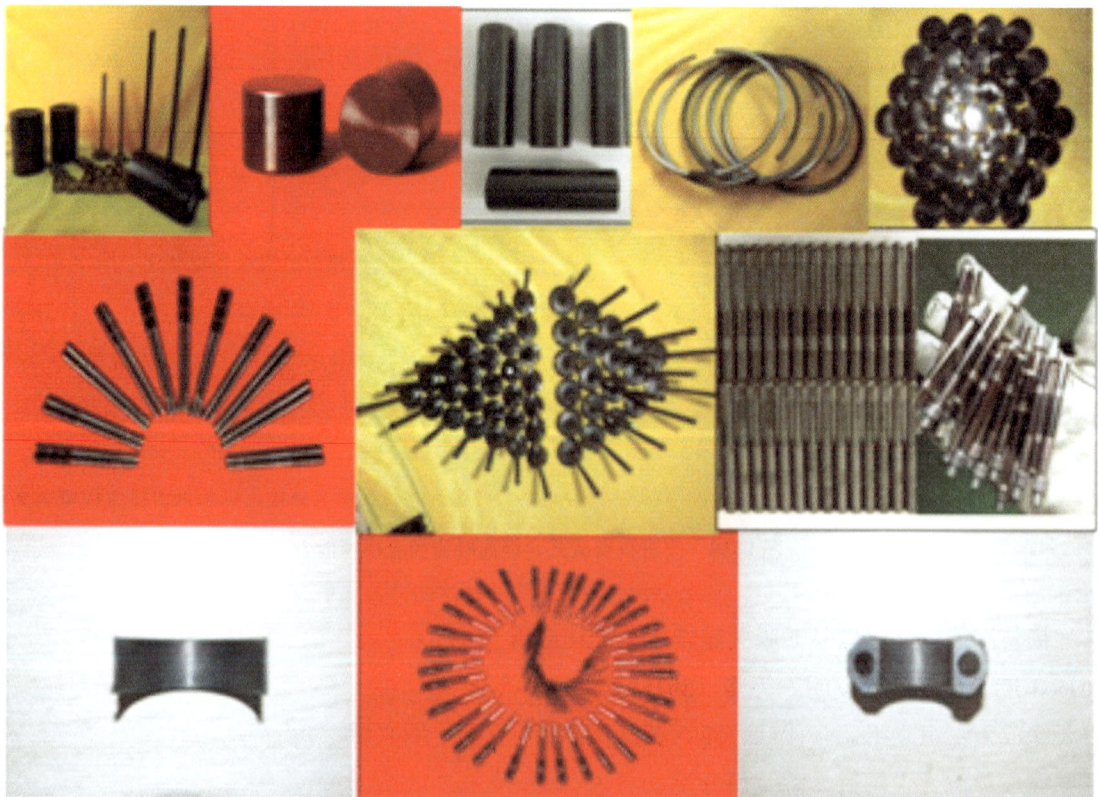

图1-39　强韧与润滑一体化碳基薄膜涂敷的各种发动机零部件产品

图1-40　强韧与润滑一体化碳基薄膜涂敷的各种航天航空关重件

4. 高可靠宽范围均流热备份DC/DC电源

2015年度甘肃省科技进步奖（2015-J1-001）

主要完成人：刘克承、王卫国、张建宏、刘奎武、陈佳果、陈巍、成钢、王海龙、戈焰、柳新军、刘罡、范英哲、李德全

主要完成单位：中国航天科技集团公司第五研究院第五一〇研究所

我国宇航飞行器正常工作的首要保障是能源系统，DC/DC电源模块是能源系统的重要组件，DC/DC的可靠性会影响整个飞行器飞行任务的成败。适应不同飞行器输入母线的DC/DC电源模块要求有宽的输入电压适应范围，但宽输入应用会增大DC/DC电源模块的热应力，影响DC/DC电源模块的可靠性。五一〇所开展的宽输入电压范围、均流热备份高可靠DC/DC电源模块的研究解决了宽输入电压范围应用条件下DC/DC电源模块的可靠性问题。

本研究在国内宇航领域首次提出宽输入电压应用的DC/DC变换技术，基于该技术研制成功的适合航天器用的宽输入电压范围的DC/DC变换器，使得28V母线应用的输入电压范围从国内目前最宽的23V～36V水平拓宽至16V～40V，达到国际先进水平；在国内宇航领域首次提出基于单端反激开关电源的Droop法均流技术，基于该技术设计的由两台DC/DC变换器并联的热备份冗余系统，其均流的电流分配不平衡度小于20%；在国内宇航领域首次提出变压器"三明治"式绕法大大减小了漏感、设计原边电感适中使电路工作于临界连续模式、减小电压取样绕组的输出阻抗，以便对电压采样信号的放大等三项关键技术，应用该技术研制的热备份均流DC/DC模块，负载调整率由±5%提高至±3%，达到星上设备应用要求。

本项目获授权专利6项，发表论文9篇。研究成果首先成功应用于嫦娥一号、嫦娥二号卫星，随后在深空探测、二代导航二期、载人航天工程、遥感、通信、小卫星等领域中得到了广泛应用。应用该技术的宇航DC/DC电源年交付量在500块左右，年应用卫星在20颗左右，形成年均产值在4000万元左右，2012~2014年实现新增销售收入1.1亿元，具有显著的经济效益。突破了均流热备份DC/DC电源的关键技术，提升了宇航电源的可靠性，为我国航天事业做出了突出贡献。

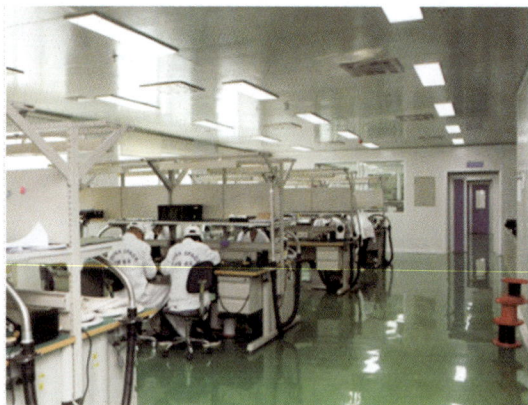

图1-41 集设计、制造、测试为一体的宇航
二次电源生产线

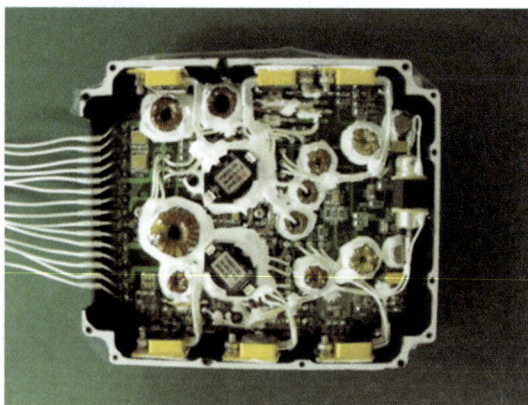

图1-42 热备份DC/DC模块电源

图1-43 应用于不同卫星的热备份DC/DC模块电源

图1-44 由多个热备份DC/DC模块电源组成的
二次电源单机设备

5. 祁连山涵养水源生态系统恢复技术集成及应用

2015年度甘肃省科技进步一等奖（2015-J1-002）

主要完成人：冯起、刘贤德、贺访印、常宗强、席海洋、司建华、温小虎、鱼腾飞、苏永红、李宗省、郭瑞、贾冰、李建国

主要完成单位：中国科学院寒区旱区环境与工程研究所、甘肃省祁连山水源涵养林研究院、甘肃省治沙研究所

本项目针对祁连山水源涵养功能下降、草地生态系统退化及水土流失严重等生态环境问题，开展祁连山涵养水源生态系统恢复技术研发与集成，为祁连山区生态恢复与重建提供技术支撑。

项目组基于多年定位监测，在祁连山地区首次建立了水源涵养增贮潜力的评价体系，开展了水源涵养功能的动态评估，对祁连山区的水文过程模拟的误差<20%；研发了祁连山水源涵养林树种配置技术、水源涵养林结构优化配置技术、退化涵养林修复技术，确定了祁连山区最佳水源涵养功能的林地面积不超过15%，建立了祁连山森林生态系统水源涵养潜能提升技术体系；研发了"鼠害防治+禁牧封育+施肥+补播+牧草地改建"的退化草地修复技术，建立了"施肥+草地鼠害防治+生长季适度利用"的退化草地保护模式,牧草产量成倍增加；研发了低密度宽林带林草间作优化配置技术，建立了"低密建植+高密锁边+人工辅植"的退耕地修复模式、"保墒整地+集水补灌+造林配置"的浅山区造林模式、"灌木造林+草本间作"的水土保持模式，集成了浅山区造林与水土保持技术体系,减少水土流失量40%；研发了洪水疏流-渗滤-拦蓄技术、黏土压沙-石堤阻沙-生物生态保护技术、水热耦合的高效农业技术，构建了集防沙治沙-洪水资源利用-生态农业为一体的山前农业综合技术体系。

图1-45　水源涵养林核心退化林区"松土清草+补播+封禁" 的生态恢复模式

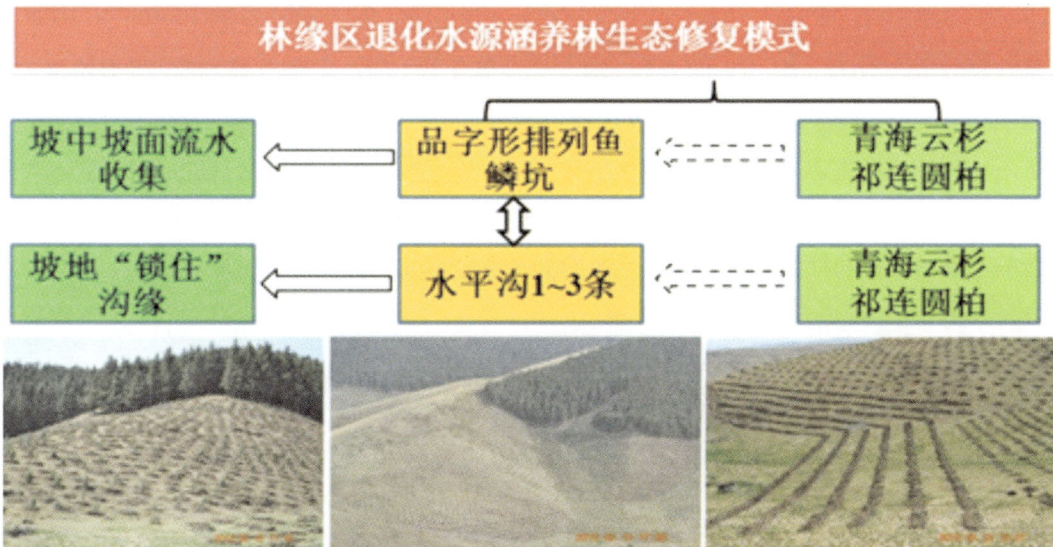

图1-46　林缘区退化水源涵养林生态修复模式

图1-47　退化草地生态恢复模式

图1-48　山前平原区循环经济–生态治理新模式

本项目获授权专利10项，其中发明专利1项，软件著作权1项，出版专著1部，发表论文152篇，其中SCI收录54篇，引用率达781次；获市级科技进步一、二、三等奖各1项。培养博士17名、硕士15名，形成了一支祁连山区生态系统水源涵养及生态-水文问题研究的创新队伍，建立了排露沟-大野口水源涵养功能野外监测示范基地。成果在张掖、武威、酒泉等地大面积推广和应用，累计经济效益5.3亿元，取得了显著的生态、经济和社会效益，促进了祁连山区生态建设和社会经济发展。

6. ZJ80/5850D直流电驱动超深井钻机研制

2015年度甘肃省科技进步一等奖（2015-J1-003）

主要完成人：冯彦伟、董辉、李桂福、魏孔财、张明云、常平、朱波、党曙昕、姚金昌、胡军旺、何艳、郝奉禹

主要完成单位：兰州兰石石油装备工程有限公司

ZJ80/5850D钻机是为塔里木库车山前地区量身打造的，满足下大口径、大吨位套管和高压钻井需要

的直流电驱动超深井钻机。钻机主要配套部件符合API、IEC、HSE等国际通用标准。该钻机是国内首台直流电驱动超深井钻机，集机械、电气、液压和计算机自动控制于一体，采用模块化设计，自动化程度高。钻机运用了多项自主创新技术，主要核心部件实现了国产化。全新设计制造了最大钩载为5850 kN的井架、底座，可在低位一次安装到位，安装、运输快捷方便；采用一体化设计的绞车，钩载大，提升速度高，重量轻，便于整体运输；采用大扭矩转盘，转盘扭矩和静承载能力大大提高；在司钻控制房中使用了快退式司钻座椅等3项公司特有的技术。电控系统应用了先进的网电拖动、功率补偿和谐波抑制技术，功率因数可达到0.95以上。与柴油发电机组驱动相比，可节约能源30%以上，节能、环保效果显著。随着负载和提升能力的增加，钻井由原来的五开减少为四开，提高了钻井时效，缩短了钻井周期。

本项目的成功研制填补了国内产品的空白，提升了公司的技术和制造水平，优化了公司的产品结构，解决了对超深井钻机设计制造短板。为公司培养了一支高科技的科研开发队伍，也为兰石集团产业转型升级，拓展国内外市场奠定了坚实的基础。

钻机历经三年多的现场连续钻井作业，截至目前，已钻石油或天然气井30多口，用户反馈使用效果良好。钻机经受了超深、超高压、超高温、沙漠环境工况的考验，满足了超深井特殊钻井工艺的要求，为用户在塔里木油田钻井创造了多项第一的良好业绩，受到用户高度赞誉。创产值约3.5亿元，为企业创造了良好的经济效益与社会效益。该钻机全新开发配套的绞车、转盘、泥浆泵及提升设备可用于海洋钻井平台，满足海洋深水钻井工艺要求。

图1-49 首台ZJ80D钻机开钻仪式

图1-50 首台钻机开钻

图1-51 钻机底座起升

图1-52 钻井作业现场

7. 抗高原缺氧损伤药物研究平台和关键技术体系的建立与相关药物研发

2015年度甘肃省科技进步一等奖（2015-J1-004）

主要完成人：贾正平、马慧萍、景临林、樊鹏程、张汝学、李茂星、王荣、扎西才吉、涂宏海、马骏、任俊、何晓英、何蕾

主要完成单位：中国人民解放军兰州军区兰州总医院、青海三江源药业有限公司

本研究成果属于高原药学研究领域。针对项目实施之初，我国既无系统的抗高原缺氧药物研究平台和关键技术体系，又无疗效确切的抗高原缺氧药物，项目组以中国人民解放军高原环境损伤防治研究重点实验室为依托，历经12年，建立了系统的高原抗缺氧药物研发平台和关键技术体系，并将其应用于新型抗高原缺氧药物的研发。

本项目建立了抗高原缺氧药物研究平台：包括高原药学研究中心、大型高原特殊环境模拟舱、高原实地（海拔4020m）动物实验中心和高原实地（海拔3800 m）药物临床试验GCP平台，为全国相关科研单位进行缺氧损伤防护研究提供了技术支持，数十家单位先后利用该平台进行了高原缺氧相关研究；建立了抗高原缺氧药物研发关键技术体系：包括抗缺氧药物细胞筛选模型、抗缺氧药物动物筛选模型和缺氧损伤机制研究体系；发现大苞雪莲具有显著的抗缺氧活性：从100余种西北高原特色植物中筛选出大苞雪莲具有优异的抗高原缺氧活性，并进一步发现苏荠苧黄酮是其主要有效成分；设计了苏荠苧黄酮的化学合成路线，方法简便、成本低廉、适合工业化生产，且以其为先导化合物进行结构修饰与改造，获得抗缺氧活性更强的化合物分子去甲汉黄芩素，并阐明其药效学和作用机制；首次发现氮氧自由基化合物具有优异的抗高原缺氧活性，并阐明其作用机制；研制出三种高原损伤防护制剂：三康胶囊、雪莲黄酮胶囊和高原天然护肤霜，在高原人群和部队官兵中使用，取得良好的社会和经济效益。

图1-53　发明专利

图1-54　高原药物研发中心

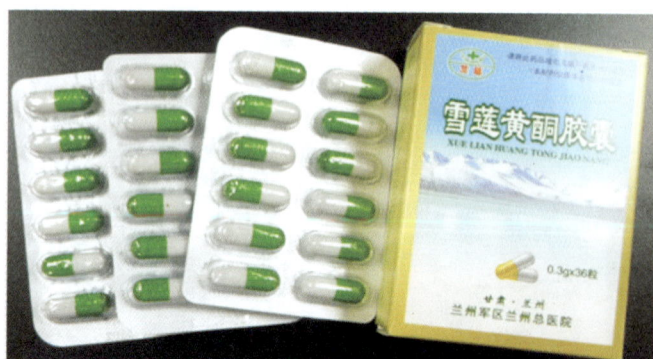

图1-55　雪莲黄酮胶囊

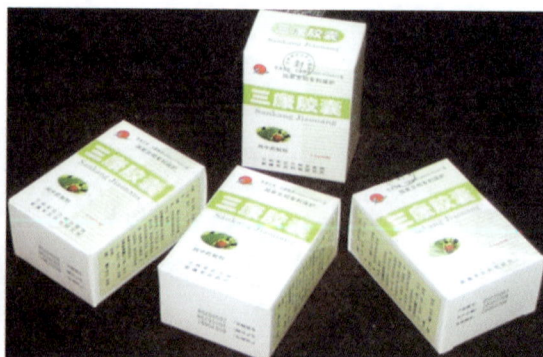

图1-56　三康胶囊

依托本项目创制医院制剂3个；申报国家发明专利13项，授权4项；发表国内外学术论文92篇，其中SCI期刊16篇；培养博士后3名、博士生2名、硕士生12名；取得直接经济效益2600余万元。

8. 树突状细胞免疫治疗技术在血液肿瘤中的应用研究

2015年度甘肃省科技进步一等奖（2015-J1-005）

主要完成人：张连生、李莉娟、廖挺、陈昊、柴晔、李亮亮、白俊、陈慧玲、曾鹏云、吴重阳、郝正栋、郭晓嘉、李燕鸿

主要完成单位：兰州大学第二医院

细胞免疫治疗技术作为一种新型的生物治疗手段，通过打破免疫耐受，恢复免疫平衡而达到治疗肿瘤的目的，起到"扶正祛邪"的作用，显示出良好的应用前景。本项目对肿瘤生物免疫治疗领域树突状细胞疫苗技术进行了长达10余年的系列研究。研究了骨髓、外周血、脐带血、白血病细胞等多种来源培养的髓样树突状细胞（mDC）的成熟度及功能；比较了不同抗原形式负载mDC的功能特点；筛选出黄芪多糖、Flt3-L、病毒及细菌疫苗等对mDC功能有增强作用的30余种免疫佐剂；研究了抑制IDO、PD-L1等免疫负性调控分子后mDC功能的增强作用；mDC与CIK共育增强抗白血病（肿瘤）免疫效应；mDC针对多药耐药靶点的免疫杀伤效应。发现了浆样树突状细胞（pDC）具有功能可塑性，有望成为新型DC治疗技术；研究了pDC在健康及血液疾病人群中的功能；多种细胞因子、化疗药物及中药等对pDC功能的影响；证实了pDC在感染所致白血病自发缓解的免疫作用。同时研究了炎症免疫在肿瘤生长、侵袭和转移中起的重要作用，调控抗炎免疫应答等关键环节如应用蛋白酶抑制剂、细胞因子等，可作为肿瘤免疫治疗的新思路。研发出了高纯度pDC、mDC分选技术；高产率、高效能pDC、mDC培养技术；快速mDC培养技术；白血病、淋巴瘤细胞培养为mDC技术。最终成功研发了适宜于血液肿瘤个体化mDC疫苗治疗技术；成功研发pDC疫苗为肿瘤免疫治疗新方法；开辟了以肿瘤多药耐药为靶点的细胞免疫治疗方法；阐述了黄芪多糖等中药成分的免疫作用机制，有利于甘肃地道药材走向世界。

本研究发表论文70余篇，并应用研究成果，注册临床试验，将mDC及mDC-CIK应用于难治复发血液肿瘤患者，临床效果良好，免疫学指标、生存质量明显改善；并成立了肿瘤生物技术转化医学中心，制定细胞免疫治疗相关SOP文件，制定细胞免疫治疗血液肿瘤和实体瘤的临床试验方案，为国家标准提供参考。研究成果被多家国内医疗机构应用，疗效可靠，明显改善患者生活质量，社会效益显著。

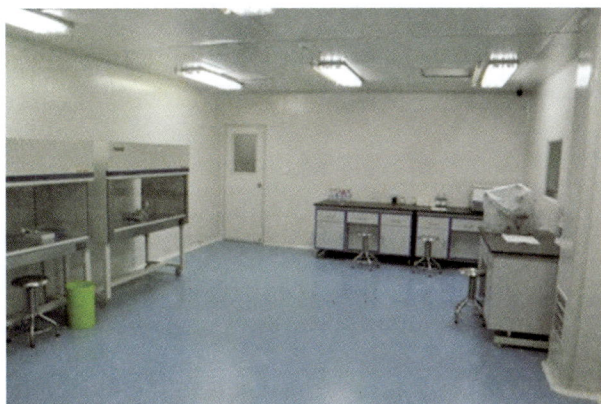

图1-57　GMP实验室

图1-58　操作照片

9. 黄土地区场地地震效应与地基液化处理技术研究

2015年度甘肃省科技进步一等奖（2015–J1–006）

主要完成人：王兰民、吴志坚、孙军杰、石玉成、袁中夏、车爱兰、王平、邓津、王谦、严武建、陈拓、王峻、徐舜华

主要完成单位：中国地震局兰州地震研究所、上海交通大学、天水市地震局、陇南市地震局、中铁二十五局集团有限公司

本项目属岩土工程与地震工程交叉领域的应用基础研究，以解决黄土地区场地效应、黄土液化预测及其灾害防御涉及的科学问题为目标，采取现场震害调查与测试、室内动三轴与振动台试验、数值模拟计算与工程实践应用实效性分析等多系统联合支撑的综合方法，在厘定黄土高原地区受覆盖层厚度及地形地貌条件影响的地震动放大效应的基础上，对黄土液化势判别方法、黄土地基与基础抗液化处理技术等进行深入研究，并基于性态设计理念提出了较为系统、考虑工程应用实效、具有区域适用性的黄土地基抗液化处理技术与标准。重点解决了黄土高原地区覆盖层厚度及地形地貌条件特殊差异性导致的地震动放大效应、饱和黄土液化势判定及地基与基础液化潜在危险性的防治技术等两方面的关键技术问题。发表论文62篇，其中SCI收录论文6篇，EI收录论文27篇；申请国家专利8项，其中6项已获授权。项目核心成果整体处于国际领先水平，其中基于工程实践应用可行性与实效性的黄土液化判定、桩基考虑液化的计算方法，以及兰州、天水等城市的抗震场地与地震地质灾害区划，被《甘肃省建筑抗震设计规程（DB62/T25-3055-2011）》全面采纳。项目有关黄土地区覆盖土层勘探、场地效应、场地划分和评价、工程场地液化判别与桥梁桩基抗液化设计等方面的研究成果，在天水市地震小区划、陇南市地震小区划、郑-西客运专线和宝-兰客运专线等工程项目中得到深入应用。

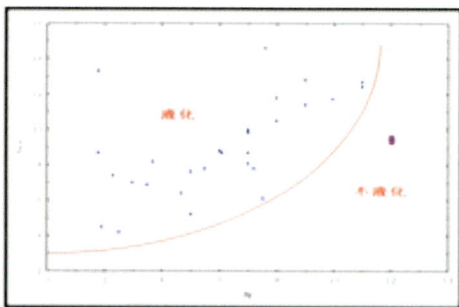

实测标贯值与液化判别标贯临界值

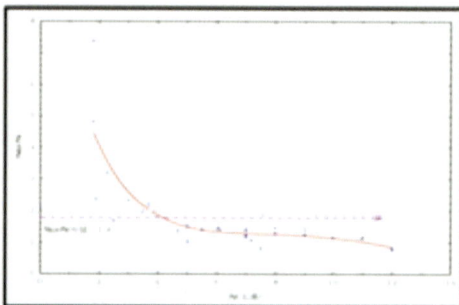

实测标贯值和N_{cr}/N的关系比较

$$N_{cr} = N_0\beta[\ln(0.6d_s + 1.5) - 0.1d_w]\sqrt{3/\rho_c}$$

黄土液化判别标贯击数基准值参考值

设计加速度(g)	0.1	0.15	0.20	0.30	0.40
标贯击数基准值	7	8	9	11	13

$$I_{lE} = \sum_{i=1}^{n}[1 - \frac{N_i}{N_{cri}}]d_i W_i$$

$$W_i = \begin{cases} 10 & (d_s < 5\text{m}) \\ \dfrac{10}{3} \cdot d_s - \dfrac{20}{3} & (5 < d_s \leq 20) \end{cases}$$

天然黄土液化等级判定标准

液化等级	轻微	中等	严重
液化指数（I_{lE}）	$0 < I_{lE} \leq 6$	$6 < I_{lE} \leq 18$	$I_{lE} > 18$

图1-59　黄土地基液化势判别方法及抗液化处理技术

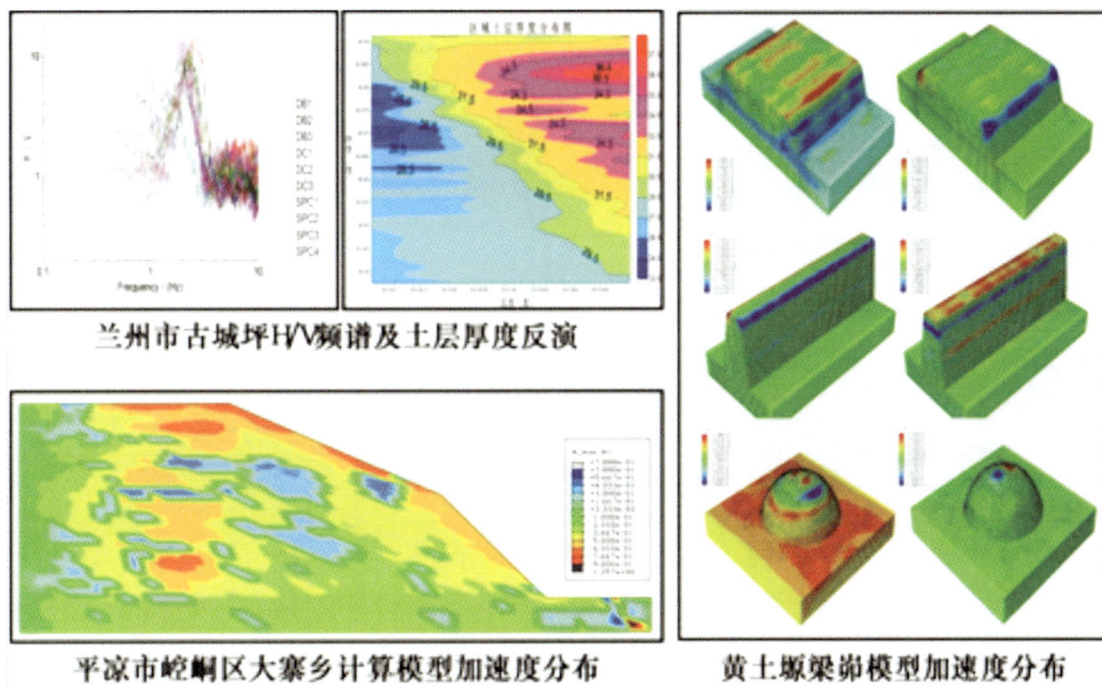

兰州市古城坪H/V频谱及土层厚度反演

平凉市崆峒区大寨乡计算模型加速度分布 黄土塬梁峁模型加速度分布

图1-60 黄土地区覆盖层厚度反演及地震动放大效应

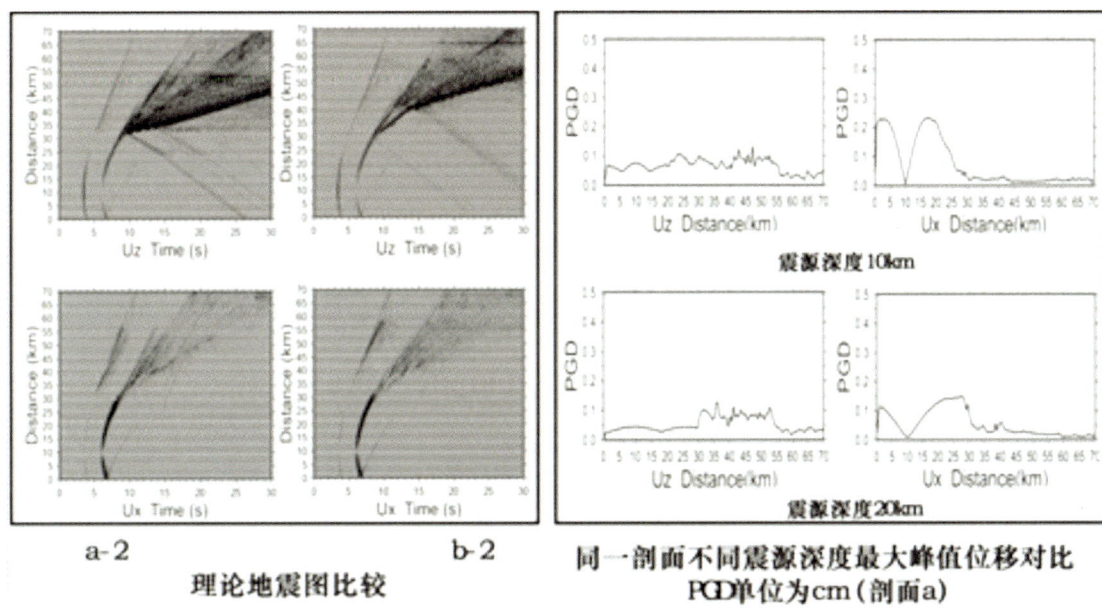

a-2 理论地震图比较 b-2

同一剖面不同震源深度最大峰值位移对比
PGD单位为cm（剖面a）

图1-61 黄土覆盖地区地震波传播特征及衰减规律

  项目的实践和推广应用，为黄土地区地震灾后恢复重建、工程建设场地设计地震动参数的合理确定、地基液化势判别评价及抗液化处理提供了充分的科学依据。有效降低黄土高原地区在城镇化建设快速推进过程中可能带来的极高潜在地震灾害风险，不仅对提升该地区的抗震设防水平具有重要的科学意义和应用价值，而且对保障国家"一带一路"战略核心区——黄土高原地区——城镇化建设和经济社会可持续发展具有深远的现实意义。

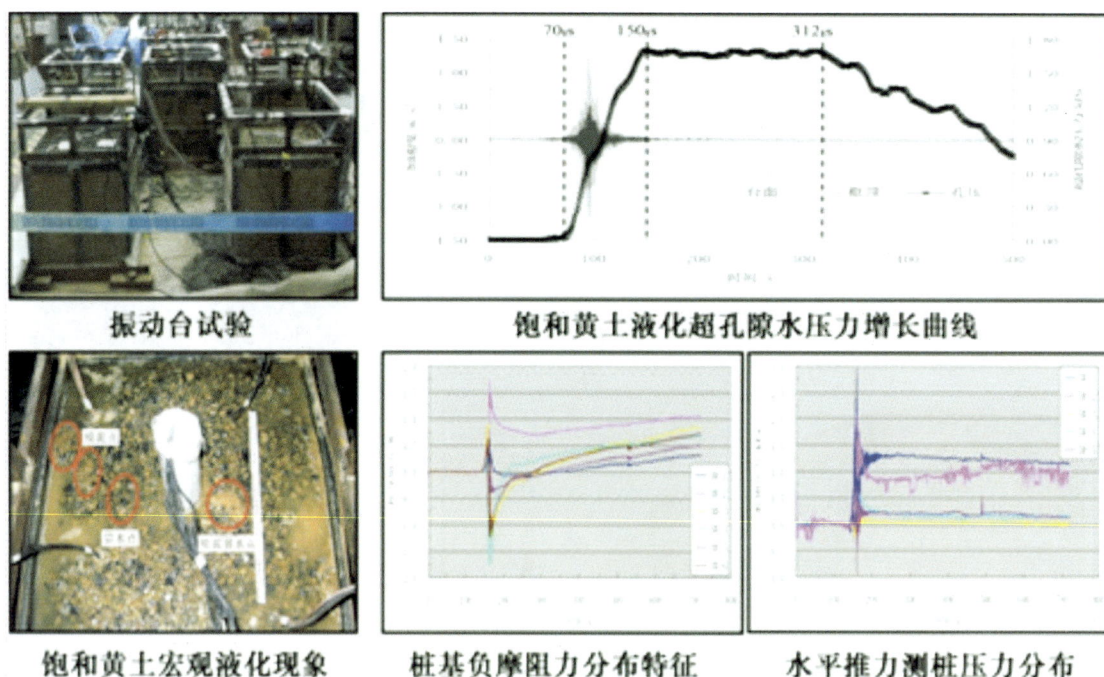

| 振动台试验 | 饱和黄土液化超孔隙水压力增长曲线 |

| 饱和黄土宏观液化现象 | 桩基负摩阻力分布特征 | 水平推力测桩压力分布 |

图1-62　黄土液化基本特性及桩-土动力相互作用振动台试验

10. 鄂尔多斯延长组湖盆底形、沉积模式与油气聚集规律研究

2015年度甘肃省科技进步一等奖（2015-J1-007）

主要完成人：陈启林、李相博、刘化清、付金华、刘显阳、完颜容、廖建波、房乃珍、王菁、冯明、罗安湘、魏立花、李士祥

主要完成单位：中国石油勘探开发研究院西北分院、中国石油长庆油田分公司

本项目属于石油天然气勘探研究领域，研究对象为我国最主要的大型含油气盆地——鄂尔多斯盆地，研究目的是寻找油气勘探接替领域，为长庆油田年产5×10^{7}t油气当量目标的实现并能够保持稳产提供有力保障。

通过攻关研究，提出鄂尔多斯盆地主力含油层系延长组沉积时存在两类湖盆底形（有坡与无坡），它们分别控制了两种沉积模式（深水与浅水）和多种砂体搬运机制（牵引流、浊流及块体搬运等），由此改变了以往认为延长组地层为"千层饼式"沉积结构的传统认识；首次在我国陆相湖盆鄂尔多斯盆地晚三叠世延长组深水沉积中发现了一种无任何常规沉积构造的块状含油砂体——砂质碎屑流砂体，并研究确定了其鉴别标志——"泥包砾"结构(Mud-coated structure)，由此建立了延长组长6期深水砂岩从开始启动到搬运、再到沉积的过程与模式，打破了内陆湖盆中央深水区难以形成大规模含油砂体的常规地质认识，促进了华庆油田的发现与快速上产；建立了鄂尔多斯盆地延长组"浅水湖盆三角洲"沉积新模式，成功预测了延长组长8期湖盆中央浅水环境含油砂体空间分布，开辟了鄂尔多斯盆地油气勘探的新领域；建立了陇东地区油气成藏新模式，以此模式为指导，实现了陇东地区油气勘探禁区的大突破。

本项目指导鄂尔多斯盆地近年来油气勘探成效显著，其中"浅水湖盆三角洲"沉积模式指导长8油层组勘探呈现出"遍地开花"的喜人场面，预计新增储量规模超过6亿t；"块体搬运"与"砂质碎屑流"沉积模式指导湖盆中央长6期深水重力流勘探取得了丰硕成果，预计储量规模10^{8}t，尚有数亿吨级资源有待发现。本成果对我国其他陆相湖盆（断陷或坳陷）地层岩性油气藏的勘探同样具有重要的借鉴意义。出版专著2部，申报并受理发明专利3项，在国内外科技刊物发表论文25篇，其中3篇被SCI收录，6篇被EI收录，1篇入选2013年度国家科技部"领跑者5000-中国精品科技期刊顶尖学术论文"名单（F5000），1篇荣获2010年美国石油地质学家协会（AAPG）颁发的"十佳优秀论文"奖。

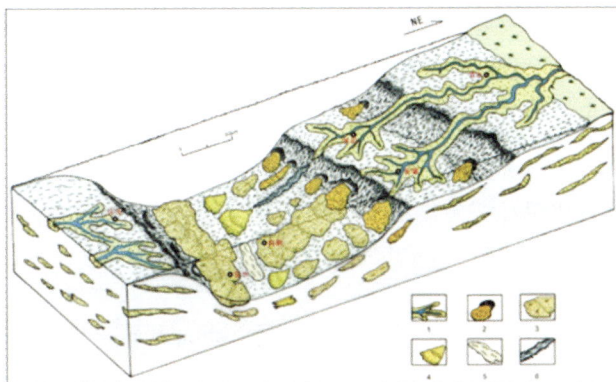

图1-63 延长组长6期湖盆底形及沉积模式

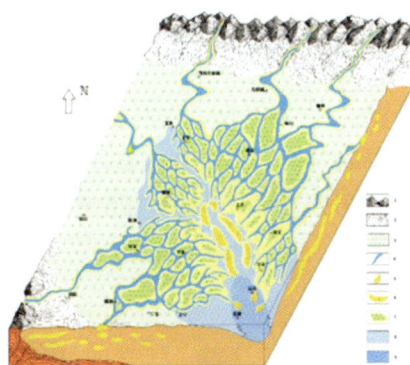

图1-64 延长组长8期浅水湖泊三角洲沉积模式

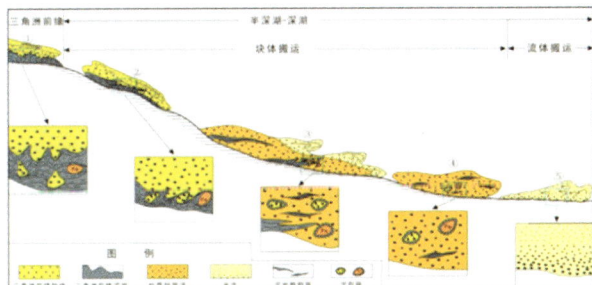

图1-65 延长组深水砂岩搬运与沉积过程

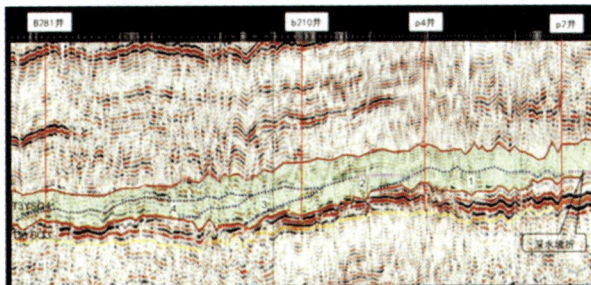

图1-66 延长组深水坡折及其控制下的重力流沉积地震响应

11. 抗旱丰产广适春小麦新品种陇春27号选育与应用

2015年度甘肃省科技进步一等奖（2015-J1-008）

主要完成人：杨文雄、刘效华、袁俊秀、杨芳萍、侯慧芝、张绪成、张雪婷、柳娜、于显枫、王世红、虎梦霞、王红丽

主要完成单位：甘肃省农业科学院小麦研究所、甘肃省农业科学院旱地农业研究所

本研究历时18年，通过选择目标性状突出、配合力好的优异地方品种和抗旱性、丰产性突出的CIMMTY优良种质为亲本，采取"渐进式杂交"和"水旱交替异地轮选"等关键技术，成功选育出丰产、抗旱、兼抗条锈病和白粉病、广适的春小麦新品种陇春27号，2009年分别通过国家和甘肃省品种审定。该品种的突出特点是抗旱性强、丰产性好、适应性广、抗病性强、营养品质好。

项目探索出了一条利用国外优异种质进行高效育种的新技术，明确了陇春27号抗旱生理机制，为抗旱品种选择提供了理论依据。本技术的特点是育种目标明确，亲本选配恰当，选育方法先进，良种良法配套，示范效果显著。陇春27号根系发达，叶片窄长，长芒；籽粒红色，半角质；株高75～90 cm，生育期95～100天；穗粒数31.5～35.6粒，千粒重38.3～41.7 g。在国家区试中2年21点次平均产量2863.05 kg/hm²，较统一对照增产12.75%，居所有参试品系第1位；在甘肃省区试中2年12点次平均产量

3280.5 kg/hm²，较统一对照增产8.9%，居所有参试品系第1位。经国家区域试验指定单位洛阳市农科院抗旱性鉴定，2年抗旱性指数分别为1.1835和1.1014，抗旱级别2级，抗旱性均居所有参试品种（系）第1位。

陇春27号的选育与应用，充分挖掘小麦品种的抗旱丰产潜力，有效提升了当前小麦抗病能力，丰富了我国旱地小麦育种的种质资源，为今后品种选育提供了有力支撑。项目推广采用"选育单位+区域代理+种子企业+示范大户"的推广方式，自2010年进行大面积示范推广以来，应用面积迅速覆盖到甘肃中西部及新疆昭苏、青海互助、宁夏固原和内蒙古巴彦淖尔、呼伦贝尔等春小麦生产区域，近3年累计示范推广 25.49×10⁴ hm²，其中省内累计推广 11.71×10⁴ hm²，省外累计推广 13.78×10⁴ hm²，平均增产 327 kg/hm²，累计新增粮食 8.34×10⁷ kg，新增产值23 341.14万元，获得经济效益9235.49万元，社会经济效益显著。

图1-67　CIMMYT小麦项目首席专家Ravi Singh田间指导

图1-68　陇春27号原原种繁殖

图1-69　陇春27号单穗

12. ZJ80DB 陆地钻机智能电传动系统

2015年度甘肃省科技进步一等奖（2015-J1-009）

主要完成人：侯忠奎、张振中、刘小宝、石建龙、胡万玉、邓月婷、安宁宁、郭建、冯晓攀、尤立春、刘志臻、赵宏、许美成

主要完成单位：天水电气传动研究所有限责任公司

我国石油钻机装备，根据石油天然气资源的地质条件和地面环境条件的不同，以及各种现代钻机钻井工艺的不同，研发和应用多种石油钻机，不同程度上存在设备像堆积式的简单叠加和功能简单叠加的通病，所以将钻机独立的各子设备通过先进的总线连接起来，进行集中全自动化控制是亟需解决的问题。

本项目为哈萨克斯坦石油勘探和开发而量身研制的电控系统，由乌克兰LM公司整体采购，主机也来自乌克兰。大幅提升了公司乃至国内国际钻机电控系统的智能化，信息化，网络化水平，其控制方式在国内外石油钻机电传动领域具有代表性和创造性，产品技术达到国际领先水平，具有很强的国内外市场竞争力。采用AC-DC-AC方案，由ABB公司ACS800系列变频器作为驱动装置、全数字发电机控制系统及上位机智能监控系统组成网络，实现高速、稳定、可靠的现场总线通讯控制。将整套钻机动力系统、提升系统、旋转系统、循环系统、制动系统、仪表系统、视频系统、气体检测系统高度集成，构成一套智能控制系统。

项目调试完成后投入运行至今，已累计完成超过5口井的钻井作业任务。该套电传动系统运行正常可靠，达到了设计要求，圆满完成了合同、技术协议和设计任务书的要求。该项目的研制成功对我国乃至世界范围内的钻机电传动系统智能化研究和应用有着深远的影响，可以推动我国高端装备制造业向智能化、网络化、集成化方向快速发展，助力我国油气装备制造业进入全球高端领域，高利润的油气开采区块，社会和经济效益显著。

图1-70 产品外观　　　　图1-71 装置电控房内景　　　　图1-72 装置运行现场

13. 创新型植物源生物农药5%香芹酚水剂的产业化

2015年度甘肃省科技进步一等奖（2015-J1-010）

主要完成人：沈彤、何意林、王晓强、李国利、田永强

主要完成单位：兰州交通大学、兰州世创生物科技有限公司

长期以来，为解决由高毒化学农药和化肥的滥用所引起的食品安全和环境污染问题，减轻农业土壤、饮用水源污染，

本项目组根据中医药"君臣佐使"的配伍原理及中药现代化研制技术手段，应用唇形科中药材为原料，历经20余年努力自主创新研发出纯中药制剂植物源生物农药5%香芹酚水剂系列产品。产品经历了技

术研发、田间药效、示范推广、新药正式登记及产业化阶段。已获得国家发明专利授权(专利号：ZL 200810180043.7)，是集营养、防病、杀虫三重功效于一身的新型生物农药系列产品。

　　该研究产品杀虫、防病广谱，应用效果达到世界一线农药水平，可取代"高毒、高残留"的化学合成农药用于防治农业病虫害，使农产品"绿色、无残留"。同时，产品能显著地调节农作物生长，激活作物免疫性，促进农产品早熟并延长采摘期，提高农产品品质，同比增产10%~15%。该技术成果已通过国家工信部农药生产企业核准（工信部公告[2014]18号），获得农药生产批准证书（HNP62031-D5099），在蔬菜杀菌剂方面，获得国家农业部植物源生物农药新药正式登记（PD20140941），在果树和茶叶杀虫剂、烟草杀菌剂方面，现已完成农业部试验（sy201403555）（sy201403809），即将获得农药登记证书；已建设完成符合GMP标准年产值亿元的生产线一条，现已投入生产。

　　该项目产品的推广，可改变传统农业生产上依赖化学农药防治病虫害的习惯，打造以生物农药为主导、绿色防控技术为支柱的统防统控体系；从源头上解决农产品食品安全问题，提高全民身体健康水平；可最大限度减少化肥、化学农药的使用量，减轻由于农业生产而造成的土壤、水源及大气污染，保持农业可持续发展；该产品不仅具有显著地增产作用，还能使农产品达到有机绿色标准，大幅提高农民的收入，经济社会效益显著。

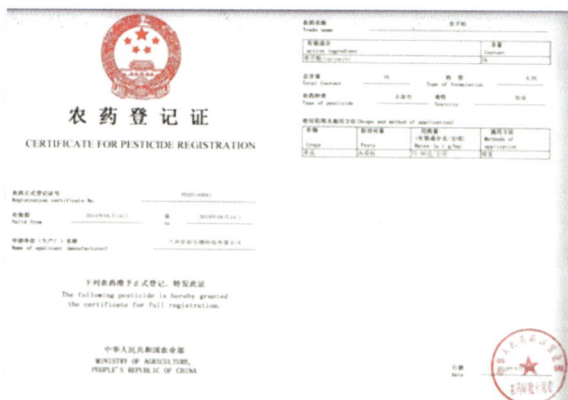

图1-73　农药登记证

图1-74　生产批准证书

图1-75　产品图片

图1-76　后稷奖奖杯

14. 青藏高原东缘水汽通道关键区域大气综合监测系统建立与应用

2015年度甘肃省科技进步一等奖（2015–J1–011）

主要完成人：李耀辉、胡泽勇、马耀明、张人禾、王芝兰、刘伟刚、李茂善、张宇、王玮、刘蓉

主要完成单位：中国气象局兰州干旱气象研究所、中国科学院寒区旱区环境与工程研究所、中国科学院青藏高原研究所、中国气象科学研究院

青藏高原对中国、东亚以及全球天气和气候具有重要的影响，是东亚地区旱涝灾害异常的气候敏感区以及灾害天气预警的上游强信号关键区。本项目在青藏高原东缘水汽通道关键区建立了大气三维长期综合监测系统，并应用到灾害天气气候监测和数值预报改进中，提高了对中国区域灾害性天气预报能力；对青藏高原及其周边地区业务监测网的发展、中国西北及东部的气象防灾减灾以及青藏铁路运行保障等国家重大工程中发挥了重要作用。

本项目创建了青藏高原东缘三维"立体"大气综合观测系统。构建了由多套自动气象站、GPS水汽观测系统、梯度边界层系统、水面气象系统、风廓线雷达系统和移动探空雷达系统等设备的立体综合观测系统。创建了"青藏高原东北边坡（黄河上游水源涵养）区域大气环境与湿地生态观测与试验基地"、"那曲高原能量水循环和高寒气候环境观测研究平台"等高原多种复杂下垫面观测站网。建立了基于高原观测资料应用的灾害性天气预报预警新技术。提出了高原东缘为中国灾害天气水汽输送的前兆性"信息源"区的学术思想；研发了高原东缘关键区多源信息数值天气预报模式同化技术；提高了高原周边及中国区域灾害性天气的预报预警能力。揭示了高原及周边复杂下垫面陆—气相互作用特征及其关键参数。优化了陆面过程模式中土壤热传导率参数化方案；研究指出，表征高原陆面热状况的重要参数——永久积雪面积，以每年0.35%的速率减少。提出了青藏高压（南亚高压）对区域性旱涝灾害影响的作用机理。评估青藏铁路抛石护坡冷却路基效果，建立了青藏铁路全线路基表面温度和总辐射模型。研发了多年冻土区青藏铁路路基热力状况及其参数判识新技术；定量评估了青藏铁路各种护坡冷却路基的效果以及气候变化的影响，在青藏铁路路基保障以及应对气候变化中起到了重要支撑作用。高原南缘珠峰北坡建立水文气象观测系统，有效补充了我国高海拔地区水文气象观测，加深了冰川对径流的调节作用及对气候变暖响应的科学认识。

项目从大气水分循环与陆面过程综合观测角度，相比于国内外大地形区域气象观测站网，首次在"世界屋脊"创建了新一代大气综合观测系统，实现了高原大范围GPS/MET水汽观测站网、不同下垫面陆—

图1-77 中科院那曲高寒气候环境观测研究站

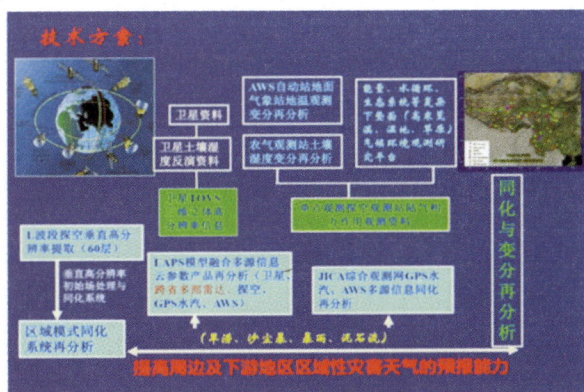

图1-78 技术方案

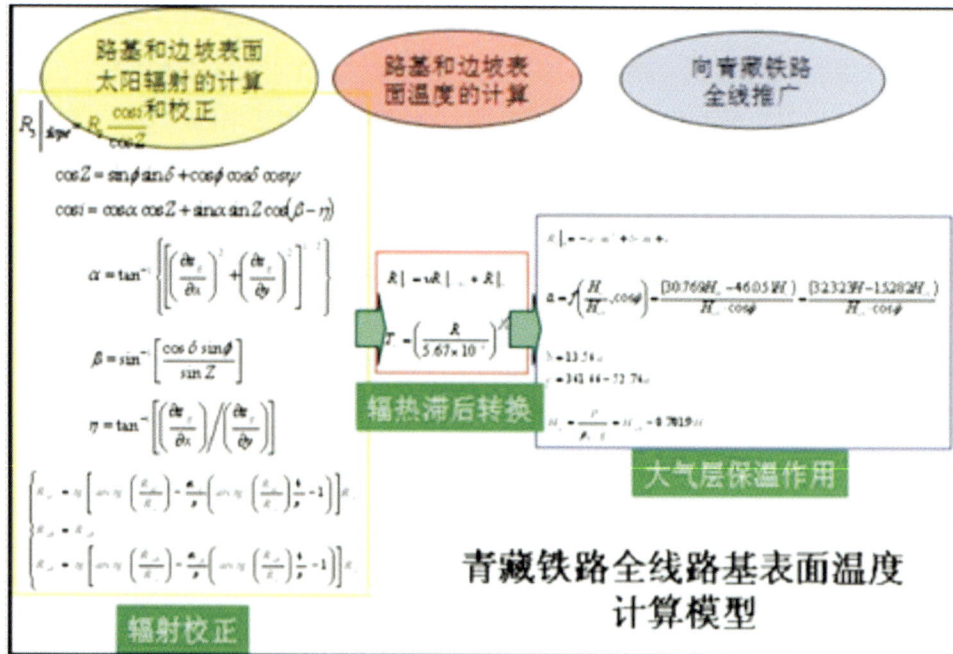

图1-79 青藏铁路全线路基表面温度计算模型

气综合观测系统，并实现了充分应用和转化。应用于10多家国家级、地方相关单位和部门，取得了显著效果，为防灾减灾和重大工程建设等做出了重要贡献。

15. 北方地区长距离引水工程无压输水渠道冬季低温环境运行特性研究

2015年度甘肃省科技进步一等奖（2015-J1-011）

主要完成人：朱发昇、赖远明、张东、栾维功、陈武、屈新利、马立科、蒋小鹏、陈晓东、张明义、王群有、刘德仁、张世民

主要完成单位：甘肃省水利水电勘测设计研究院、中国科学院寒区旱区环境与工程研究所、甘肃省引洮工程建设管理局

本研究成果属于水利水电技术开发与应用领域。我国北方地区冬季寒冷、负温时间长，为有效避免水利工程冬季运行时面临的渠道输水冰害与水工建筑物基础的冻害问题发生，一般采取冬季不运行的措施。

项目以引洮供水一期工程总干渠为主要依托工程，通过地质勘察、现场水库取水口水温监测、室内模型试验、理论研究、数值分析等综合手段，对不同流量在不同温度环境下运行情况进行研究和探讨。揭示了九甸峡水库渠道取水口水温在全年气候变化下随时间的变化规律，查明了寒区封闭渠道冬季输水低温运行环境安全特性的热效应，确定了渠道主体结构在低温环境下运行特性的影响因素及热效应机理，研究并揭示了寒区输水渠道冬季低温环境运行特性及基本规律，提出了保温材料-封闭渡槽结构及浅埋暗渠等工程措施，彻底解决了冬季极端低温环境对长距离输水渠道的冰情及冻害问题，有效保证了渠道冬季输水的顺利实现和安全运营。

该研究成果主要应用于引洮供水一期工程设计优化、工程建后运行管理方案的制定以及引洮供水二期工程的前期设计，同时可在其他类似引调水工程中推广应用。应用本项目确定的引洮供水一期工程冬季安全输水关键技术，已成为寒冷干旱地区解决缺水问题的跨流域调水工程措施的一个成功范例。寒冷地区引水工程采用冬季输水措施后，供水时间有效延长，所需调蓄水池（库）数量及容积、占地及拆迁数量大为减少，可有效降低工程对当地社会环境的影响，降低工程投资4%~10%，经济社会效益显著。发表国内核心期刊论文7篇，其中被EI收录2篇，同时取得软件著作权1项。

图1-80 低温环境下引水在渡槽模型中流动现场试验图

图1-81 冬季现场实测引洮一期工程暗渠渠内水温

图1-82 九甸峡水库引洮工程渠道取水口水温监测现场

图1-83 引洮供水一期工程建成的全封闭渡槽

（二）甘肃省专利奖励一等奖

1. 控制、监督、监测一体化的铁路信号基础设备电子控制装置

专利号：*ZL200410076774.9*

专利权人：兰州大成科技股份有限公司

发明人：范多旺、方亚非、魏宗寿、魏文军、陈光武、何涛、旷文珍、牛宏侠、王增力

依靠高新技术装备保障安全是必由之路。联锁是指列车、道岔、轨道、信号之间的安全保障关系，车站信号联锁系统是保证列车安全高效运行的控制系统。信号联锁系统的全电子化是铁路信号控制技术发展方向，也是西方国家对我国进行技术封锁的领域。目前第2代的继电器联锁和第3代的计算机联锁都

是采用继电器组合实现对信号基础设备的控制，单独的微机监测系统实现对信号基础设备的参数采集。

本发明专利综合利用现代电子信息、电力电子开关、嵌入式计算机、自动控制、冗余、容错等多项技术，创造性地提出"控制、监督、监测一体化"的设计原则，将新型电力电子器件作为开关元件，替代安全型继电器，实现铁路车站信号系统的无触点全电子控制及系统的全电子化、模块化、智能化、数字化和网络化，是对传统信号控制设备的技术革命。

本发明提供了一种集控制、监督、模拟量监测、数据处理和通信一体化的铁路信号基础设备电子控制装置，攻克了控制、监督、监测一体化的信号设备电子控制装置的故障导向安全、雷电防护、抗浪涌冲击、电磁兼容防护等系列关键技术难题。具有安全性和可靠性高、维护量少、扩展性强、适应多种控制模式、占用面积小的优势。为铁路车站控制系统升级换代提供了关键的基础装备。历经19年的创新研究及产业化应用，研制的"控制、监督、监测一体化"的信号设备电子控制装置已在国内328个铁路车站推广应用，直接和间接经济效益12.9亿元，节约外汇5900万美元，企业新增销售收入3.8亿元，取得了显著的经济和社会效益。基于本核心专利研制的具有完全自主知识产权的全电子化计算机联锁系统通过了国际第三方独立安全认证机构的系统安全认证，取得了信号控制系统安全等级最高的SIL4安全认证证书，奠定了在国际上推广应用的技术基础。

围绕本专利，兰州大成科技股份有限公司先后申请并获得授权了8件发明和实用新型专利，构建了围绕本核心基础发明专利的专利池，并据此研制了4种系列成套装备，其中2项为国家重点新产品。

本发明为我国轨道交通车站控制提供了达到国际先进水平、性能优越、造价适中的成套装备，使我国铁路车站仍在大量使用的第2代继电器联锁控制系统可实现升级换代至最先进的第4代全电子化计算机联锁系统，从根本上解决继电器接点封连、线圈混线等安全隐患，保障我国铁路运输更安全。引领了行业技术进步，实现了车站信号控制的跨越式发展。

图1-84　全电子计算机联锁系统

图1-85　应急联锁系统

2. 一种元胡止痛滴丸制剂及其制备工艺

专利号：ZL201010234700.9

专利权人：甘肃陇神戎发药业股份有限公司

发明人：张喜民、张建利、康永红、越庆鑫、张东、钱双喜、邓月婷

本发明所要解决的技术问题是提供一种配方合理、疗效显著的元胡止痛滴丸制剂，并提供一种成本

低廉、操作简便的元胡止痛滴丸制剂的制备工艺。所发明的产品以元胡为君药，具活血、利气、止痛之功，辅以白芷为臣，可散风寒、宣湿痹，行气血以除头痛、身痛。全方具有理气、活血、止痛的作用，可用于治疗气滞血瘀的胃痛、胁痛、头痛及月经痛等症。元胡止痛滴丸具有镇痛效果强，有效成分含量高，治疗范围广，吸收快、起效快、药效持久，不成瘾、无依赖性、无毒副作用、安全性高等优势。

元胡止痛滴丸为陇神戎发独家产品，占到公司营业收入的90%，在同系列产品的市场中份额占到90.96%，年销售额过2亿元，并被列入国家中药保护品种、国家医保甲类药品、《国家基本药物目录（基层版）》、国家重点新产品和甘肃省名牌产品。"陇神"商标依靠元胡止痛滴丸品牌优势，被国家工商行政总局评为"中国驰名商标"。2014年元胡止痛滴丸在吉尔吉斯斯坦成功注册，打开了中亚5国的市场大门。

2015年，公司投资3亿多元建设"年产100亿粒滴丸剂生产基地"，预计2016年投入运行，使元胡止痛滴丸的年产值超10亿元。在元胡止痛滴丸的带动下，公司逐步建立起以滴丸剂为主要研究方向的技术研发平台，包括甘肃省中药固体分散制剂重点实验室培育基地、省级企业技术中心、甘肃省中药新药剂型研究工程实验室。2015年，"滴丸不间断生产技术"成果通过甘肃省新技术鉴定。

图1-86　发明专利证书

图1-87　元胡止痛滴丸

图1-88　元胡止痛滴丸制剂生产线

图1-89　元胡止痛滴丸内包装生产线

目前，元胡止痛滴丸在除西藏、港、澳、台之外的省区均有销售，终端医疗机构客户达到万余家。2010~2015年，产品累计产量$1.03×10^{10}$粒，销售额100 437万元，实现利润19 989万元，上缴税收9568万元。

3. A型口蹄疫重组疫苗株及其制备方法和应用

专利号：ZL201310175324.4

专利权人：中国农业科学院兰州兽医研究所

发明人：刘湘涛、郑海学、杨帆、靳野、郭建宏、曹伟军、张克山、田宏、何继军、董海聚、才学鹏

理想的制苗种毒需同时满足抗原匹配性、免疫原性和生产性能3个方面的技术要求，流行病毒的自然属性限制了种毒驯化，影响种毒的性能，是自然选育制苗种毒无法逾越的技术瓶颈。A型武汉2009年流行毒株（A/WH/09）在BHK-21传代细胞繁殖性能低、稳定性差，不能作为制苗种毒。世界口蹄疫参考实验室也证实，疫苗库抗原如A22、A/MAY/97对该谱系流行毒株不能有效保护，是口蹄疫防控的世界性难题。本发明涉及一种利用反向遗传操作技术制备的A型口蹄疫重组疫苗株及其制备方法和应用，在国际上首次利用鼠源聚合酶启动子、终止子和核酶等元件，构建了口蹄疫病毒单质粒拯救系统，定向设计和构建出制苗种毒，突破了田间流行毒株不能驯化为疫苗种毒的技术瓶颈，提升了种毒性能，成功创制了高效灭活疫苗，解决了国际制苗种毒库没有针对该谱系流行毒高效疫苗的世界性难题。

该发明围绕我国和流行国家的口蹄疫防疫急需，以疫苗种毒关键技术为突破口，利用自主发明的口蹄疫病毒反向遗传技术对疫苗种毒进行改造和提升，并构建了高产能、无致病性、高免疫效力的疫苗种毒，创新了疫苗种毒制备技术，突破了传统从流行毒株筛选疫苗种毒的自然属性限制，是国际首例反向遗传改造口蹄疫疫苗种毒应用于生产。

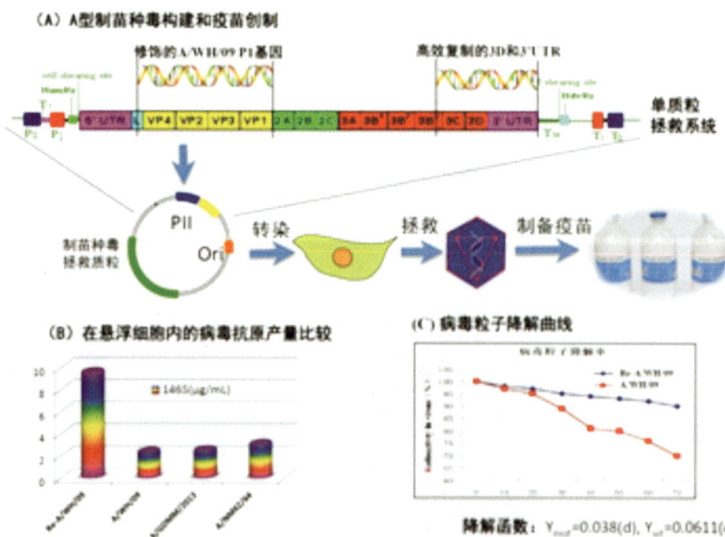

图1-90　发明专利相关示意图

图1-91　发明专利证书

用制苗种毒Re-A/WH/09创制的疫苗受让中农威特生物科技股份有限公司和金宇保灵生物药品有限公司。已生产销售约$5.34×10^8$ mL疫苗，实现销售收入15.01亿元，创汇196.5万美元。该疫苗使用已覆盖全国31个省市区，并出口蒙古和朝鲜。本疫苗为我国口蹄疫发挥防控起了重要作用，并产生了显著的经济、社会和生态效益。

以此发明专利生产的制苗种毒，获新兽药注册证书1项，还被用到A和O型二价疫苗的开发，已经完成临床试验，进入复核阶段。相关数据发表SCI论文5篇。获中国农业科学院2015年度科技成果奖青年科技创新1等奖。

4. 由铬铁矿经无钙焙烧生产铬酸钠的方法

专利号：ZL200710017747.8

专利权人：甘肃锦世化工有限责任公司

发明人：韩登仑、张忠元、张天仁、张宏军

本发明是在铬盐有钙焙烧生产技术的基础上开发出的清洁化铬盐生产技术。铬盐作为我国无机化工主要系列产品之一，被列为最具有竞争力的八种资源性原材料产品之一。铬盐的应用十分广泛，主要用于电镀、冶金、耐火材料、磨料、鞣革、印染、颜料、医药、催化剂、氧化剂、玻璃陶瓷、磁性材料、木材防腐、金属抛光等方面。但有钙焙烧因排渣量大，污染严重，国家环保部已经于2013年12月要求全部关闭有钙焙烧铬盐生产项目，重点推广发展无钙焙烧等清洁化铬盐生产技术，是国家发改委及工信部"十二五"重点推广项目。甘肃锦世化工有限责任公司于2002年开始，与天津化工研究设计院合作，打破国外垄断，独立开发出了无钙焙烧铬盐清洁化生产技术，并拥有自主知识产权。该项技术被广泛应用于铬盐生产领域，是目前最有效、实用性最强的铬盐清洁化生产技术。采用该项技术生产的重铬酸钠、铬酸酐、氧化铬绿、硫化碱均为甘肃省名牌产品。甘肃锦世化工有限责任公司致力于铬化合物清洁化生产技术和铬化合物深加工技术研究开发，以开发新工艺、新产品为目标，推进企业的可持续发展。围绕无钙焙烧铬盐清洁化生产技术拥有50项专利软件包，其中发明专利43项，目前已获得发明专利授权28项，实用新型专利7项，全部获得授权。是国家知识产权局认定的知识产权优势企业、甘肃省知识产权示范企

图1-92　无钙焙烧大型回转窑

图1-93　无钙焙烧循环经济示意图

业。企业通过了ISO9001质量管理体系、ISO14001环境管理体系、GB/T 28001-2011职业健康安全管理体系认证、GB/T 23331-2012能源管理体系认证及省级清洁化生产审核。

公司自2002年在国内建立首条10 000 t/a无钙焙烧铬盐生产线至今，累计采用该项技术生产红矾钠达到20万吨，累计实现销售收入20亿元，上交税金1.5亿元，每年带动1000人以上就业，为地方支柱企业。公司是我国第一家采用无钙焙烧清洁化生产工艺生产铬盐的企业，多年来积极与国内科研院所及高等院校进行产学研合作，开展多项科研合作，经过多年科研技术攻关，在行业内成为第一家彻底实现了含铬废渣零排放及废渣二次开发综合利用的铬盐生产企业，在铬盐生产行业起到了积极的带头作用和示范效果。2012年该项技术实现了与中信锦州铁合金股份有限公司的知识产权转让。

5. 一种焦炉炼焦煤调湿、干燥方法及该方法所使用的设备

专利号：ZL200910021683.8

专利权人：天华化工机械及自动化研究设计院有限公司；山西太钢不锈钢股份有限公司焦化厂

发明人：贺世泽、赵旭、刘复兴、史晋文、李永年、蒋永中、王军、窦岩、杨志伟、詹仲福、李昕春、孙中心、李国平、杨晓菊、田晓青、曹甫善、梁河山、王珏、张保栋

在本项专利技术开发实施之前，我国除了重钢引进的煤调湿装置（由于粉尘问题始终没有正常使用）外，还没有真正意义上的煤调湿装置，少数焦化企业只有传统的热风型回转和流态化焦煤预干燥装置，处理能力小，能耗高，安全性、技术、经济指标等均无法满足钢铁生产要求。

本项专利技术包括湿煤计量分析、蒸汽管回转干燥、载气预热、尾气处理、蒸汽凝液回收、氮气、蒸气安全保护及湿煤干燥水分控制等，利用系统余热或乏汽调节煤粉的水分含量至工艺需求的最佳值，不需增加额外能源便可达到提高入炉煤密度、提高焦炭产量和质量、减少煤气用量、提高焦炉操作稳定性等效果，与传统煤干燥技术的区别在于不追求最大限度去除水分，只把水分稳定在相对低的水平，而又不因水分过低引起焦炉和回收系统操作困难。本项专利技术系统还可引入焦炉尾气，进一步降低能耗，提高安全性，目前已在山西太钢、上海宝钢、四川攀钢获得工业应用，成为我国最早实现工业化应用、应用规模最大、推广最多、市场占有量最大、综合运行成本最低、运行时间超过六年的唯一能够长期连续稳定运行的煤调湿技术。

本发明技术与国内外流化床煤调湿装置相比具有适宜大型化、综合运行成本低、能耗低、工业运行连续稳定、粉尘少、对"化产"无影响、适宜原料湿份范围宽等优点；与国外蒸汽煤调湿装置相比更节能更安全，技术水平达到国际领先。

社会经济效益：宝钢、攀钢煤调湿投产后生产每吨焦炭能耗降低6 kg标准煤；太钢煤调湿投产后，年节约1.42×10^4标准煤/年，按一吨标准煤产生CO_2 2.62 t计算，每年实现减排CO_2 3.72×10^4 t，减少酚氰污水外排量350~380 t/d，节能减排效果明显，且大幅度降低投资成本、提高焦化装置利润空间、提升炼焦技术竞争力，极大地推动了我国焦炭行业的技术进步。

作为我省技术研发工程师的智慧结晶，本项专利技术填补了国内技术空白，打破了国外昂贵煤调湿技术的垄断，节省了大量的设备引进成本和应用成本，其产业化发展促进就业、拉动地方经济增长，对构建"富强、民主、文明、和谐、自由、平等、公正、法制、爱国、敬业、诚信、友善"的社会起到了积极促进作用，获得2012年中国石油和化学工业联合会科技奖一等奖。

图1-94 太钢煤调湿Φ4200×28000蒸汽管干燥运行现场

图1-95 太钢二期Φ4200×21000 蒸汽管干燥煤调湿装置

图1-96 宝钢Φ4200×21000蒸汽管干燥煤调湿现场安装

图1-97 印尼穆印2×135MW 发电机组运行中的
褐煤干燥岛（推广）

图1-98 云南文山褐煤煤气化原煤干燥系统（推广）

第六节 "十二五"甘肃科技发展主要指标

一、科技人员

2015年，甘肃专业技术人员数达到56.92万人，比2011年增长8.03%；R&D全时人员投入达到2.59万人年，比2011年增长21.51%；每万人中R&D人员数达到15.69人/万人，比2011年增长26.43%；企业R&D人员投入达到1.53万人年，比2011年增长28.58%；省属科研院所科技创新团队数量38个。见表1-13。

表1-13 "十二五"甘肃科技人员情况

	年度	数量	年均增长率
专业技术人员数 （万人）	2011	52.69	
	2012	53.88	
	2013	55.23	1.95%
	2014	56.22	
	2015	56.92	
	年度	数量	年均增长率
R&D全时人员 （人年）	2011	21 283	
	2012	24 290	
	2013	25 049	4.99%
	2014	27 124	
	2015	25 860	
	年度	数量	年均增长率
每万人中R&D 人员数 （人/万人）	2011	12.41	
	2012	14.26	
	2013	14.35	6.04%
	2014	15.88	
	2015	15.69	
	年度	数量	年均增长率
企业R&D 人员数（人年）	2011	10 331	
	2012	12 560	
	2013	13 260.8	6.49%
	2014	15 255	
	2015	13 283.4	
	年度	数量	年均增长率
科技创新团队 （个）	2011	26	
	2012	38	
	2013	38	9.95%
	2014	38	
	2015	38	
	年度	数量	年均增长率
硕士研究生在校 人数（人）	2010	22 274	
	2011	23 491	
	2012	24 709	3.65%
	2013	25 666	
	2014	25 710	
	年度	数量	年均增长率
博士研究生在校 人数（人）	2010	3335	
	2011	3482	
	2012	3597	0.26%
	2013	3746	
	2014	3370	

二、科技经费

"十二五"期间，甘肃累计投入R&D经费335.52亿元，年均增长14.26%；2015年R&D投入占GDP比例达到1.22%，比2011年增加0.25个百分点；财政科技投入占财政支出的比重达到1.01%，比2011年增加0.27个百分点；企业R&D投入占主营业务收入的比重达到0.56%，比2011年增加0.16个百分点；企业R&D投入占全社会R&D投入达到59.69%，比2011年增加5.27个百分点。见表1-14。

表1-14 "十二五"甘肃省科技经费投入情况

	年度	数量	年均增长率
R&D经费投入（亿元）	2011	48.53	14.26%
	2012	60.48	
	2013	66.92	
	2014	76.87	
	2015	82.72	
	年度	**数量**	**年均增长率**
R&D投入占GDP的比例（%）	2011	0.97	5.90%
	2012	1.07	
	2013	1.07	
	2014	1.12	
	2015	1.22	
	年度	**数量**	**年均增长率**
财政科技投入占财政支出的比重（%）	2011	0.74	8.09%
	2012	0.79	
	2013	0.86	
	2014	0.83	
	2015	1.01	
	年度	**数量**	**年均增长率**
企业R&D经费支出占企业主营业务收入比重（%）	2011	0.40	8.78%
	2012	0.43	
	2013	0.47	
	2014	0.51	
	2015	0.56	
	年度	**数量**	**年均增长率**
企业R&D投入占全社会R&D投入（%）	2011	54.42	2.34%
	2012	56.96	
	2013	61.20	
	2014	61.59	
	2015	59.69	

三、科技计划项目

"十二五"期间，甘肃新上省级科技计划项目4752项，投入省级财政经费12.03亿元；新上国家科技计划项目4591项，争取国家财政经费投入44.88亿元，省级科技计划项目与国家科技计划项目均呈现项目立项数量减少，项目经费投入增加的情形。见表1-15。

表1-15 "十二五"甘肃省科技计划项目情况

	年度	数量	年均增长率
省级科技计划项目数量（项）	2011	1018	
	2012	1052	
	2013	976	−6.08%
	2014	914	
	2015	792	
	年度	数量	年均增长率
省级科技计划项目经费（万元）	2011	18 535	
	2012	21 322	
	2013	23 929	14.52%
	2014	24 606	
	2015	31 880	
	年度	数量	年均增长率
国家科技计划项目数量（项）	2011	939	
	2012	1079	
	2013	986	−7.48%
	2014	899	
	2015	688	
	年度	数量	年均增长率
国家科技计划项目经费（万元）	2011	74 409.3	
	2012	85 982.5	
	2013	71 879.6	8.70%
	2014	112 622.67	
	2015	103 875.30	

"十二五"期间，省级科技计划项目区域分布格局基本稳定。兰州市承担项目占总立项数的69%～77%，财政拨款占总拨款的48%～72%，其他13市（州）承担项目占总立项数的23%～31%，财政拨款占总拨款的28%～52%。见表1-16。

表1-16　"十二五"期间省级科技计划（新上项目）区域分布

地区	项目数（项）					项目财政总经费（万元）				
	2011	2012	2013	2014	2015	2011	2012	2013	2014	2015
兰州	733	730	672	639	611	13 144	14 227	17 304.76	11 745	22 363
天水	42	43	47	40	27	1019	782	1293	1872	1701
白银	23	20	20	21	12	637	403	510	1294	391
张掖	32	26	39	27	14	299	424	574	1173	1001
武威	24	29	31	14	10	473	737	619	1115	652
定西	29	37	26	14	5	668	682	425	1079	121
平凉	23	28	23	24	14	509	493	369	1061	609
酒泉	36	34	23	16	11	713	961	601	1012	650
陇南	13	29	24	28	19	196	763	423	917	744
嘉峪关	9	10	6	15	13	216	510	426	735	288
临夏	13	18	20	16	9	176	302	353	714	348
甘南	19	13	14	26	14	176	206	227.24	713	777
庆阳	19	26	15	12	8	225	377	253	680	553
金昌	3	9	16	22	25	84	455	551	496	1682
合计	1018	1052	976	914	792	18 535	21 322	23 929	24 606	31 880

"十二五"期间甘肃省获得资助的国家科技计划项目立项项目有所减少，但是项目经费不断增长，项目支持强度加大。项目支持强度由2011年79.24万元/项增加到150.98万元/项，年均增长17.49%。见图1-99。

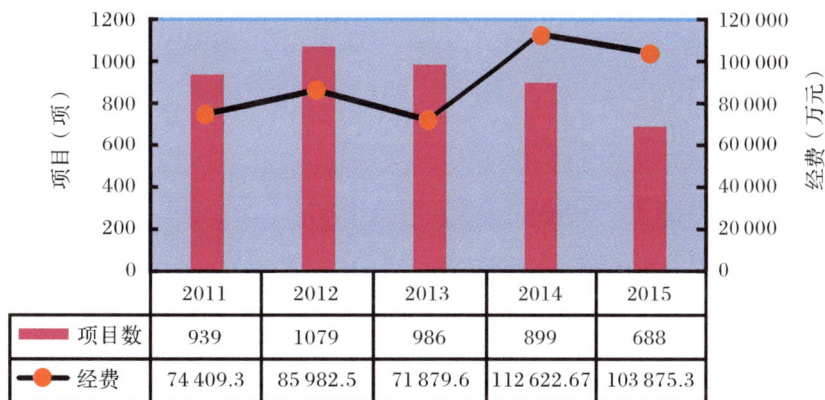

	2011	2012	2013	2014	2015
项目数	939	1079	986	899	688
经费	74 409.3	85 982.5	71 879.6	112 622.67	103 875.3

图1-99　"十二五"期间国家资助甘肃省国家科技计划项目情况

四、科技产出

"十二五"期间，甘肃专利申请量累计达到51128件，年均增长28.87%，专利授权量累计达到22 791件，年均增长30.50%；每万人发明专利申请量2015年达到1.59件，年均增长27.06%；技术合同成交额130.3亿元，年均增长25.46%。37个项目获得国家科学技术奖。见表1-17。

表1-17 "十二五"甘肃科技产出情况

	年度	数量	增长率
专利申请量 （件）	2011	5287	
	2012	8261	
	2013	10 976	28.87%
	2014	12 020	
	2015	14 584	
	年度	数量	增长率
专利授权量 （件）	2011	2383	
	2012	3662	
	2013	4737	30.50%
	2014	5097	
	2015	6912	
	年度	数量	增长率
专利授权量达到申请量的比例 （%）	2011	45.07	
	2012	44.33	
	2013	43.16	1.26%
	2014	42.40	
	2015	47.39	
	年度	数量	增长率
每万人发明专利申请量 （件/万人）	2011	0.61	
	2012	0.82	
	2013	1.06	27.06%
	2014	1.26	
	2015	1.59	
	年度	数量	增长率
PCT国际专利申请受理 （件）	2011	18	
	2012	13	
	2013	17	1.36%
	2014	18	
	2015	19	
	年度	数量	增长率
技术合同成交数 （项）	2011	3754	
	2012	2883	
	2013	3781	5.90%
	2014	3367	
	2015	4721	
	年度	数量	增长率
技术市场成交合同金额 （亿元）	2011	52.6	
	2012	73.1	
	2013	100.1	25.46%
	2014	115.2	
	2015	130.3	
	年度	数量	增长率
万名专业技术人员科技论文数 （篇/万人）	2010	170.33	
	2011	202.76	
	2012	173.71	-2.30%
	2013	159.18	
	2014	155.21	
	年度	数量	增长率
登记省级科技成果 （项）	2010	1065	
	2011	1108	
	2012	1233	-18.98%
	2013	922	
	2014	459	
	年度	数量	增长率
获得国家科技奖励 （项）	2011	5	
	2012	9	
	2013	7	8.78%
	2014	9	
	2015	7	

五、高技术产业

表1-18 "十二五"甘肃高技术产业发展情况

	年度	数量	年均增长率
高技术产业 主营业务收入 （亿元）	2010	76.2	20.83%
	2011	87.6	
	2012	112.3	
	2013	140.9	
	2014	162.4	
	年度	数量	年均增长率
高技术产业 利润总额 （亿元）	2010	11.7	18.41%
	2011	12.1	
	2012	14.5	
	2013	19.1	
	2014	23.0	
	年度	数量	年均增长率
高技术产业利税 （亿元）	2010	15.1	18.33%
	2011	16.1	
	2012	19.5	
	2013	25.0	
	2014	29.6	
	年度	数量	年均增长率
高技术产业 出口交货值 （亿元）	2010	2.6	67.36%
	2011	5.7	
	2012	8.5	
	2013	17.7	
	2014	20.4	
	年度	数量	年均增长率
国家级高新技术企业数 （个）	2011	188	14.22%
	2012	217	
	2013	249	
	2014	265	
	2015	320	
	年度	数量	年均增长率
高技术产业增加值占工业 增加值比重（%）	2010	2.31	19.05%
	2011	2.17	
	2012	2.49	
	2013	4.17	
	2014	4.64	

数据来源：《中国高技术产业统计年鉴》（2011~2015年）

表1-19 "十二五"兰州高新技术开发区高新技术企业主要经济指标

	年度	数量	年均增长率
企业数 （个）	2010	399	6.12%
	2011	422	
	2012	466	
	2013	600	
	2014	506	
	年度	数量	年均增长率
从业人员 （人）	2010	85 949	5.16%
	2011	85 814	
	2012	122 113	
	2013	156 211	
	2014	105 095	
	年度	数量	年均增长率
总收入 （万元）	2010	8 607 313	15.67%
	2011	10 214 403	
	2012	13 001 950	
	2013	14 007 477	
	2014	15 405 925	
	年度	数量	年均增长率
出口总额 （万美元）	2010	10 418	14.65%
	2011	12 033	
	2012	15 032.4	
	2013	24 989.9	
	2014	18 000.1	

数据来源：《中国统计年鉴》（2011~2015年）

第二章 科技投入

第一节 科技活动机构

一、甘肃省R&D活动机构

2015年，全省有R&D活动机构693个，比上年增加108个，其中企业488个，科研机构91个，高等院校50个和事业单位64个。有R&D活动的机构按执行部门分布及与上年对比分别见图2-1、图2-2。

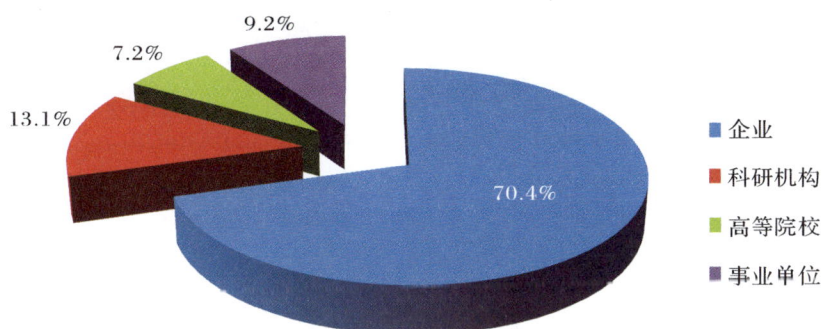

图2-1　2015年甘肃省R&D活动机构按执行部门分布

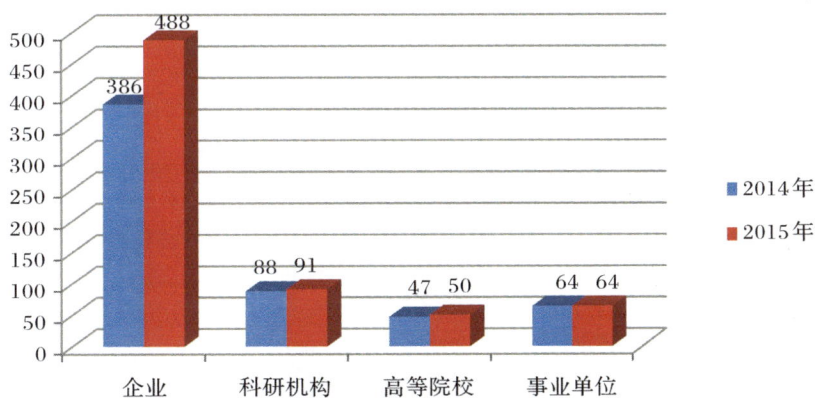

图2-2　甘肃省R&D活动机构按执行部门分布对比

R&D机构按国民经济行业划分，制造业机构有386个，占55.7%；科学研究和技术服务业机构有129个，占18.6%；教育类机构有50个，占7.2%；电力、热力、燃气及水生产和供应业37个，占5.3%；采矿业机构有34个，占4.9%，以上这五大行业的机构就占到了全省R&D机构的九成以上。

R&D机构按地区划分：兰州有204个，占29.4%，是我省R&D机构的主要构成地区；武威有

120个，占17.3%；张掖有113个，占16.3%；酒泉有73个，占10.5%；庆阳有47个，占6.8%，以上这五个地区的机构就占到了全省R&D机构的八成以上，有R&D活动的机构按地区分布及与上年对比分别见图2-3。

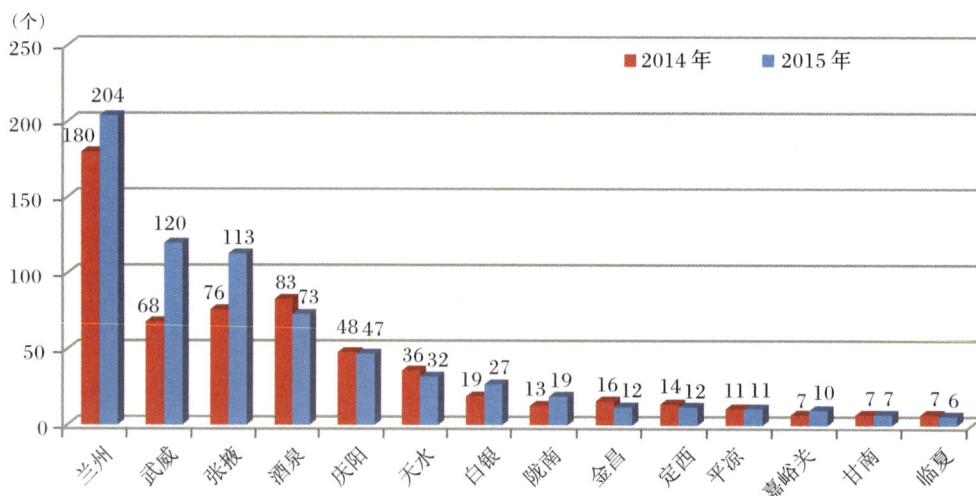

图2-3 甘肃省R&D活动机构按地区分布对比（2014~2015年）

二、独立科技机构

截至2015年底，全省有独立科技机构132个（包括国防科工委1个机构），比2014年增加2个。132个独立科技机构中有未转制的自然科学技术研究与开发机构91个，自然科学技术研究与开发机构转制为企业的24个，社会科学与人文科学机构9个，科技信息和文献机构8个，独立科技机构按机构属性分布见图2-4。

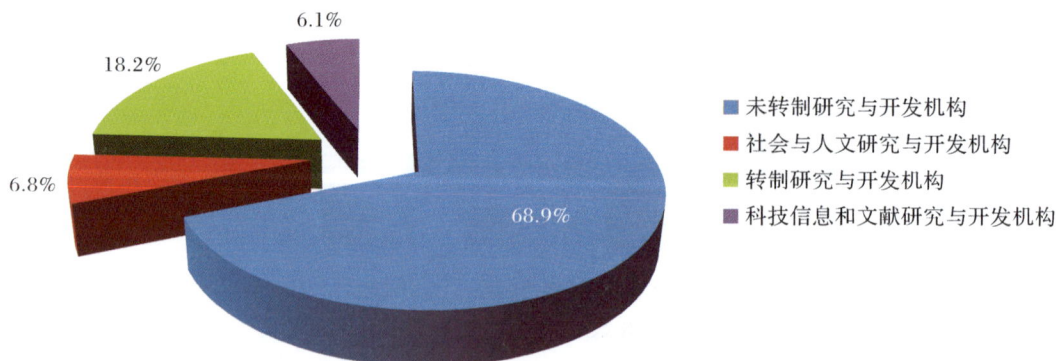

图2-4 2015年甘肃省独立科技机构按机构属性分布

按隶属关系分，中央部门属19个，甘肃省业务厅局属64个，市、州属49个，独立科技机构按隶属关系分布见图2-5。

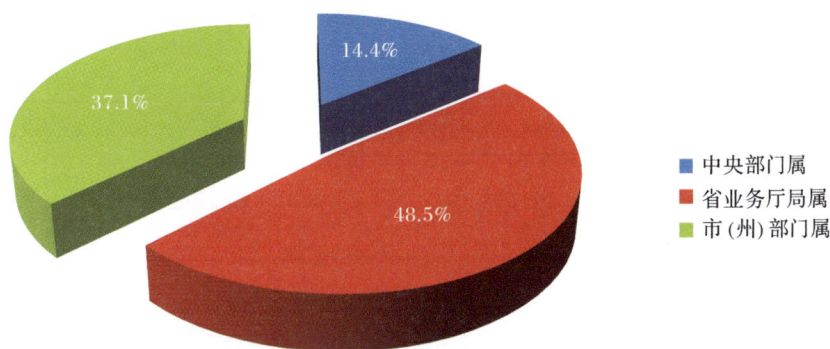

图2-5 2015年甘肃省独立科技机构按隶属关系分布

按机构所属地区划分，我省14个市州中除嘉峪关、金昌没有独立科技机构外，兰州的机构最多，有82个，占全省的62.1%；天水有9个，占6.8%；酒泉与平凉各有6个，共占9.1%。另外，全省132个独立科技机构中有R&D活动的机构109个，占全部机构的82.6%，其中兰州有R&D活动的机构68个，天水7个，酒泉6个，见图2-6。

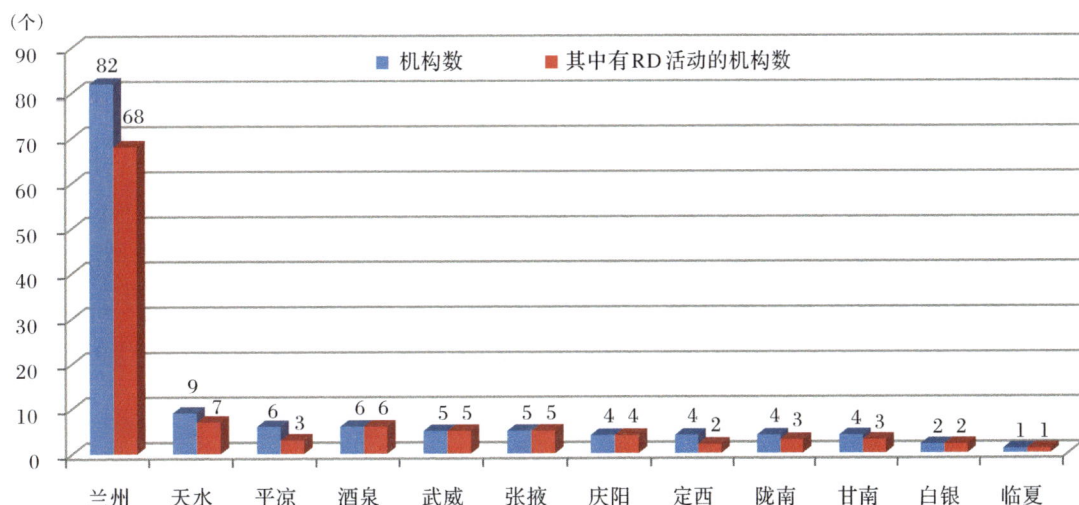

图2-6 2015年甘肃省独立科技机构及其R&D活动机构按所属地区分布

第二节 科技活动经费

一、甘肃省科学技术支出

2015年，甘肃省科学技术支出总额为29.85亿元，比上年增加8.7亿元，增长41.07%；全省科学技术支出占财政总支出的1.01%，比上年上升0.18个百分点，见表2-1。

表2-1　近五年甘肃省科学技术支出情况

	2011年	2012年	2013年	2014年	2015年
科学技术支出（亿元）	13.22	16.19	19.76	21.16	29.85
科学技术管理事务（亿元）	1.03	1.24	1.46	1.51	1.74
基础研究（亿元）	0.33	0.40	0.90	0.96	0.92
应用研究（亿元）	2.02	2.25	2.44	3.05	2.68
技术研究与开发（亿元）	5.78	6.67	7.25	7.96	16.07
技术条件与服务（亿元）	0.94	1.02	1.91	1.85	1.81
社会科学（亿元）	0.25	0.28	0.25	0.37	0.34
科学技术普及（亿元）	1.10	1.84	2.73	2.99	4.24
科技交流与合作（亿元）	0.01	0.02	0.12	0.16	0.003
科技重大专项（亿元）	—	0.01	0.02	0.01	0.01
其他科学技术支出（亿元）	1.77	2.46	2.67	2.29	2.03
财政支出（亿元）	1791.24	2059.56	2309.62	2541.49	2958.31
科学技术支出占财政支出比重（%）	0.74	0.79	0.86	0.83	1.01

2015年，各市州的科学技术支出从规模上看，兰州、庆阳和天水投入最大，分别为4.1亿元、1.4亿元和1.0亿元，占全省的13.9%、7.9%和3.5%。从增幅情况来看，与上年对比，有5个市州科学技术支出呈增长态势，其中兰州市增幅最高，高达30.8%，武威和临夏的增长速度都超过了20%；从降幅情况来看，嘉峪关、天水等9个市州科学技术支出均有所下降，其中金昌降幅最高，高达37.4.8%，张掖和白银的降幅都超过了20%；较上年分别减少1213万元、2080万元和1943万元。从各地科学技术支出与财政支出占比情况来看，2015年兰州、酒泉分列前二名，有3个市州的比重在0.5%～1%之间，有10个市州的比重在0.5%以下，见图2-7。

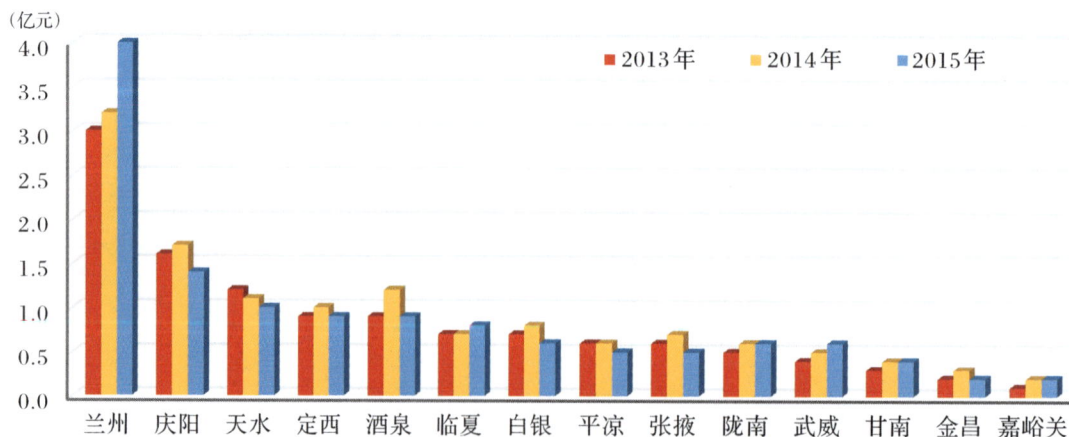

图2-7　甘肃省市州科学技术支出情况（2011~2015年）

二、甘肃省R&D经费投入

2015年，全省R&D总经费支出82.7亿元，比上年增长7.6%。R&D经费占国内生产总值（GDP）比重为1.22%，较上年增长0.1%。按执行部门划分，企业49.4亿元，科研机构24.8亿元，高等院校7.0亿元和事业单位1.6亿元。见图2-8。

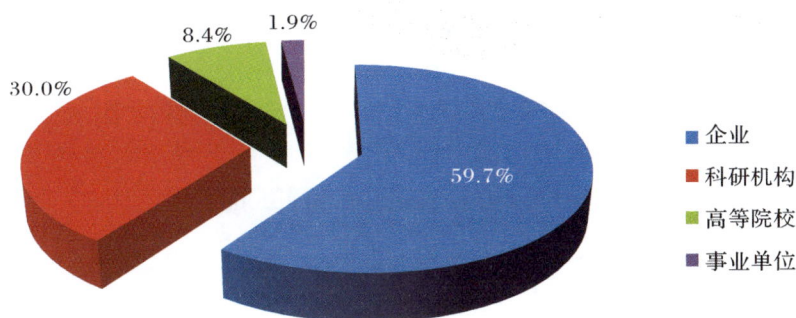

图2-8　2015年甘肃省R&D经费投入按执行部门分布

按活动类型分，基础研究经费12.8亿元，占15.5%，比上年增加1.6亿元；应用研究经费12.9亿元，占15.6%，比上年增加1.3亿元；试验发展经费57亿元，占69.0%，比上年增加2.9亿元。

按经费来源分，政府资金29.8亿元，占36.0%，比上年增加3.0亿元；企业资金50.0亿元，占60.5%，比上年增加2.4亿元；国外资金0.3亿元，占0.3%，比上年增加0.2亿元；其他资金2.7亿元，占3.2%，比上年增加0.2亿元。见图2-9。

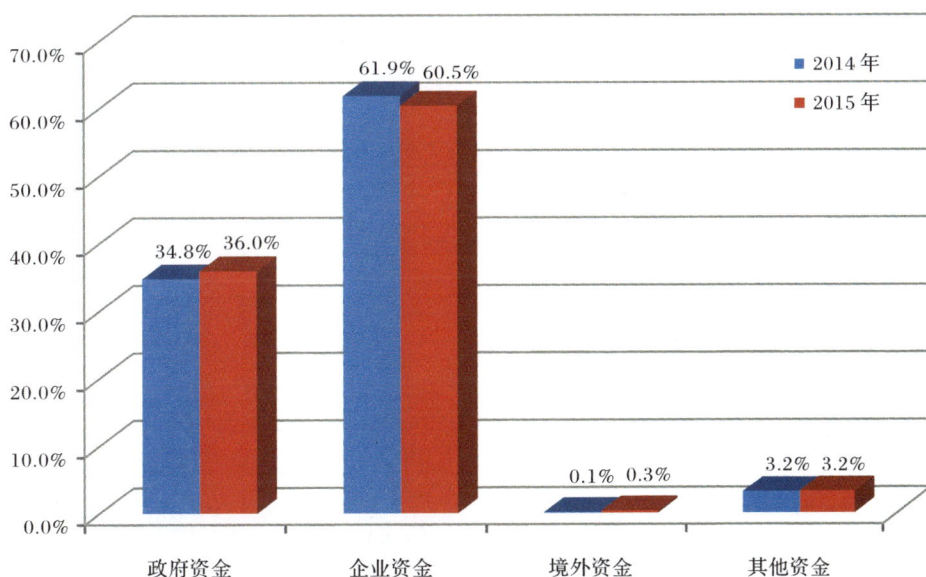

图2-9　甘肃省R&D经费投入不同来源所占比例

按国民经济行业分，制造业R&D经费42.4亿元，占55.2%；科学研究和技术服务业22.2亿元，占28.9%；教育7.3亿元，占9.5%。以上这三大行业的R&D经费就占到总经费的九成以上，见图2-10。

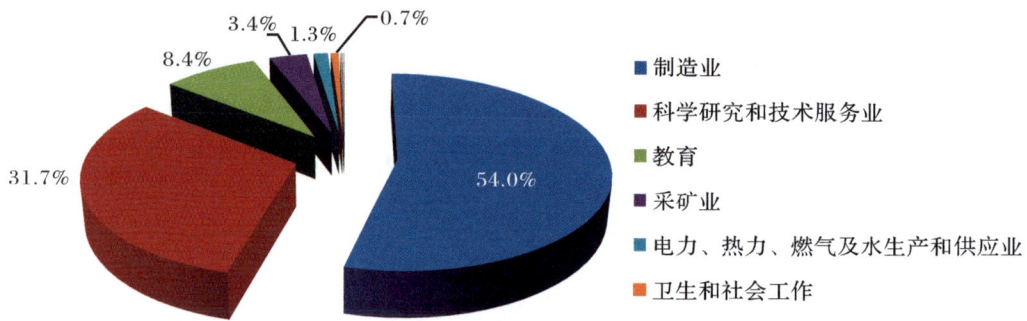

图2-10　2015年甘肃省R&D经费投入按国民经济行业的分布

按所属地区划分，2015年，各市州的R&D投入还存在相当大的差距，其中兰州市R&D经费支出就占到了全省近一半，高达40.6亿元；其次是金昌，为11.0亿元，占13.4%；排第三、四、五位的分别是嘉峪关、酒泉和张掖，分别占9.8%、6.2%和5.3%。以上5个地区的R&D投入占到了全省的83.7%。

从各市州R&D投入强度（即"R&D经费与当年地区生产总值（GDP）"）来看,我省14个市州R&D投入强度存在两极分化情况，超过全省平均水平（1.22%）的仅3个地区，即金昌市、嘉峪关市和兰州市，R&D投入强度分别为4.92%、4.27%和1.93%。其中，金昌市和嘉峪关市GDP分别排第11和第13位，而R&D投入强度较高，说明它们对科技投入的重视程度高。对比之下，部分市州R&D投入强度就不是很理想，如庆阳市GDP排第2位，但R&D投入强度仅0.39%，低于全省平均水平0.83个百分点，排第9位；平凉市GDP排第8位，R&D投入强度仅0.16%，低于全省平均水平1.06个百分点，排第11位。见表2-2。

表2-2　2015年甘肃省14个市（州）R&D投入强度

地区	R&D经费支出（亿元）	GDP（亿元）	R&D投入强度（%）
全省	82.72	6790.32	1.22
金昌	11.05	224.52	4.92
嘉峪关	8.11	190.04	4.27
兰州	40.55	2095.99	1.93
张掖	4.41	373.53	1.18
酒泉	5.12	544.80	0.94
白银	3.99	434.27	0.92
武威	2.47	416.19	0.59
天水	3.17	553.77	0.57
庆阳	2.35	609.43	0.39
临夏	0.38	211.41	0.18
平凉	0.55	347.70	0.16
陇南	0.29	315.14	0.09
定西	0.22	304.92	0.07
甘南	0.08	126.54	0.06

三、甘肃省独立科技机构科技活动经费投入

2015年，甘肃省独立科技机构经费总收入815 332.2万元，其中，科技活动收入448 382.2万元，占总收入的55.0%；生产经营收入217 424.3万元，占总收入的26.7%；其他收入149 525.7万元，占总收入的18.3%。经费总支出805 247.3万元，其中，科技经费日常支出358 618.7万元，占总支出的44.5%；生产经营支出245 144.7万元，占总支出的30.4%；基本建设支出53 947.0万元，占总支出的6.7%；其他支出147 536.9万元，占总支出的18.3%，分别见图2-11、图2-12。

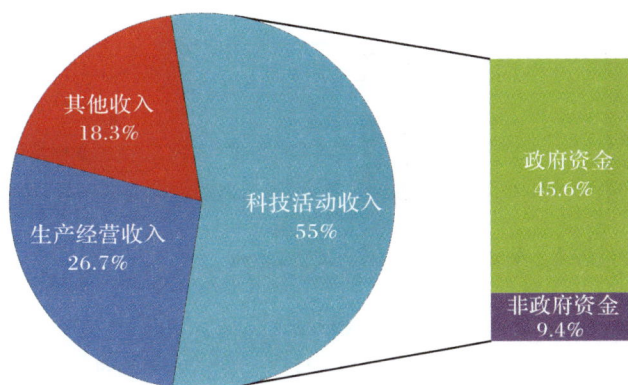

图2-11 2015年甘肃省独立科技机构经费收入比例（%）

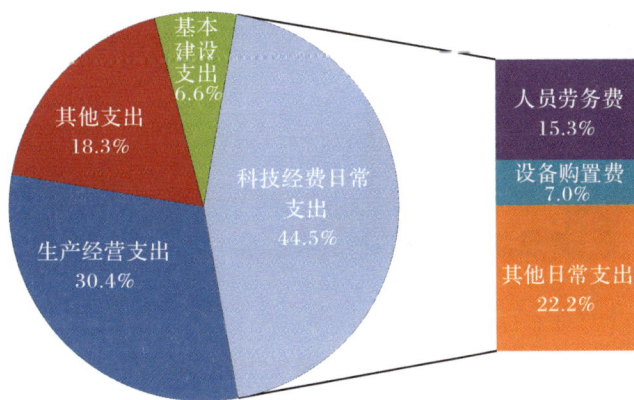

图2-12 2015年甘肃省独立科技机构经费支出比例（%）

未转制的自然科学技术研究与开发机构经费总收入387 621.8万元，其中，科技活动收入352 523.2万元，生产经营收入4518.6万元，其他收入30 580万元。经费总支出358 340.3万元，其中，科技经费日常支出278 452.7万元，生产经营支出5000.5万元，基本建设支出36 489.9万元，其他支出38 397.2万元。

转制的自然科学技术研究与开发机构经费总收入371 436.7万元，其中，科技活动收入48 965.6万元，生产经营收入206 928.6万元，其他收入115 542.5万元。经费总支出394 422.3万元，其中，科技经费日常支出48 459.5万元，生产经营支出228 549.2万元，基本建设支出16 640.3万元，其他支出100 773.3万元。

社会科学与人文科学机构经费总收入50 730.7万元，其中，科技活动收入42 141.1万元，生产经营收入5967.2万元，其他收入2622.4万元。经费总支出47 218.2万元，其中，科技经费日常支出27 473.6万元，生产经营支出11 489.1万元，基本建设支出816.8万元，其他支出7438.7万元。

科技信息和文献机构经费总收入5543.0万元，其中，科技活动收入4752.3万元，生产经营收入9.9万元，其他收入780.8万元。经费总支出5266.5万元，其中，科技经费日常支出4232.9万元，生产经营支出105.9万元，其他支出927.7万元。分别见图2-13、图2-14。

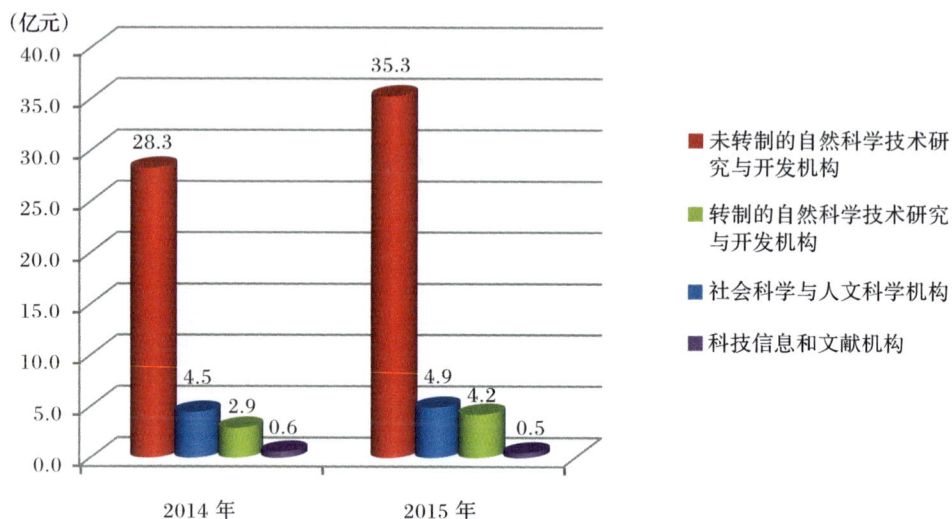

图2-13　甘肃省独立科技机构科技活动收入按机构属性比较

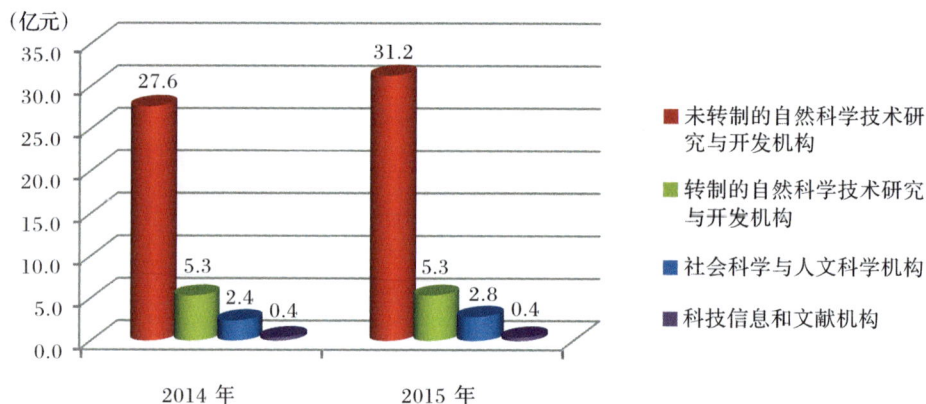

图2-14　甘肃省独立科技机构科技经费内部支出*按机构属性比较

注：*科技经费内部支出包含"科技经费日常支出"和"科研基建"两个方面。

第三节　科技活动人员

一、甘肃省R&D人员

2015年，全省R&D人员共有40 787人，其中大学本科及以上学历人员25 139人，占61.6%；女性人员11 575人，占28.4%。R&D人员按执行部门分，企业20 068人，科研机构7370人，高等院校9564人和事业单位3785人,见图2-15。

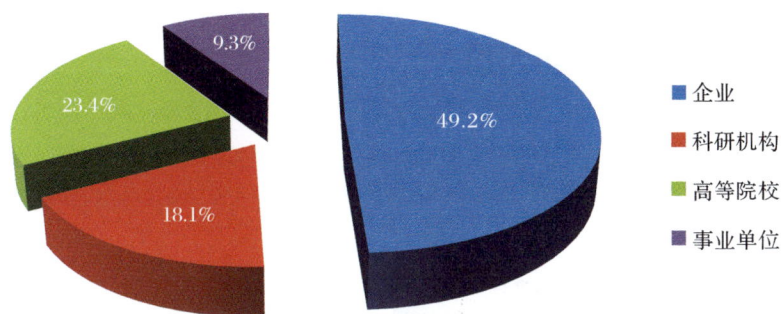

图2-15 2015年甘肃省R&D人员按执行部门分布

2015年按实际工作时间计算，全省R&D人员折合全时当量为25 860.1人年，比上年减少了4.7%，其中研究人员为13 254.1人年，占51.3%。按活动类型划分，基础研究人员折合全时当量为4309.4人年，占16.7%；应用研究人员为5570.4人年，占21.5%；试验发展人员为15 980.3人年，占61.8%,见图2-16。

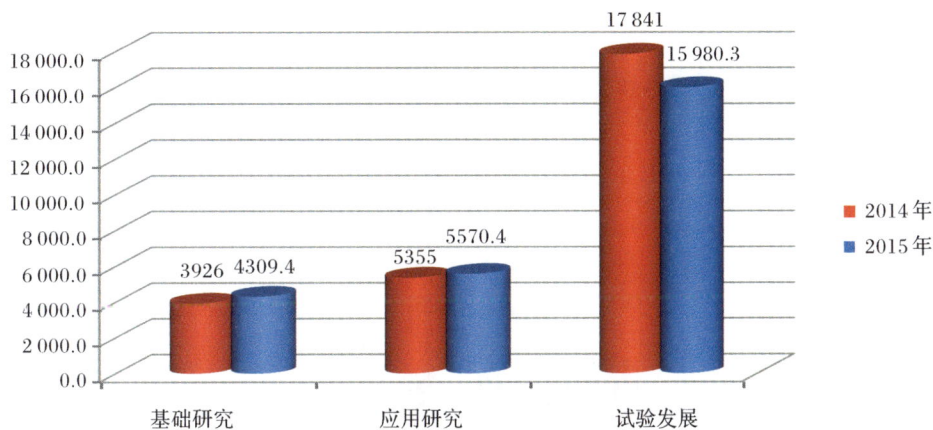

图2-16 甘肃省R&D人员按活动类型分布

按地区划分，从地区总量上对比，兰州的R&D人员最多，有22 348人，占全省54.8%，其次为天水有2765人，占6.8%，排第三位的是金昌，有2351人，占5.8%，见图2-17。与上年对比，有7个市州的R&D人员均比上年有不同程度的增长。

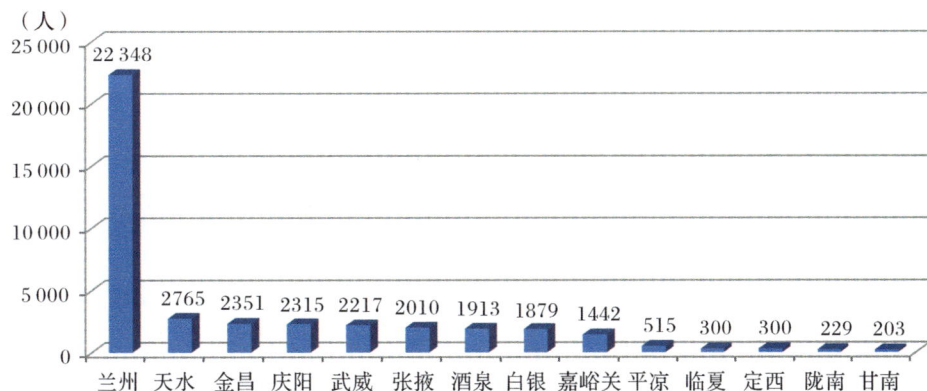

图2-17 2015年甘肃省R&D人员按地区分布

二、独立科技机构科技活动人员

2015年，全省独立科技机构从业人员17 682人，科技活动人员12 849人，其中大学本科及以上学历10 043人，见图2-18。博士学位1371人，硕士学位2665人，见图2-19。

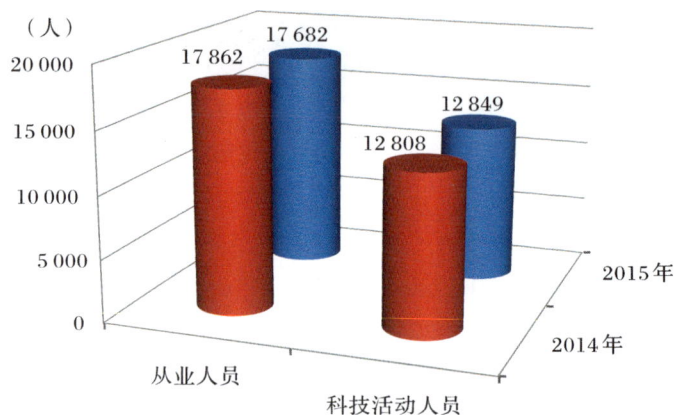

图2-18 甘肃省独立科技机构人员构成

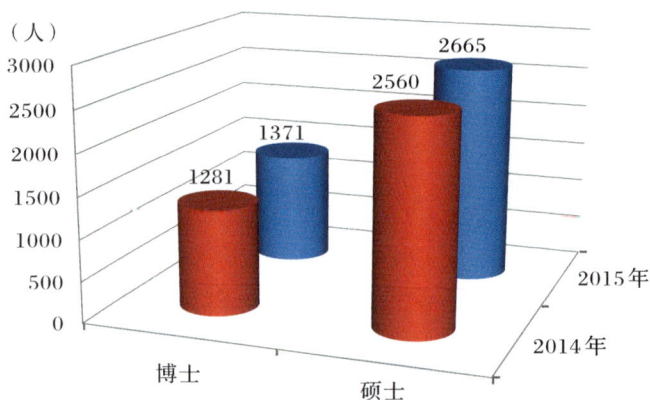

图2-19 甘肃省独立科技机构博士和硕士人员

未转制的自然科学技术研究与开发机构从业人员9077人，科技活动人员7610人，其中大学本科及以上学历6103人，博士学位1273人，硕士学位1772人。

转制的自然科学技术研究与开发机构从业人员7155人，科技活动人员3834人，其中大学本科及以上学历3092人，博士学位44人，硕士学位723人。

社会科学与人文科学机构从业人员1222人，科技活动人员1160人，其中大学本科及以上学历661人，博士学位51人，硕士学位133人。

科技信息和文献机构从业人员268人，科技活动人员245人，其中大学本科及以上学历187人，博士学位3人，硕士学位37人。

第三章 科技产出

第一节 专利申请与授权

一、全省专利申请与授权

1. 专利申请

2015年，甘肃省专利申请受理14 584件，同比增长21.3%。其中发明专利申请5504件，占总量的37.7%，同比增长10.4%；实用新型6825件，占总量的46.8%，同比增长32.7%；外观设计2255件，占总量的15.5%，同比增长19.3%。

在14 584件专利申请受理中，职务申请6630件，占总量的45.5%；非职务申请7954件，占总量的54.5%。职务申请比上年下降2.1个百分点。在职务申请中，企业申请3713件，占56.0%；高等院校申请1410件，占21.3%；科研机构申请1279件，占19.3%；机关团体申请228件，占3.4%。见图3-1。

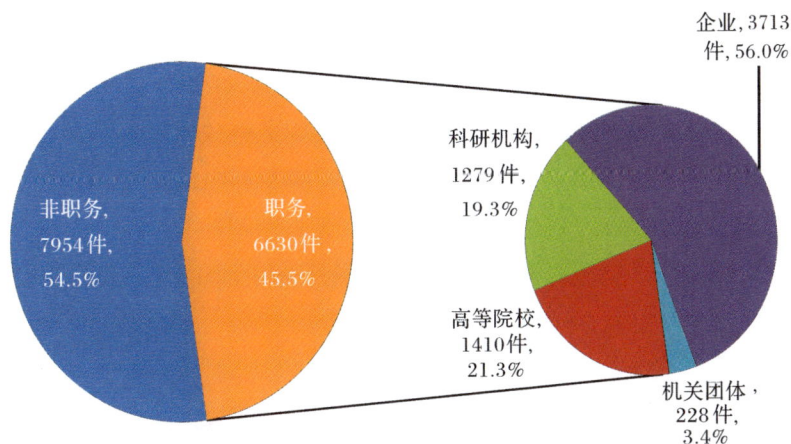

图3-1 2015年甘肃省职务、非职务专利申请

截至2015年底，甘肃省累计专利申请受理74 843件，其中发明专利27 831件，占总量的37.2%；实用新型专利36 044件，占总量的48.2%；外观设计专利10 968件，占总量的14.6%。

2. 专利授权

2015年，甘肃省获得专利授权6912件，同比增长35.6%。其中发明专利授权1238件，占授权总量的17.9%，同比增长52.5%；实用新型4478件，占授权总量64.8%，同比增长26.6%；外观设计1196件，占授权总量的17.3%，同比增长60.1%。2015年甘肃省获得发明专利授权量增幅比同期国内平均增幅61.9%低9.4个百分点。

在6912件专利授权中，职务专利授权4463件，占总量的64.6%，同比减少5.3个百分点；非职务专利授权2449件，占总量的35.4%，同比增加5.3个百分点。在职务专利授权中，企业专利授权2758件，占

61.8%，同比减少 7.4 个百分点；高等院校专利授权 870 件，占 19.5%，同比增加 2.6 个百分点；科研机构专利授权 707 件，占 15.8%，同比增加 4.5 个百分点；机关团体专利授权 128 件，占 2.9%，同比增加 0.4 个百分点。见图 3-2。

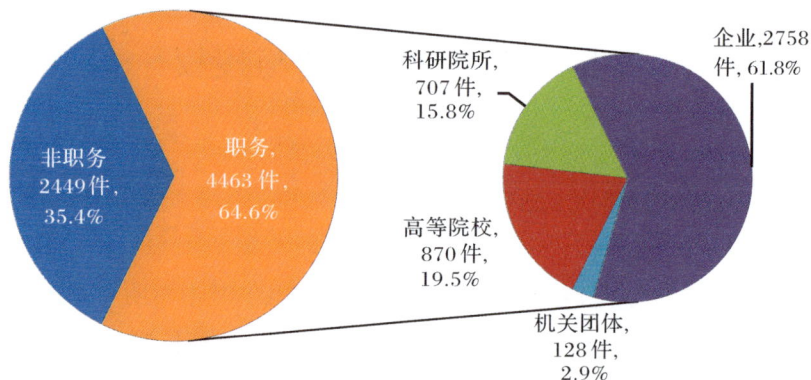

图 3-2　2015 年甘肃省职务、非职务专利授权

截至 2015 年底，甘肃省累计专利授权 35 098 件，其中发明授权 5981 件，占总量的 17.0%；实用新型授权 23 521 件，占总量的 67.0%；外观设计授权 5596 件，占总量的 15.9%。

3. 有效发明专利

截至 2015 年底，甘肃省拥有有效发明专利 4093 件，其中职务有效发明专利 3477 件，占 84.9%，比上年增加 768 件，占比比上年增加 1.6 个百分点。在职务有效发明专利中，企业 1851 件，占 53.2%，比上年增加 426 件；高等院校 885 件，占 25.5%，比上年增加 173 件；科研机构 713 件，占 20.5%，比上年增加 162 件；机关团体 28 件，占 0.8%。企业有效发明专利占比比上年增加 0.6 个百分点。非职务有效发明专利 616 件，占 15.1%，比上年增加 73 件。见图 3-3。

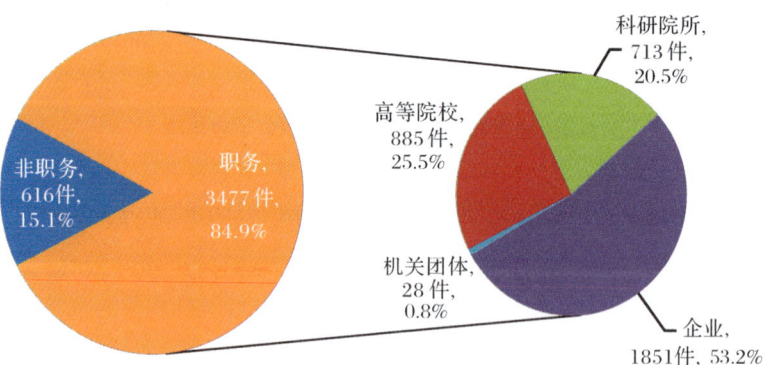

图 3-3　2015 年甘肃省职务、非职务有效发明专利占比

在有效发明授权专利中，按 IPC 分类八个部排名分别为 C 部（化学、冶金）1503 件，比上年增加 234 件；A 部（农、轻、医）976 件，比上年增加 204 件；G 部（测量、测试、材料）483 件，比上年增加 97 件；B 部（作业、运输）433 件，比上年增加 119 件；H 部（电学）271 件，比上年增加 43 件；F 部（机械工程）222 件，比上年增加 63 件；E 部（建筑、采矿）187 件，比上年增加 79 件；D 部（纺织、造纸）18 件，比上年增加 2 件。见图 3-4。

图表数据：

技术领域	有效量
C部：化学、冶金	1503
A部：农、轻、医	976
G部：测量、测试、材料	483
B部：作业、运输	433
H部：电学	271
F部：机械工程	222
E部：建筑、采矿	187
D部：纺织、造纸	18

（图例：有效量、占比 %）

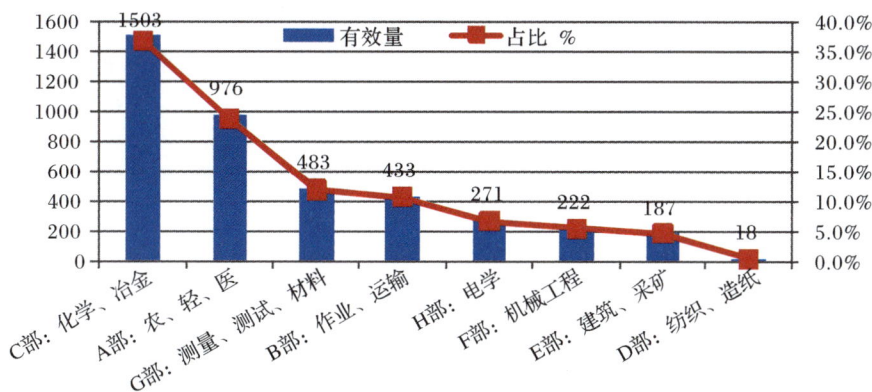

图3-4　2015年甘肃省有效发明专利按IPC大部技术领域构成

4. PCT申请受理

2015年，甘肃省PCT申请19件，比上年增加1件。其中兰州14件、天水2件、酒泉2件、平凉1件。PCT申请仍然在20件内徘徊不前，与全国总体水平相比差距较大（2015年全国排名第26位）。

二、市州专利申请受理与授权

1. 专利申请受理与授权

2015年，全省有13个市州的专利申请受理量均有不同程度增长。张掖市、临夏州、白银市位列增幅前三；兰州市、天水市和酒泉市位列申请量前三。兰州市以5703件位居全省专利申请受理量第一，比上年增长33%，增长幅度明显。酒泉市、天水市、张掖市和庆阳市专利申请受理量达到千件以上。甘南州、平凉市、武威市专利申请受理量的增幅也都超过了20%。见表3-1。

表3-1　2015年甘肃省各市州专利申请受理量　　　　单位：件、%

地区	2015年						2014年					总累计
	排名	总量	发明数量	发明占比	实用新型	外观设计	全省占比	总量	发明数量	发明占比	实用新型	外观设计	
兰州市	1	5703	2416	42.2	3019	268	39.1	4288	2071	48.3	2059	158	34 412
嘉峪关	12	303	94	31.0	204	5	2.1	366	103	28.1	260	3	1497
金昌市	8	644	227	35.2	410	7	4.4	541	156	28.8	375	10	3386
白银市	6	837	251	30.0	579	7	5.7	615	200	32.5	399	16	3845
酒泉市	2	1328	564	42.5	651	113	9.1	1507	698	46.3	671	138	7114
张掖市	4	1129	519	46.0	535	75	7.7	714	246	34.5	296	172	3359
武威市	7	756	215	28.4	266	275	5.2	595	71	11.9	165	359	2846
天水市	3	1234	334	27.1	486	414	8.5	988	315	31.9	270	403	5969
定西市	10	436	92	21.1	144	200	3.0	433	152	35.1	179	102	2185
平凉市	9	505	106	21.0	218	181	3.5	393	82	20.9	182	129	2193
庆阳市	5	1015	596	58.7	212	207	7.0	1048	792	75.6	165	91	5124
陇南市	11	312	56	17.9	42	214	2.1	264	62	23.5	44	158	1308
临夏州	13	271	30	11.1	46	195	1.9	183	21	11.5	43	119	1110
甘南州	14	111	4	3.6	13	94	0.8	85	17	20.0	36	32	495
合计		14 584	5504	37.7	6825	2255	100	12 020	4986	41.5	5144	1890	74 843

2015年，全省有12个市州三种专利授权量有不同程度增长，增幅前三名依次是武威市、张掖市和酒泉市；授权量前三名依次是兰州市、酒泉市和武威市；获得授权发明专利数量前三名是兰州市、白银市、金昌市。具有指标意义的授权发明专利，2015年比上年增加426件，增幅达到52.5%，扭转了上年增幅较低的不利局面。见表3-2。

表3-2　2015年甘肃省各市州专利授权量　　　　　　　　　　　　　　　　　　　　单位：件、%

地区	2015年									全省占比	2014年总量	比2014年增减		总累计
	排名	总量	职务		发明		实用新型	外观设计	非职务			数量	占比	
			数量	占比	数量	占比								
兰州市	1	2916	2310	79.2	850	29.1	1930	136	606	42.2	2139	777	36.3	18 700
酒泉市	2	619	206	33.3	31	5.0	457	131	413	9.0	341	278	81.5	2135
白银市	4	461	269	58.4	57	12.4	393	11	192	6.7	487	−26	−5.3	2194
金昌市	6	400	368	92.0	53	13.3	340	7	32	5.8	374	26	7.0	1968
武威市	3	532	364	68.4	17	3.2	184	331	168	7.7	246	286	116.3	1556
天水市	7	362	244	67.4	41	11.3	234	87	118	5.2	381	−19	−5.0	2424
庆阳市	10	218	70	32.1	24	11.0	129	65	148	3.2	129	89	69.0	1142
张掖市	5	420	120	28.6	44	10.5	258	108	300	6.1	199	221	111.1	1195
定西市	9	245	135	55.1	44	18.0	137	64	110	3.5	199	46	23.1	971
嘉峪关	8	273	251	91.9	31	11.4	241	1	22	3.9	256	17	6.6	953
陇南市	12	107	14	13.1	8	7.5	23	76	93	1.5	93	14	15.1	433
平凉市	11	184	34	18.5	15	8.2	80	89	150	2.7	125	59	47.2	647
临夏州	13	103	48	46.6	11	10.7	46	46	55	1.5	76	27	35.5	535
甘南州	14	72	30	41.7	12	16.7	16	44	42	1.0	52	20	38.5	245
合计		6912	4463	64.6	1238	17.9	4478	1196	2449	100	5097	1815	35.6	35 098

2.万人发明专利拥有量

2015年，省政府将万人发明专利拥有量纳入对市州政府社会经济发展考核的指标之一，全省上下积极实施创新驱动发展和知识产权战略，狠抓有效发明专利数量的提升，万人发明专利拥有量从上年的1.26件/万人，增加到1.59件/万人，增长幅度不断提高。但与全国的6.3件/万人相比，甘肃省万人发明专利拥有量仍然偏低。各市州需继续提升科技创新的质量，突出专利申请支持政策的质量导向，强化政策资金引导，激励企事业单位申请发明专利，尤其是职务发明专利申请受理数量少、非职务发明占比高的市州要重视提升职务发明申请受理比重。见表3-3。

3. 市州专利申请资助

2015年，各市州共投入专利资助资金共计1086.4万元，其中武威市专利资助资金投入最多，达到227.06万元，其次是庆阳市、兰州市、天水市和张掖市。各市州运用专利资助政策，充分发挥了资助资金的引导激励作用，有力地推动了本地区专利事业的发展。见表3-4。

表3-3 截至2015年底甘肃省各市州万人发明专利拥有量

地区	人口（万人）	发明专利有效量（件）		万人发明专利拥有量（件/万人）		
		2015年	2014年	2015年	2014年	2013年
兰州市	366.49	2919	2415	7.96	6.65	5.68
酒泉市	111.19	80	41	0.72	0.37	0.38
白银市	170.83	218	172	1.28	1.0	0.66
金昌市	47.01	175	128	3.72	2.74	2.16
武威市	181.36	66	53	0.36	0.29	0.21
天水市	330.31	170	142	0.51	0.43	0.38
庆阳市	222.35	52	33	0.23	0.15	0.10
张掖市	121.33	120	86	0.99	0.71	0.63
定西市	277.22	110	64	0.40	0.23	0.18
嘉峪关	24.13	49	18	2.03	0.77	0.47
陇南市	258.71	35	30	0.14	0.12	0.06
平凉市	209.23	37	25	0.18	0.12	0.10
临夏州	200.44	38	33	0.19	0.17	0.14
甘南州	70.18	24	12	0.34	0.17	0.06
合计	2590.78	4093	3252	1.59	1.26	1.06

表3-4 2015年甘肃省各市州专利申请资助情况　　　　单位：万元、件

序号	市州	2015年		2014年		2013年	
		补助资金	资助专利数量	补助资金	资助专利数量	补助资金	资助专利数量
1	兰州市	154.8	3239	131.42	2624	145.2	2862
2	嘉峪关市	57.65	350	31.11	213	43.4	200
3	金昌市	20.0	128	19.95	130	20.0	125
4	白银市	65.5	523	53.2	408	45.4	329
5	天水市	122.1	1014	82.88	926	28.6	510
6	酒泉市	54.67	1033	120	1031	152.0	2674
7	张掖市	100.49	1052	34.63	403	30.4	257
8	武威市	227.06	754	89.37	519	67.1	431
9	定西市	25.0	432	25	350	15.0	184
10	陇南市	10.0	64	0	0	10.0	173
11	平凉市	28.8	303	8.92	205	10.0	177
12	庆阳市	162.6	1045	183.65	1057	109.7	845
13	临夏州	42.95	271	15.4	183	14.7	153
14	甘南州	14.8	108	2.5	81	2.16	53
	合计	1086.4	10316	798.03	8130	693.7	8973

三、主要机构专利申请受理与授权

1. 高等院校专利申请受理与授权

2015年，甘肃省高等院校专利申请受理共计1410件，占甘肃省专利申请受理总量9.7%，比上年增加306件；其中发明专利申请受理638件，占45.2%，比上年减少14个百分点。专利授权870件，占甘肃省专利授权总量12.6%，比上年增加267件；其中发明专利授权345件，占39.7%。见表3-5、表3-6。

表3-5　2015年甘肃省高等院校专利申请量前十位　　　　　　　　　　　　单位：件

序号	高校名称	2015年			2014年			累计申请总量		
		小计	发明	实用新型	小计	发明	实用新型	合计	发明	实用新型
1	兰州大学	253	184	69	266	210	56	1662	1248	410
2	兰州理工大学	176	111	64	152	114	38	1287	997	283
3	西北师范大学	127	103	24	120	108	12	934	821	112
4	甘肃农业大学	269	100	167	211	97	114	929	462	465
5	兰州交通大学	199	64	125	181	75	104	849	326	498
6	西北民族大学	223	27	125	72	23	49	403	87	245
7	甘肃中医药大学	15	14	0	4	4	0	49	48	0
8	陇东学院	58	11	14	34	3	18	346	53	115
9	天水师范学院	9	7	2	3	3	0	12	10	2
10	河西学院	5	4	1	5	4	1	17	14	3

注：表中小计包含发明、实用新型和外观设计总量。

表3-6　2015年甘肃省高等院校专利授权量前十位　　　　　　　　　　　　单位：件

序号	高校名称	2015年			2014年			累计授权总量		
		小计	发明	实用新型	小计	发明	实用新型	合计	发明	实用新型
1	兰州大学	161	110	51	160	82	78	1221	878	339
2	甘肃农业大学	202	42	160	99	18	81	561	208	353
3	西北师范大学	102	84	18	81	67	14	752	656	95
4	兰州交通大学	99	21	77	73	15	56	460	163	292
5	兰州理工大学	112	59	53	68	40	26	948	695	248
6	陇东学院	30	8	13	27	2	4	217	25	71
7	西北民族大学	102	11	83	25	2	23	189	30	151
8	甘肃中医药大学	6	5	0	11	11	0	41	35	0
9	兰州职业技术学院	7	0	7	10	0	10	29	0	29
10	兰州工业学院	11	0	11	5	0	5	20	0	20

2. 科研机构专利申请受理与授权

2015年，甘肃省科研机构专利申请受理共计1286件，占甘肃省专利申请受理的8.8%，比上年增加397件；其中发明专利申请受理712件，占55.4%。专利授权共计707件，占甘肃省专利授权的10.2%，比上年增加303件；其中发明专利授权244件，占34.5%。见表3-7、表3-8。

表3-7　2015年甘肃省科研机构专利申请量前十位　　　　　　　　　　　单位：件

名　　称	排名	专利申请量
中国农业科学院兰州畜牧与兽药研究所	1	361
中国农业科学院兰州兽医研究所	2	152
中国科学院兰州化学物理研究所	3	128
中国科学院寒区旱区环境与工程研究所	4	106
中国航天科技集团公司第五研究院第五一〇研究所（兰州空间技术物理研究所）	5	97
中国科学院近代物理研究所	6	62
甘肃省农科院	7	50
甘肃省机械科学研究院	7	50
西北矿冶研究院	9	46
甘肃省治沙研究所	10	30

表3-8　2015年甘肃省科研机构专利授权量前十位　　　　　　　　　　　单位：件

名　　称	排名	专利申请量
中国农业科学院兰州畜牧与兽药研究所	1	285
中国农业科学院兰州兽医研究所	2	81
中国科学院寒区旱区环境与工程研究所	3	74
中国科学院兰州化学物理研究所	4	43
中国科学院近代物理研究所	5	39
甘肃省农业科学院	6	28
中国航天科技集团公司第五研究院第五一〇研究所（兰州空间技术物理研究所）	7	24
西北矿冶研究院	7	21
甘肃省治沙研究所	9	16
甘肃省科学院	10	10

3. 企业专利申请受理与授权

2015年，甘肃省企业专利申请受理共计3713件，占甘肃省专利申请量的25.5%，比上年增加172件，同比减少4个百分点；其中发明专利申请受理1091件，占全省发明专利申请受理的19.8%，比上年增加42件，占比下降1.2个百分点。专利授权2758件，占全省专利授权量的39.9%，比上年增加290件，同比减少8.5个百分点；其中发明专利授权465件，占全省发明专利授权的37.6%，比上年增加164件，占比增加0.5个百分点。金川集团有限公司连续数年专利申请和授权数量稳居全省企业之首。见表3-9、表3-10。

表3-9　2015年甘肃省企业专利申请量前十位　　　　　　　　　　　　　　单位：件

名　　　　称	排名	专利申请量
金川集团股份有限公司	1	498
甘肃酒钢集团宏兴钢铁股份有限公司	2	181
甘肃省电力公司	3	157
白银有色集团公司	4	103
天华化工机械及自动化研究设计院有限公司	5	52
中铁西北科学研究院有限公司	6	40
甘肃蓝科石化高新装备股份有限公司	6	40
兰州兰石集团有限公司	8	32
天水华天电子集团有限公司	9	31
酒泉奥凯种子机械股份有限公司	10	30

表3-10　2015年甘肃省企业专利授权量前十位　　　　　　　　　　　　　　单位：件

名　　　　称	排名	专利授权量
金川集团股份有限公司	1	317
甘肃酒钢集团宏兴钢铁股份有限公司	2	172
白银有色集团股份有限公司	3	49
天水华天电子集团有限公司	4	38
甘肃蓝科石化高新装备股份有限公司	5	38
天华化工机械及自动化研究设计院有限公司	6	29
天水锻压机床（集团）有限公司	7	27
中铁西北科学研究院有限公司	8	24
中铁二十一局集团有限公司	9	24
酒泉奥凯种子机械有限公司	10	22

4. 高新技术企业专利情况

截至2015年底，甘肃省通过认定的高新技术企业320家。检索这批企业专利公开数据得到（截止2016年3月9日的公开数据）：320家企业共计公开发明专利2408件，实用新型专利3989件，外观设计专利367件；这320家企业共拥有有效专利4026件，在审发明专利1031件，失效专利1678件；有效发明专利899件，占甘肃有效发明专利总量的22.0%，值得注意的是，320家企业中有63家企业没有检索到有专利申请，但不排除这些企业会通过转让许可的方式取得专利权。见表3-13。

5. 知识产权试点示范及优势培育企业专利状况

2015年，省知识产权局公布知识产权试点示范及优势培育企业101家，检索（截止2016年3月7日的公开数据）得到这101家企业公开发明专利申请2769件，实用新型专利4492件，外观设计专利521件；这101家企业共计拥有有效专利4314件，其中有效发明专利843件，占甘肃有效发明专利总量的20.6%，在审发明专利1091件，失效专利2377件。其中部分企业没有检索到有专利公开，这部分企业可能存在企业法人代表以个人名义进行专利申请，并将专利许可给该企业使用的情况。

6. 战略性新兴产业总体攻坚战骨干企业专利状况

对第一批和第二批共38家进入全省战略性新兴产业总体攻坚战骨干企业当年专利申请和授权数量进行统计，38家企业2015年专利申请量共计214件，其中发明101件，实用新型98件，外观设计15件。与2014年比较只增加5件，增加数量比较少。38家企业2015年有效发明专利208件，比2014年增加52件，有效发明专利增加数量比较可观。下一步应引导这些企业加大技术创新研发力度，提高企业自身保护和运用知识产权的能力，引导其掌握更多高质量的核心知识产权，提高综合竞争力。

四、主要技术领域专利授权

将甘肃省2015年的发明授权专利和实用新型授权专利按照《国际专利分类表》（IPC）进行分类统计得出：甘肃省的发明和实用新型授权专利数在A部、B部所占的比例较高，与上年的情形相同；在C部、E部、F部、G部和H部的授权数量都比上年有所增加，其中G部增加的授权数量最多；此外，发明授权专利主要集中在C部、A部、B部和G部，占当年全部发明授权专利的79.6%。甘肃省2015年的发明授权专利和实用新型授权专利主要分布在112个IPC大类中，比上年增加1个大类，其中授权专利在50件以上有29个大类，比上年增加4个大类。

第二节 技术市场

2015年，甘肃省深入实施创新驱动发展战略，不断优化科技创新环境，健全技术市场转移机制，发挥技术市场在连接科技与经济发展的纽带和桥梁作用。

一、技术交易总体情况

2015年，全省共成交技术合同4721项，成交额130.3亿元，比上年增长13.1%。"十二五"以来，甘肃省技术市场不断优化，科技资源配置逐渐趋于合理，全省技术交易逐步由高速发展态势转变为注重质量效益、成熟平稳发展的新常态。成交技术合同数较2011年增加967项，年均增长5.9%；成交额增加77.7亿元，年均增长25.4%。见图3-5。

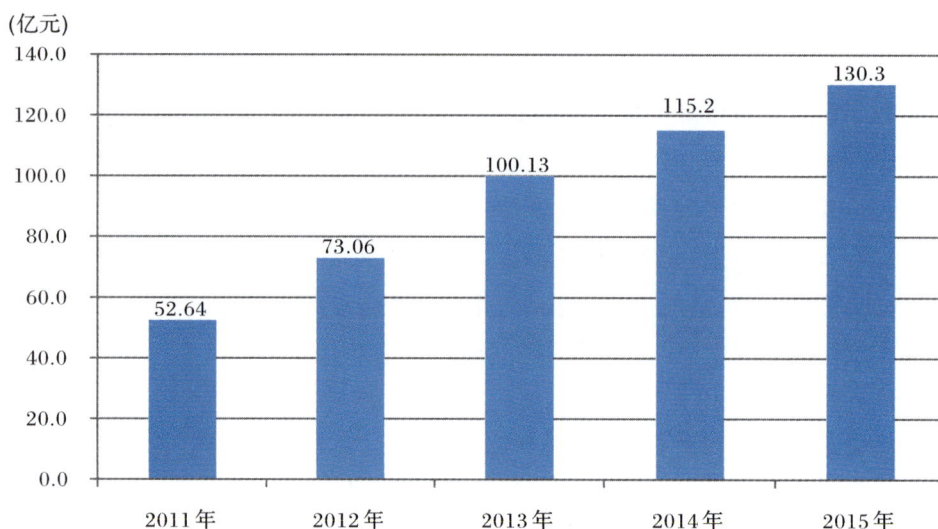

图3-5 "十二五"期间甘肃省技术市场成交额

二、技术交易特点

（一）技术服务与技术咨询成交额大幅提升

2015年，在四类技术合同中，技术服务合同成交额居于首位，达到106.1亿元，比上年增长11.8%，占合同成交总额的81.4%；位居第二的是技术咨询类合同，其成交额大幅增长，达11.5亿元，是上年的四倍，占成交总额的8.9%。以上两类合同成为甘肃省技术交易的主要形式，成交金额占到了全省的九成以上。见图3-6。

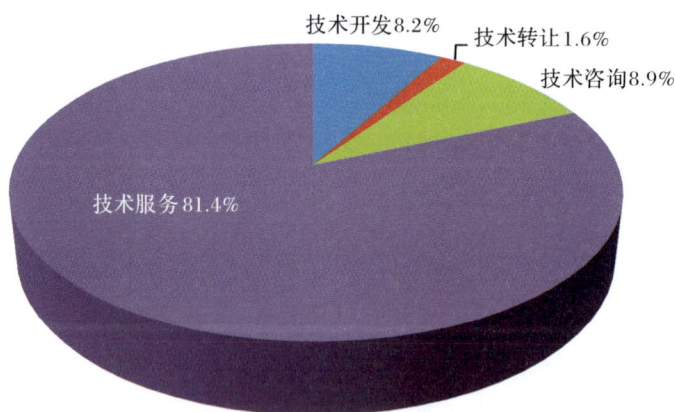

图3-6 2015年甘肃省技术市场按合同类别划分

（二）企业技术创新和转移转化核心地位进一步凸显

2015年，甘肃省企业技术创新能力持续增强，创新主体地位和技术转移转化的核心地位继续强化，输出和吸纳技术同步快速增长，为全省技术交易注入新的活力。

从卖方类别来看，企业与事业法人全年输出技术占到全省的九成以上。其中：企业输出技术88.1亿元，比上年增长13.1%，占总成交额的67.6%；事业法人输出技术33.5亿元，比上年增长2.9%，占总成交额的25.7%。另外机关法人输出技术8.1亿元，占总成交额的6.2%；自然人与其他组织输出的技术仅占总成交额的0.5%。见图3-7。

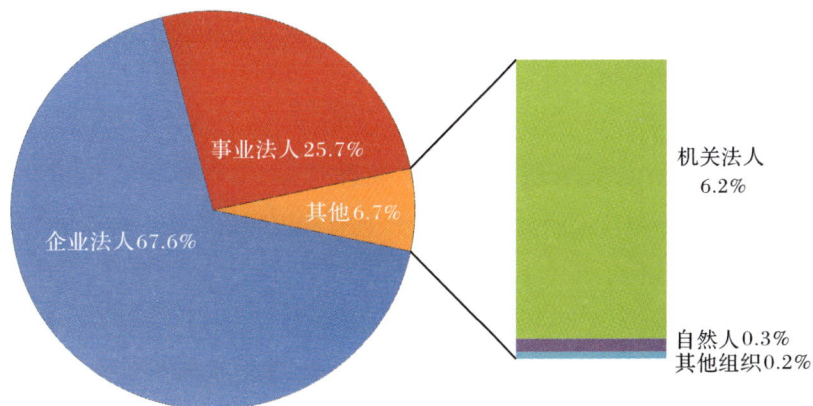

图3-7 2015年甘肃省技术成交额按卖方类别划分

从买方类别来看，企业与机关法人全年吸纳技术占到全省的九成以上。其中：企业吸纳技术105.7亿元，比上年增长10.8%，占总成交额的81.1%；机关法人吸纳技术12.7亿元，比上年增长54.2%，占总成交额的9.7%。另外事业法人吸纳技术10.4亿元，比上年增长16.5%，占总成交额的7.8%；社团法人、自然人与其他组织吸纳的技术仅占到总成交额的1.2%。见图3-8。

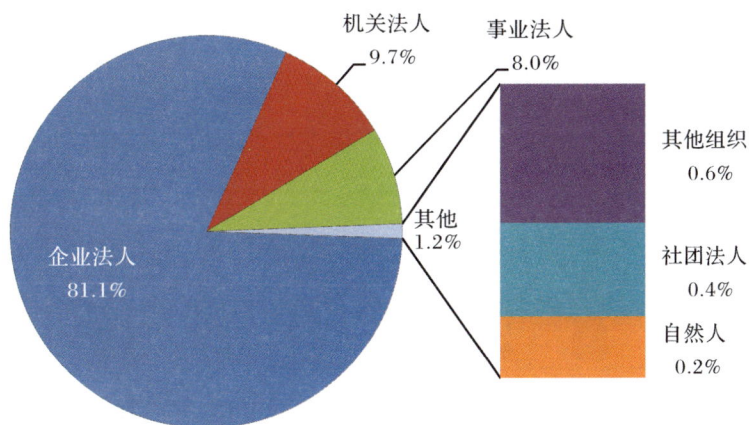

图3-8 2015年甘肃省技术成交额按买方类别划分

（三）农林牧渔业发展的技术交易持续活跃

2015年，甘肃省技术交易广泛服务于全社会12个社会经济目标。其中以促进农林牧渔业发展为目标的技术合同居首位，成交额39.2亿元，比上年增长11.2%，占总成交额的30.1%；促进能源生产、分配和合理利用的成交额居于第二位，成交额21.8亿元，比上年降低8.5%，占总成交额的16.7%；促进其他民用目标发展的合同达21.3亿元，比上年增长了三倍，占总成交额的16.3%。

（四）技术要素向农业、先进制造业与城市建设领域集聚

2015年，农业、先进制造和城市建设与社会发展三类技术占据甘肃省技术交易的主战场，占到全省交易总量的六成，分别为38.1亿元、22.8亿元和22.5亿元，占总成交额的29.2%、17.5%和17.3%。新能源与高效节能技术、环境保护与资源综合利用技术和新材料及其应用技术紧随其后，这六个领域技术合同成交额占到了全省交易总量的九成。

（五）计算机软件著作权和专利输出增长显著

2015年，甘肃省共有813项技术涉及知识产权；具有知识产权的技术合同成交额共计37.3亿元，占总成交额的28.6%。这813项技术合同共涉及七大知识产权，分别为技术秘密、专利、计算机软件著作权、植物新品种权、集成电路布图设计专有权、生物医药新品种权及设计著作权，除集成电路布图设计专有权和设计著作权以外的五类知识产权技术成交额均过亿元。从增长幅度来看，计算机软件著作权由199.4万元增长至1.6亿元，增长了78倍。

（六）技术输出能力显著提升

2015年，甘肃省流向省内技术合同共3178项，输出技术合同成交额50.9亿元，比上年增长35.5%，占总成交额的39.1%。流向国内其他省（市、区）技术合同1536项，输出技术合同成交额79.0亿元，比上年增长5.6%，占总成交额的60.6%，其中23个省（市、区）的技术交易额都超过了亿元，陕西、新疆、湖北是甘肃省技术输出的主要地区，分别为8.4亿元、7.0亿元、5.0亿元。流向国外7项，成交额0.4亿元，占全省的0.3%，技术主要出口至亚洲和欧洲。见图3-9。

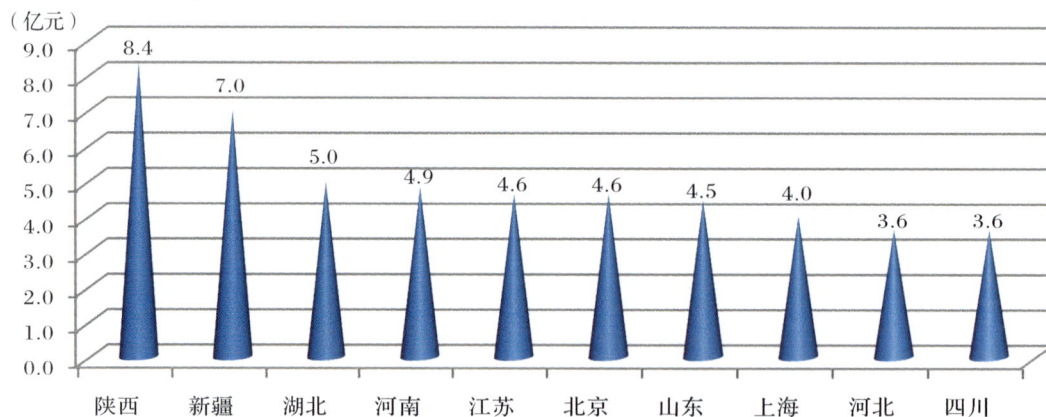

图3-9　2015年度甘肃省输出技术成交额前10位的省、市

（七）技术吸纳能力不断增强

2015年，甘肃省共吸纳各类技术4871项，成交额118.1亿元。其中吸纳省内技术3178项，成交额50.9亿元；吸纳省外技术1693项，成交额67.2亿元，甘肃省从24个省市吸纳各类技术，成交金额上亿元的省市就有8个，排名前三的分别为北京、陕西和天津，分别达到26.8亿元、15.7亿元和5.7亿元，成交金额在亿元以下千万元以上的省有10个。目前甘肃省还没有登记到吸纳国外技术合同。见图3-10。

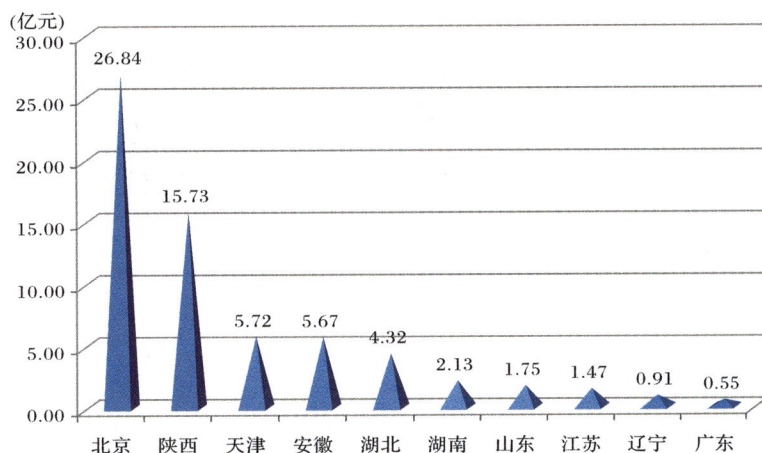

图3-10　2015年度甘肃省吸纳省外技术成交额前10位的省、市

（八）技术买方不断增多，交易规模显著

2015年，甘肃省共有2946家技术买方，比上年增加464家。在这些技术买方中成交额在亿元以上的单位有20家，比上年增加7家，签订35项技术合同，累计合同成交额为20.4亿元，占总成交额的15.7%。见表3-11。

表3-11　2015年甘肃省技术合同成交额排名前10位的技术买方机构

序号	买方名称	合同项数(项)	成交额(亿元)	技术交易额(亿元)
1	国华（哈密）新能源有限公司	2	2.52	1.16
2	兰州市城市建设设计院	5	2.17	1.52
3	武汉联农种业科技有限责任公司	1	2.03	2.03
4	陕西文博环保科技有限公司	1	2.00	0.18
5	中船重工（重庆）海装风电设备有限公司	1	1.79	0.54
6	中材科技风电叶片股份有限公司	1	1.79	0.54
7	甘肃省公路建设管理集团有限公司	6	1.62	1.13
8	中石化华北分公司泾川项目部	2	1.50	0.38
9	中国电建集团西北勘测设计研究院有限公司	1	1.46	0.64
10	西安创业水务有限公司	2	1.41	0.99

2015年，甘肃省技术合同成交额亿元以下、千万元以上的买方单位达228家，比上年增加11家。签订533项技术合同，累计合同成交额64.0亿元，占总成交额的49.1%。见图3-11。

（九）技术卖方逐年增加，亿元以上卖方成为技术交易的主力

2015年，甘肃省有282家技术卖方签订了各类技术合同，比上年增加40家。其中技术合同成交额亿元以上的36家，较上年增加6家，累计成交额达90.2亿元，占总成交额的69.2%。见表3-12。

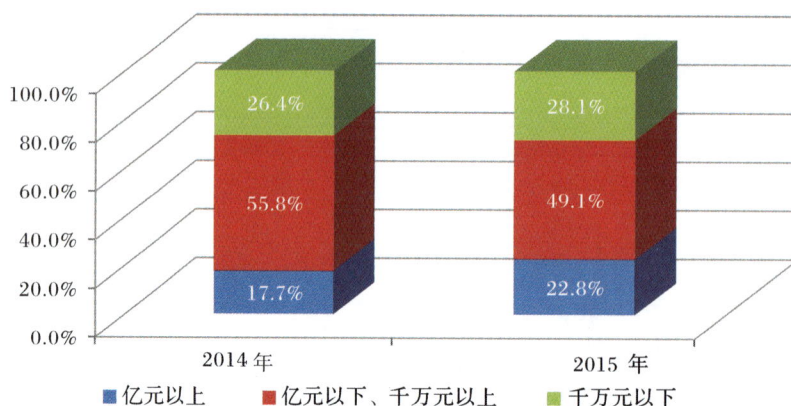

图 3-11　2014 与 2015 年甘肃省技术成交额按买方成交规模构成对比图

表 3-12　2015 年甘肃省技术合同成交额排名前 10 位的技术卖方机构

序号	卖方名称	合同项数 （项）	成交额 （亿元）	技术交易额 （亿元）
1	中国市政工程西北设计院	1150	15.25	10.67
2	天水星火机床有限公司	84	7.87	0.52
3	中国水电四局（酒泉）新能源装备有限公司	5	5.14	2.36
4	兰州市城市建设设计院	33	4.74	3.32
5	天水华天科技股份有限公司	53	3.76	0.38
6	甘肃省建筑设计研究院	10	3.71	2.59
7	天水风动机械有限责任公司	54	3.04	0.26
8	酒泉钢铁集团公司 1	13	2.72	2.72
9	兰州空间技术物理研究所	78	2.63	2.63
10	张掖市德光农业科技开发有限公司	7	2.40	2.40

2015 年，甘肃省技术合同成交额亿元以下、千万元以上的卖方单位达 107 家，较上年增加 14 家，共签订 1466 项技术合同，合同总成交额为 34.0 亿元，占总成交额的 26.1%。见图 3-12。

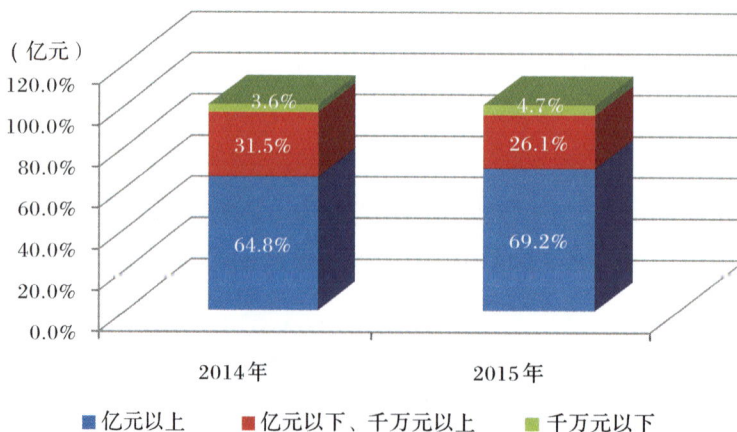

图 3-12　2014 与 2015 年甘肃省技术成交额按卖方成交规模构成对比图

三、全省各技术登记机构交易情况

2015年，甘肃省共有16家登记机构实施了技术合同登记，其中兰州科技大市场为新增登记机构，各市州科技局和相关合同登记机构在政策宣传、技术服务等方面做了大量工作，全省14个市州均如期完成了年度既定任务，技术合同成交额排前三的是兰州技术市场管理办公室、酒泉市科学技术局和天水市科学技术局，成交额分别为30.9亿元、19.4亿元与18.6亿元。占总成交额的52.9%。

从技术成交额增幅来看，增幅最高的三个登记机构为平凉市科学技术局、陇南市科学技术局和张掖市科学技术局，增长幅度分别为78.6%、58.4%和19.0%。见表3-13。

表3-13　2015年甘肃省技术合同各登记机构成交情况

	合同项数 （项）	成交额 （亿元）	技术交易额 （亿元）
全省	4721	130.31	72.08
甘肃省技术市场协会	2248	9.30	8.87
兰州科技大市场	51	0.05	0.05
兰州技术市场管理办公室	1618	30.88	21.61
嘉峪关市科学技术局	30	4.31	4.31
金昌市科学技术局	46	3.00	1.87
白银市科学技术局	14	2.68	1.58
天水市科学技术局	276	18.57	1.48
武威市科学技术局	99	8.45	3.35
张掖市科学技术局	34	13.20	13.20
平凉市科学技术局	84	12.35	3.31
酒泉市科学技术局	64	19.44	6.56
庆阳市科学技术局	34	2.15	1.38
定西市生产力促进中心	53	2.20	1.56
陇南市科学技术局	50	2.66	1.90
临夏州科技局	14	0.59	0.59
甘南州科技局	6	0.47	0.47

第三节　科技成果

2015年，甘肃省登记科技成果819项；获得国家科技奖励的成果7项，其中主持4项；获得年度甘肃省自然科学奖、技术发明奖和科技进步奖励成果149项。

一、科技成果总体情况

（一）成果类别

2015年，登记成果数819项，比上年增加360项，上升78.43%，其中：应用技术成果655项，比上年增加311项；软科学成果26项，比上年减少39项；基础理论研究成果138项，比上年增加88项。

（二）成果知识产权

全省登记的科技成果中获得知识产权数量达到1313项，其中：发明专利数537项，占总数的40.90%；实用新型专利数393项，占总数的29.93%；外观设计专利11项，占总数的0.84%；软件著作权数58项，占总数的4.42%；其他314项，占总数的23.91%。见图3-13。

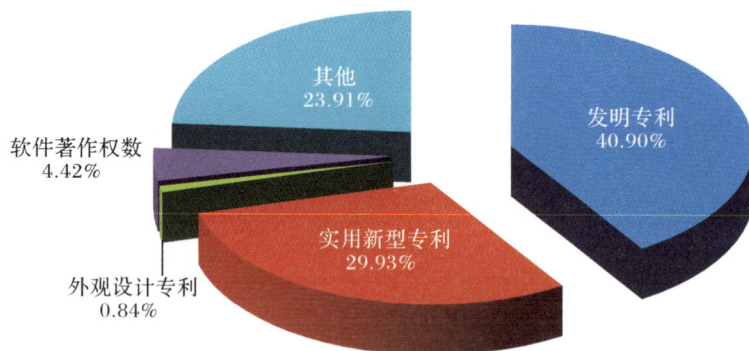

图3-13　2015年全省登记科技成果知识产权分布

（三）成果完成单位

企业成为科技成果主要完成单位，我省企业自主创新的主体地位进一步凸显。在2015登记的成果819项中，按成果登记量排序依次是：企业336项，占41.03%；大专院校200项，占24.42%；独立科研机构188项，占22.95%；医疗机构61项，占7.45%；其他34项占4.15%。见表3-14，图3-14。

表3-14　2014-2015年全省科技成果按单位属性分布

| 年度 | 独立科研机构 | | 大专院校 | | 企业 | | 医疗机构 | | 其他 | | 成果总数 |
	成果数（项）	占比（%）	成果数	%	成果数	%	成果数	%	成果数	%	（项）
2014	142	30.94	119	25.93	125	27.23	50	10.89	23	5.01	459
2015	188	22.95	200	24.42	336	41.03	61	7.45	34	4.15	819

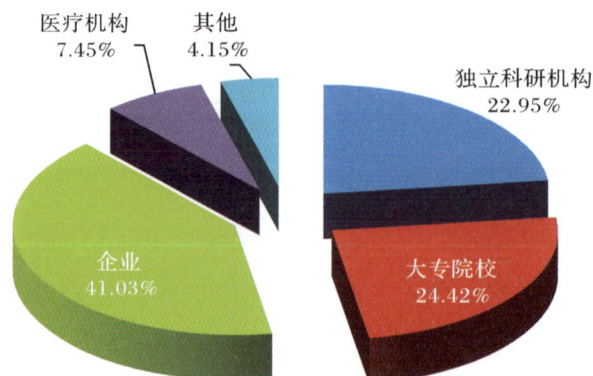

图3-14　2015年全省登记科技成果按登记单位分布

（四）成果课题来源

2015年登记的成果主要以各类计划项目为主，政府资金起主导作用，其中来源于各类科技计划项目的成果392项，占登记成果总数的47.86%；基金项目149项，占登记成果总数的18.19%；国际合作项目1项，占登记成果总数的0.12%；横向委托14项，占登记成果总数1.71%；自选项目253项，占登记成果总数的30.89%；其他项目10项，占登记成果总数的1.22%。见图3-15。

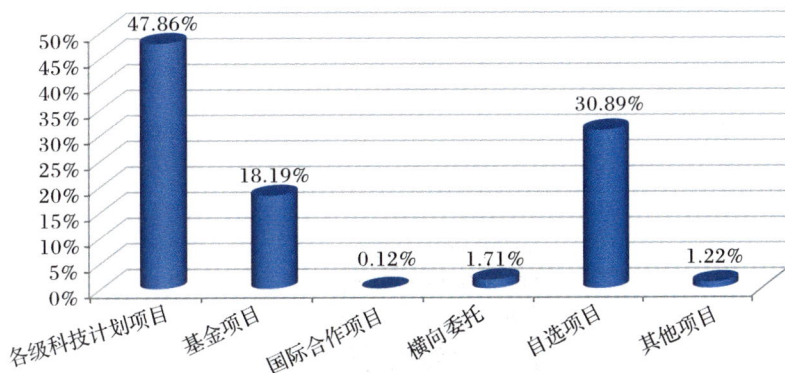

图3-15　2015年全省登记科技成果来源分布

（五）科技成果经费投入情况

2015年登记成果的实际资金投入总额为19.53亿元，比2014年增加10.63亿元。其中，国家投入0.43亿元，占投资总额的2.19%；部门投入1.22亿元，占6.25%；地方投入1.22亿元，占6.25%；基金投入0.06亿元，占0.31%；自有资金投入15.29亿元，占78.28%；银行贷款投入0.13亿元，占0.67%；其他资金投入1.18亿元，占6.04%。

二、应用技术成果情况

（一）应用技术成果所处阶段

在655项应用技术成果中，处于成熟应用阶段的成果364项，占55.57%；处于初期阶段的成果154项，占23.51%；处于中期阶段的成果137项，占20.92%。见图3-16。

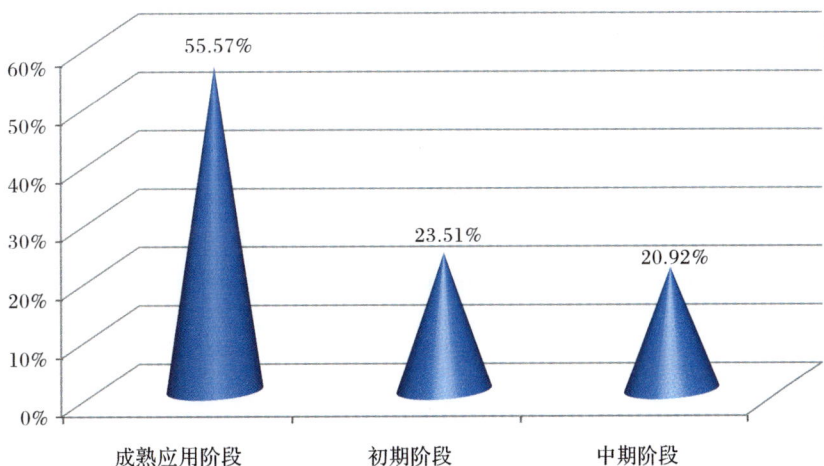

图3-16　2015年应用技术成果所处阶段比例分布

（二）应用技术成果所属高新技术领域

在655项应用技术成果中，有540项属于高新技术领域，占应用技术成果总数的82.44%。在540项高新技术领域中，现代农业领域的科技成果最多，达207项，占高新技术领域的38.33%；其次是生物、医药和医疗器械领域的科技成果，有82项，占15.19%；环境保护领域45项，占8.33%；电子信息领域64项，占11.85%；先进制造领域55项，占10.19%；新材料领域42项，占7.78%；新能源与节能领域32项，占5.93%；地球、空间与海洋领域8项，占1.48%；现代交通领域、航空航天领域、核应用技术共计5项高新技术成果。另有115项成果属于非高新技术领域。见图3-17。

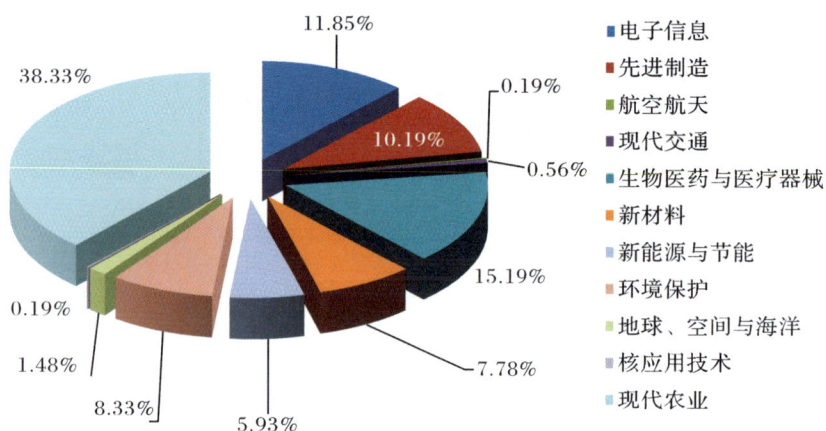

图3-17　2015年全省高新技术领域应用技术成果分布情况

（三）应用技术成果的应用情况

在655项应用技术成果中，有产业化应用的项目255项，占应用技术成果总数的38.93%；小批量或小范围应用项目233项，占35.57%；试用项目93项，占14.20%；应用后停用项目1项，占0.15%。未应用成果数73项，占11.15%。通过对73项未应用成果原因调查表明：由于资金问题造成未应用的成果27项，由于技术问题造成未应用的成果27项，由于市场问题造成未应用的成果8项，由于管理问题造成未应用的成果7项，政策因素造成未应用的成果5项。

（四）应用技术成果经济效益情况

在655项应用技术成果中，有183项科技成果自我转化效益，其中独立科研机构自我转化效益成果16项，大专院校自我转化效益成果11项，企业自我转化效益成果144项（其中：科研机构转制企业2项），医疗机构1项，其他11项，共创总收入542.13亿元，净利润418.42亿元，实交税金15.04亿元，出口创汇0.38亿元，节约资金15.92亿元，合作转化收入60.30亿元。

第四章 科技工作进展

第一节 兰白科技创新改革试验区建设

一、建设历程

2013年，习近平总书记视察甘肃时要求"着力推动科技进步和创新，增强经济整体素质和竞争力"，李克强总理在促进西部发展和扶贫工作座谈会上强调"要对西部地区实行差别化的经济政策，西部地区可以建立若干科技创新的试验区"。按照习近平总书记和李克强总理对甘肃省发展的重要指示精神，省委省政府贯彻落实"四个全面"战略布局和"五大"发展理念，抢抓"一带一路"和创新驱动发展战略机遇，立足区位优势，深化体制机制改革，积极探索欠发达地区实施创新驱动发展新路子，决定在兰白地区谋划建设西部地区有影响力的区域科技创新中心。期间，王三运书记与科技部主要领导进行过多次沟通，省政府专题研究兰白试验区建设事宜并列入《政府工作报告》重点推进。郝远副省长强力推动兰白试验区申报工作，多次率队到省内外实地调研、听取进展专题汇报，并向科技部积极汇报衔接相关工作。科技部万钢部长、王志刚书记分别听取汇报并做出重要批示，部署支持建设兰白试验区的具体事宜并积极协调与上海张江的合作。王志刚书记2014年9月、2015年7月两次率队来甘肃省专题调研兰白试验区建设工作，将其列入部省工作会商的核心议题，并召开科技部、上海市和甘肃省共建兰白试验区三方座谈会。2014年11月24日，科技部正式批复同意支持兰白试验区建设试点，兰白试验区从谋划到批复，实现了当年启动、当年获批。以此为标志，兰白试验区作为国家在西部设立的第一个以科技创新改革为主题的试验区进入了全面建设阶段。

二、建设定位

兰白试验区依托兰州新区、兰州高新区、兰州经济区、白银高新区开展建设试点，规划面积2448.65km²，核心区规划面积817km²。实施"3510"行动，即"传统特色产业提质增效创新支撑、战略性新兴产业提速发展创新支撑、自主创新能力提升"三大计划，"创新型企业培育、创新人才聚集、创新平台建设、创新生态优化、兰白一体化和产城一体化"五大工程，探索"市场与政府作用机制、科技与经济深度融合、人才激励机制、开放合作模式、科教体制机制、评估评价制度、财税制度、科技服务机构、企业发展机制、新型城镇化制度"十大创新改革，到2020年，初步建成创新要素集聚、创新能力领先、创新体制机制健全、创新环境良好、全方位开放合作的试验区，为西部地区深化科技体制改革和现代市场体系建设提供可复制、可推广的示范样板，基本实现从要素、投资驱动向创新驱动经济社会发展的战略转变。通过一个周期建设，兰白试验区预计新增地区生产总值超过800亿元，高技术产业增加值占工业增加值的比重达到39%，兰白两市科技进步对经济增长贡献率达到60%以上、城镇化率达到80%以上，将成为西北地区全面深化改革试验区、创新驱动发展引领区、向西开放战略支撑区、东西协调发展示范区、新型城镇建设样板区、产业承接转移先行区。

三、建设成效

创新体系逐步完善。在兰白试验区内建成上海张江技术转移中心、北京大学技术转移中心等9家技术转移机构，促进了科技成果转移转化。建设兰州科技大市场和科聚网，打造了西部一流的科技创新综合服务平台。组建以兰白试验区联合创新研究院、白银新材料研究院和凹凸棒产业技术联盟为代表的一大批创新联合体，新建102个重点（工程）实验室、工程技术（研究）中心、企业技术中心等各类创新平台，吸引180个科技创新团队和研发机构进入试验区，创新平台更加健全。

优势产业加速聚集。积极推动传统产业改造升级、新兴产业培育发展和现代服务业发展壮大，打造形成石油化工、有色冶金、装备制造、新材料、新能源、生物医药、航空航天、轻纺食品、建材陶瓷、特色农产品加工等160个产业链和优势特色产业集群。围绕创新链部署资金链，试验区内高新技术企业达到185家，占全省总数的57.8%；新增众创空间39家，新增孵化器面积 $5.2×10^5$ m²，在孵企业达到2886家。新增科技型小微企业1076家，专业园区达到25个，2个世界500强企业中国电建集团和富士康西北总部已入驻兰州高新区。投资约1000亿元、年产值约1500亿元的中韩产业园在兰州新区开工建设。

科技金融创新发展。设立20亿元兰白试验区技术创新驱动基金，基金实行公司化运作。建立科技贷款风险补偿资金（风险池），引导社会资本和金融资本支持科技型中小微企业创新创业发展，已累计帮助301家科技型中小企业获得贷款融资16.2亿元。同时设立子基金吸纳社会资金助推投资，首批发起设立总规模16亿的4家子基金，吸引社会资金11.7亿元，目前已与9家科技型企业签订了投资协议；加强对科技企业孵化器扶持力度，已对13家孵化器发放后补助1200万元；3亿元的"张江基金"管理公司已开始组建，正在同步筛选项目，年内注册完成并开始投资。第二批总规模为31亿元的5支子基金也将于近期提交风控委员会审定。兰州高新区与上海久有股权投资基金管理公司共同设立10.1亿元创新发展（风险）投资基金，已筛选4个产业项目确定投资。建立企业专利权质押融资信息库，通过兰州银行、交通银行、甘肃银行等商业银行组建科技支行，各银行累计发放专利权质押贷款19.6亿元，拓宽了科技型企业融资渠道。

创新成效初步显现。截至目前，兰白地区万人口 R&D 人员达到27.41人，万人发明专利拥有量达到4.81件，技术合同成交额达到42.91亿元，R&D 投入占 GDP 的比重达到1.72%，科技进步贡献率达到54.5%，知识产权拥有量进一步提升，科技成果交易产出显著提高。在科技部的大力支持下，兰州高新区、白银高新区入选国家首批25家科技服务业试点区域，兰州新区列入国家可持续发展实验区，兰州高新区小微企业创业示范基地、兰州创意文化产业园和白银科技企业孵化器孵化基地被认定为首批国家小微企业创业创新示范基地，白银农业科技园被认定为国家级农业科技园区。白银入选国家循环经济示范城市。兰州创意文化产业园有限公司、兰州新区科技创新发展管理有限公司被认定为国家科技企业孵化器。

四、主要做法

（一）强化组织领导，构建双组长制组织模式

兰白试验区领导小组第五次会议决定省委书记和省长为兰白试验区工作推进领导小组组长，进一步

强化了组织领导。截至目前，先后召开7次领导小组会议，统筹部署试验区建设。在省科技厅加挂甘肃省创新办公室牌子，成立政策财经工作组、产业工作组、科技工作组、人才工作组4个工作组，分别由省财政厅、省发展改革委、省科技厅、省人社厅牵头任组长，突出部门联动，加强决策参考。兰州、白银两市和兰州新区分别建立了以党政主要领导为组长的组织领导机制，省直各成员单位分别确定了分管领导、责任处室和联络员，初步形成了上下联动、统一推进的工作局面。

（二）强化顶层设计，建立完善的政策体系

科技部、甘肃省和张江高新区管委会联合制定《兰白科技创新改革试验区发展规划（2015~2020年）》，并于2016年4月28日由省政府正式发布实施。《兰白科技创新改革试验区条例（草案）》经再次修改完善后已列入省人大二次审议议程，为试验区建设提供法律保障又迈进坚实的一步。制定了《兰白科技创新改革试验区统计报表制度》和《兰白科技创新改革试验区评价指标体系》，待提请领导小组会议审议后将启动试验区统计和评价工作。出台了《关于新形势下加快知识产权强省建设的实施方案》，制定了《专利执法护航专项行动方案》，向国家知识产权局申报并成功启动"兰白科技创新改革试验区专利导航服务工程"等两个专利战略项目，加强了知识产权保护力度。

（三）狠抓"六个一百"工程，夯实试验区建设基础

紧紧围绕落实《兰白科技创新改革试验区发展规划（2015~2020年）》，制定了2016年以"六个一百"工程为主体的建设任务，即开发100个以上新产品、转化100项以上重大成果、培育100家以上高新技术企业、建设100个以上创新平台、培育和引进100个以上创新团队、科技创新投入达到100亿元以上。为高效推进"六个一百"工程，4月份省创新办组织两市创新办召开了宣讲座谈会，制定了《兰白科技创新改革试验区"六个一百"工程实施方案》，深入区县内企业进行摸底调研，进一步明确责任和建设主体。"六个一百"工程正有序推进，2016年上半年，试验区内共认定新产品14个，有待认定新产品生产或新产品开发项目46个，实现重大科技成果转化55项，注册申报高新技术企业76家，培育或引进创新团队35个，新增各类创新平台63个，各类科技投资额达到84.7亿元，基本实现了"时间过半，任务过半"的目标。近期将召开第三季度分析调度会，督促落实分解的各项任务，确保年底前"六个一百"工程全面完成。

（四）创新资金投入方式，建立以财政资金撬动社会资本的新模式

通过兰白试验区技术创新驱动基金设立的风险池，进一步拓宽科技型中小企业融资渠道。通过发起设立子基金，快速放大基金规模，吸引社会资金参与试验区建设。充分发挥市级各类创投基金对科技型中小微企业的扶持作用，与省级创新驱动基金共同形成梯度互补的支持体系。积极争取国家资金支持，2016年共争取国家开发银行、农业开发银行专项建设基金23.2亿元，重点对兰州新区科技创新城、兰州高新区创新大街等给予支持；争取科技部中央引导地方科技发展专项资金4400万元，重点支持兰白试验区示范项目11项，安排经费3200万元。

（五）落实人才激励政策，营造大众创业万众创新的浓厚氛围

发布了《兰白科技创新改革试验区人才发展支持办法（试行）》，制定了《甘肃省专利资助管理办法》，进一步激发科研人员发明创造活力。两市充分利用国家"千人计划"、甘肃省海外人才引进计划等政策，吸引海内外高层次专业技术人才到试验区工作，先后引进高层次管理人才、高层次创新人才和创新团队100多人次，邀请17名"千人计划"专家来兰对接项目。在全省首批认定众创空间61家，其中兰白试验区内39家；各类创新创业大赛相继启动，参与规模较2014年增长300%以上。

（六）扩大开放合作，探索优势互补、共同发展的新路径

兰白试验区与张江高新区建立了对口互助合作机制。张江高新区常务副主任多次带领上海市相关企业负责人来兰对接项目，兰州、白银两市主要领导分别带队前往张江国家自主创新示范区学习考察，双方互派多名干部挂职。2016年4月，省创新办组织兰白试验区代表团参加了第四届"上海国际交易博览会"，在张江国家自主创新示范区展台集中展示了兰白科技试验区建设成效，并与上海投资公司、企业进行了项目对接。7月6日，中共中央政治局委员、上海市委书记韩正，市委副书记、市长杨雄率领的上海市党政代表团来甘肃省考察，双方签订了《张江国家自主创新示范区建设领导小组、兰白科技创新改革试验区工作推进领导小组创新驱动发展战略合作协议》、《上海市张江高新技术产业开发区管委会、兰州市人民政府、白银市人民政府共建兰白科技创新改革试验区合作协议》，进一步提升了双方合作层次、丰富了合作内容。同时，努力寻求与北京大学、西安交通大学、中科院、深圳自主创新示范区、天津自主创新示范区、绵阳科技城、新加坡南洋理工大学等创新主体的合作，吸引更多创新资源助力兰白试验区建设。

第二节　科技政策环境与体制机制改革

2015年，甘肃省积极贯彻党的十八届三中、四中、五中全会和甘肃省委十二届六次、十四次全委会精神，紧紧围绕"五位一体"总体布局和"四个全面"战略布局，落实中央和省委全面深化改革的决策部署，着眼主动适应和引领经济发展新常态，聚焦推进结构性改革、推动经济持续健康发展，着力统筹推动科技领域改革，促进全省全面深化改革向纵深推进。

一、完善科技法规政策

出台《中共甘肃省委甘肃省人民政府贯彻落实<中共中央 国务院关于深化体制机制改革加快实施创新驱动发展战略若干意见>的实施意见》及两个配套文件，对甘肃省深化体制机制改革，加快实施创新驱动发展战略进行了顶层设计和系统部署。完成《甘肃省促进科技成果转化条例》立法修订工作，已由甘肃省第十二届人民代表大会常务委员会第二十二次会议于2016年4月1日修订通过，自2016年6月1日起施行。配合省政府法制办研究起草了《甘肃省兰白科技创新改革试验区条例（草案）》，并经多次调研论证

后，提交省人大常委会。出台了《甘肃省专利奖励试行办法》，进一步激发专利创造和运用。通过完善科技法规政策，营造激励创新的公平竞争环境，使创新价值得到更大体现，创新效率大幅提高，创新人才合理分享创新权益。

二、健全统筹协调的科技宏观决策机制

积极推进省级科技计划改革，形成"4+2"省级科技计划体系。制定出台《甘肃省人民政府关于印发改进加强省级财政科研项目和资金管理办法的通知》，正在研究制定省级科技计划（专项、基金等）管理改革的实施方案。制定出台《甘肃省人民政府办公厅转发省科技厅关于加快建立甘肃省科技报告制度实施意见的通知》和《甘肃省科技报告管理办法》，分阶段建立符合甘肃省科技工作实际的科技报告制度。

三、加强简政放权和依法行政

加强创新发展与改革的宏观管理，建立政策、规划、计划、监督等重点业务工作推进机制，规范行政审批，加强事前事中事后监管。完成省科技厅权力清单和责任清单的梳理、审核、上报和发布工作，完善科技创新政策法规体系，完善重大科技战略部署、重大科技任务安排、重大政策研究制定等咨询机制。完善责任清单、权利清单和便民服务事项，加强动态管理，做好网上行权工作，进一步厘清与行政权力相对应的责任事项、责任主体，推进依法履职，推动政府职能由研发管理向创新服务转变。

四、加快科技服务业发展

出台《甘肃省加快科技服务业发展实施方案》，统筹各类创新基地平台的协调集成，推动兰州新区科技创新城和兰州科技大市场建设。出台《甘肃省人民政府办公厅关于印发甘肃省发展众创空间推进大众创新创业实施方案的通知》，建立完善创新创业公共服务体系，综合运用政府购买服务、无偿资助、业务奖励等方式，支持中小企业公共服务平台和服务机构建设。充分发挥创业服务中心、生产力促进中心、知识产权服务机构等公益性服务机构的作用，聚集服务资源优势，组建科技服务业联盟，完善中小企业创新服务体系。依托省属科研院所建设产业创新创业众创空间和综合性众创空间，推进大众创新万众创业和科技服务业发展。积极争取兰州高新区、白银高新区成为科技部首批科技服务业试点区域。制定出台了《甘肃省人民政府关于重大科研基础设施和大型科研仪器向社会开放共享的实施意见》，推进资源共享，服务科技创新。

五、深化省属科研机构改革，优化科技资源配置

深化转制科研机构改革，以省农业工程技术研究院改革为突破口，加快推进省属科研机构改革工作。研究起草了《省科技厅加快推进省属科研机构改革工作方案》。加快推进省科学器材公司改制脱钩工作，已向省国资国企改革推进工作领导小组呈报了省科学器材公司脱钩改制工作方案。

六、创新科普工作机制

甘肃省在2015年全国科技活动周评选优秀活动中取得佳绩。2015年科技活动周从总体策划情况、创

新性、活动宣传方式、参与组委会重大示范活动概况等方面投票评选出了一等奖五名，甘肃省位列第二名，获得全国一等奖。7月20日~23日，科技部政策法规与监督司在兰州举办了欠发达地区推动群众性科技活动座谈会，科技部政策法规与监督司介绍了2015科技活动周与群众性科技活动开展情况，各与会代表分别汇报了2015科技活动周和开展科普工作的基本情况，并对如何推动欠发达地区群众性科技活动开展了座谈交流。

七、积极推进市州科技进步与创新

研究上报2015年全省经济社会发展主要指标科技创新两个单项考核指标及考核办法。制定了2015年科技进步和创新工作考核目标责任书。对由省科技厅组织考核的"研究与试验经费占国内生产总值比重"和"万人口发明专利拥有量"两个指标研究提出考核办法。加强对市州科技进步和创新工作的督促落实，完善基层科技进步工作的评价与监测。深入推进创新型试点城市建设，批复金昌市建设省级创新型试点城市。推动发展县市科技成果转化与创新服务平台。积极推进非公有制经济科技创新，研究制定《省科技厅贯彻落实省政府<关于进一步促进非公有制经济发展的意见>的实施意见》，报送《省科技厅领导干部联系帮扶非公企业情况汇报》，完成甘肃省非公经济发展协调推进领导小组第二督查组对市州非公经济发展督查工作。

八、积极推进科技人才队伍建设

积极推进科技特派员创新创业工作。会同定西市研究制定了《渭源县创建省级科技特派员示范县工作方案》，支持渭源县开展科技特派员创新创业改革和示范探索。实施科技特派员服务精准扶贫创新创业专项工作，安排经费500万元，在全省6220个贫困村，先期安排特派员覆盖2110个村，开展科技扶贫工作。配合科技部农村中心调研甘肃省科技特派员工作和数据统计核查，召开科技特派员工作座谈会，启动了2015年科技特派员基层创新创业培训。举办"兰白科技创新改革试验区创新能力建设专题培训班"。圆满完成2015年国家创新人才推进计划甘肃省遴选工作，2014年推荐的创新4名人才入选2015年国家人才推进计划。

第三节　农业领域科技工作进展

2015年，农业领域科技工作围绕全省农村工作和"一带一路"建设的总体部署，紧密结合"3341"项目工程、"365"现代农业重点方向和"1236"扶贫攻坚行动，深入实施创新驱动发展战略，以科技创新为支撑，着力推动农业现代化。

一、认真组织"十三五"农业领域科技规划编写工作

按照《甘肃省"十三五"科学和技术发展规划编制方案》的总体部署和要求，组织专家编制了"十

三五"农业领域科技发展规划，设置了"甘肃省主要农作物种质资源创新与产业化科技问题研究"、"甘肃省科技扶贫关键问题研究"、"甘肃省现代农业生产体系关键科技问题研究"及"新丝绸之路经济带民族地区畜产品安全生产与品牌创新模式研究"4个专题，已按要求完成修改完善工作。

二、加强农业科技园区建设，推进创新创业

为加快创新型甘肃建设，推进农村科技创新创业，进一步发挥农业科技园区在发展现代农业方面的示范带动和创新平台作用，组织推荐酒泉、张掖申报的国家农业科技园区被科技部认定为第六批国家农业科技园区，已按要求完成总体规划修编和园区建设实施方案编写工作，并报科技部和园区联盟管理处备案。围绕甘肃省特色产业和丝绸之路经济带建设及丝绸之路科技创新品牌行动等重大部署，组织申报2015年度省级农业科技园区18个，经专家评议、现场考察及园区领导小组审核，批复建立省级农业科技园区16家。同时为壮大甘肃省农业园区创新平台，积极推荐白银、临夏、甘南三个园区申报第七批国家农业科技园区，现已完成国家农业科技园区联盟现场考察。

三、加强企业主体育种创新体系建设，推进现代种业发展

围绕《甘肃省现代种业科技发展规划（2014~2020年）》支持重点，组建了甘肃省玉米产业技术创新战略联盟，由甘肃省敦煌种业股份有限公司牵头发起，联合中国农业大学、中国农科院及省内10家企业、4所高校及科研院所共同组建，各成员单位将发挥各自优势，针对甘肃省玉米产业发展中存在的关键技术问题，开展联合攻关，为合力推动甘肃及国家的种业科技发展提供技术支撑。组织省级科技重大专项"饲用甜高粱种质创新及饲用技术研究与示范"项目，支持科技经费600万元，针对饲用甜高粱种质资源匮乏、良种依赖进口、种植饲用技术及相应机械研究推广不足等突出问题，立足重粒子辐射与土地资源优势，开展高粱种质资源鉴定、新品种选育、良种扩繁、高产栽培、高效调制与饲喂等全产业链产业化技术的研究与集成，形成不同生态区优势品种生产饲用综合配套技术体系，建立甘肃省甜高粱产业科技创新战略联盟，为饲用高粱产业发展提供科技支撑。

四、推进科技精准扶贫和双联工作

一是推进2015年度"三区"科技人才工作。2015年甘肃省共选派科技人员1080人，培训本土科技人才138人，中央财政支持经费总额2453.4万元。推荐秦巴山片区科技特派员农村科技创业骨干培训班培训人员18名，向科技部推荐创业导师9名。目前，已完成培训方案编制和选派培训人员报备、三方协议签署工作，选派人员已前往贫困地区开展科技服务。举办甘肃农业大学培训班、天水农业科技园区培训班、省科技培训中心培训班等8期短期培训班和甘肃省农业科学院一年期长期培训班一期，开展科技扶贫专题辅导1次，共计培训574人次。制定了《甘肃省"三区"科技人员专项计划综合信息服务平台试运行方案》，以定西市科技局和甘肃农业大学为试点开展试运行。启动了2016年度"三区"人才支持计划科技人员专项计划组织工作，并向科技部报送2016年甘肃需求计划，2016年拟选派科技人员1950名，培训本土科技人才138名，申报选派、培训经费4096.2万元。

二是起草关于开展精准扶贫工作的意见。认真落实全省"1236"扶贫攻坚及省委省政府关于精准扶贫工作的各项任务，结合当前工作实际，参与各部门关于开展精准扶贫、支持老区脱贫致富中如何

发挥科技支持扶贫工作的内容进行修改完善，采取问卷调查形式摸清了农村科技培训需求，研究制定《甘肃省扶贫开发办公室甘肃省科技厅关于开展科技精准扶贫工作的实施方案》，进一步明确目标，分解任务细化任务，强化措施，确保精准扶贫各项任务落实，并按要求部署2016年科技精准扶贫相关工作。

三是组织科技扶贫双联项目。围绕秦巴山片区科技扶贫工作，组织申报国家星火计划科技扶贫项目"秦巴山区核桃产业发展关键技术集成与示范推广"，支持经费50万元。通过对核桃产业品种选育、栽培技术集成、新产品开发等关键技术研究与示范，构建支撑其产业发展的科技创新体系，促进产业升级和发展，为秦巴山区核桃产业健康发展和整体竞争力提升提供强有力的科技支撑。根据古浪双联点和正宁双联点的实际情况分别组织"热电气联供系统在古浪县农牧生产中的示范应用"、"苹果冷冻膨化技术示范推广"项目，支持经费130万元，通过项目带动当地优势产业发展，促进农户增收致富。

五、积极组织重大科技项目，推动区域产业创新发展

围绕省委省政府重点工作，结合"3341"项目工程、"1236"扶贫攻坚行动、区域特色优势产业发展，重点支持种业及高效栽培、现代农业装备、健康养殖及加工、循环农业等领域。

一是组织"十三五"重点研发计划。根据《科技部关于开展"十三五"国家重点研发计划优先启动重点研发任务建议征集工作的通知》要求，组织推荐"旱作区三大粮食作物丰产增效产业链关键技术研究与应用""生态草食畜牧业提质增效重大技术研究与示范""甘肃特色优势农作物生产全程机械化装备研发与示范""干旱半干旱区水资源保护利用过程解析与精准农业耦合调控技术研究与示范""北方旱区农田土壤质量提升关键技术研发与示范推广""甘肃特色农产品加工贮运与废弃物资源化利用关键技术研究示范"等6项。

二是组织国家科技支撑计划。组织推荐的"新型动物药剂创制与产业化关键技术研究"项目已完成可行性论证、课题评审、课题预算评审等工作，国家科技支撑计划专项经费2088万元。"黄土丘陵沟壑区（甘肃）增粮增效技术研究与示范"课题已参加"西北黄土高原旱区增粮增效科技工程"项目课题实施方案汇报会，国家科技支撑计划专项经费837万元。组织推荐的"口蹄疫等重要家畜疫病防控净化技术集成研究与示范"，获得国家科技支撑计划专项经费705万元。组织推荐的"民族特色农产品多语言网络交易展示平台关键技术集成与应用示范"项目，争取国家科技支撑计划经费支持600万元。

三是组织国家星火计划。根据科技部《关于组织申报2015年度国家星火计划、火炬计划项目的通知》和《2015年度国家星火计划项目申报要求》，甘肃省组织推荐"敦玉系列玉米新品种制种及高效生产关键技术示范应用"等重点项目11项，"玉米果穗干燥自动控制与信息化管理系统产业化示范"等面上引导项目18项，申报国家星火计划项目。其中，获得科技部立项支持8项，经费520万元。

四是组织省级重大科技专项。围绕现代种业、节水灌溉、农产品加工及物联网和美丽乡村建设组织推荐农业领域科技重大专项11项，立项支持粮食丰产、节水灌溉、加工及装备、果蔬花卉、绿色民居等领域重大项目10项，科技经费4800万元。

五是组织省级科技支撑计划。2015年农业领域科技支撑计划围绕科技扶贫和富民产业培育、农业科

技园区建设、"六个一百"企业技术创新与专业合作社培育、生物技术与节能环保等方向重点组织农业科技创新与集成示范、农村适用技术应用推广、农业科技成果转化项目29项，经费500万元，重点支持农业科技园区、农村科技创业链建设，推动中小微企业技术创新发展，突出产业引导，强化企业与科研院所、新型农民合作组织的对接，强化项目对县域经济发展的提升和对农民收入的增加，推进创新驱动发展和农业现代化。

第四节　社会发展领域科技工作进展

2015年，社会发展科技工作紧扣经济社会发展的中心任务，主动融入"一带一路"建设，落实创新驱动发展战略，深化科技体制改革，保障和促进民生改善，提升甘肃省经济社会的全面可持续发展能力，共同推进甘肃省社会发展科技工作更加和谐、有效发展。

一、谋划生态环境保护与资源综合利用技术创新，为生态屏障建设与低碳经济发展提供支撑

围绕科技扶贫、生态环境治理、资源可持续利用及环境安全等重大需求，加大生态屏障保护技术创新投入，研发了一批关键性技术突破和应用示范，为增强可持续发展能力，改善民生福祉和保障安全提供支撑。组织开展基于土地利用变化的民勤荒漠植被退化过程、河西走廊荒漠化防治和水资源高效利用研究等生态修复、退化草地修复、生态城市建设、资源循环利用、水及大气污染治理等领域技术创新，重点实施祁连山生态保护、石羊河、党河等流域生态治理、兰州白银等重点城市大气及水污染治理等科技项目，支持临夏州、陇南市康县、庆阳市环县、武威市民勤县（即"一州三县"）国家生态保护与建设示范区建设，促使区域环境质量持续改善，提高了地区的生态承载力，初步建立起集科学技术研发与示范推广、生态产业、信息服务于一体的生态创新综合研究服务体系，增强甘肃省经济社会生态环境的持续发展能力，发挥科技创新支撑引领生态安全屏障建设的作用。

（一）生态环境技术创新与治理模式有突破

立足甘肃省生态科技需求，争取国家对甘肃省生态建设提供支撑支持，实施国家科技支撑计划项目"黄土丘陵区退化生态修复技术研究与示范"等3个课题，支持经费约3000多万元。已在甘肃省实施的"祁连山地区生态治理技术研究及示范"4个生态环境领域国家科技计划项目（课题）成果显现，开展的白龙江流域强重力侵蚀区生态修复、祁连山水源涵养林植被结构优化与生态保育等项目已取得阶段性成果，集成生态环境治理、水资源高效利用、生态农业等关键技术，形成的党河风沙防治与生态产业相结合模式，建立了集古文化遗迹保护-洪水资源利用-生态农业的生态治理与产业体系，建设6个生态修复与灾害防治等技术研究和综合示范区（点），提高生态综合治理效益，达到了惠民效果。

（二）开展大气及环境等污染治理技术研究

研发城市大气污染治理技术，实施民生科技计划项目"兰州-白银城市群大气污染成因、预警技术及治理措施评估与对策研究"，研究建立兰白城市群大气污染物排放清单、浓度及气象数据库，研发兰白城市群高分辨率（3km）实时空气质量和重污染联合预报预警业务化系统及重污染大气污染源管控和减排决策支撑系统，在兰州等市州的环保部门示范推广。开展环境等污染治理技术研发，组织实施重大专项"废锂离子电池中钴锂等金属循环再利用体系中关键技术及工程化研究"，主要研发废旧锂离子电池有价金属回收工艺，完善镍钴等有价回收金属再造先进电池材料的工艺，实现全流程主要金属回收率即钴>90%、锂>80%，建成10t/a中试示范线，对资源循环再利用关键技术进行突破，以将废锂离子电池集中进行经济环保处理，实现废锂离子电池资源化，降低原料成本，减轻环境污染，促进社会可持续发展，提升我国有色产业竞争力。

（三）积极推动甘肃省水污染防治行动工作

深入贯彻落实国务院《水污染防治行动计划》，按照《甘肃省水污染防治行动工作实施方案》要求，结合甘肃省水污染的科技需求实际，制定了《甘肃省水污染防治实施方案——科技支撑方案》。同时，加大了科技对水污染的防治力度，强化对水污染及水生态的科技创新，梳理了甘肃省涉及水污染治理、水环境保护和水资源管理的科技计划项目40余项及有关技术目录。2015年，组织实施了甘肃中西部地区人工湿地污水处理适宜植物选择、地方饮用水除氟安全保障技术等研究示范，研究建立中部干旱山区村集雨饮用水安全保障工程，积极推动甘肃省经济社会和环境保护协调发展。

二、实施人口健康及医药创制创新，积极促进陇药产业发展

2015年，以重大疾病防治及控制技术、中药材产业发展需求为导向，加大对甘肃省重大多发病、传染病、地方病预防控制的创新力度，实施人口健康及中医药创新技术研发的社会发展类科技计划项目21个，投入经费1260万元。

1. 强化人口健康科技创新

组织开展了超声引导下置管引流术治疗急性胆源性胰腺炎的临床研究、健康体检与健康管理在心脑血管病防治中的作用等临床新技术研发，为人口健康及科学诊疗提供依据，对重大多发病、传染病、地方病预防控制提供关键共性技术，为人民群众的健康保驾护航。

2. 组织实施生物医药创新研发

组织重大专项项目"仿campath生物相似药的研究开发"，通过研究获得工程细胞株并进行三级种子库的构建和鉴定，建立工程细胞株规模化培养生产目标抗体的工艺。该抗体为人源化单克隆抗体药物，目前Campath被美国和欧盟药监部门批准用于淋巴细胞白血病的治疗，用于多发性硬化症的治疗。同时，该药将是甘肃省第一个可实现产业化的治疗性单克隆抗体药物，通过该项目实施研究建立治疗性单抗药

物研发技术体系，形成单克隆抗体药物的研发及中试平台，为后续治疗性抗体的开发奠定一定基础，将有非常广阔的临床应用和市场价值。

3. 开展创新中医药技术研发

密切结合临床用药需求，对甘肃省20世纪70年代研制的治疗乳腺疾病的有效方剂，组织实施重大专项"疏乳消块胶囊的开发"，按照国家《药品注册管理办法》及相关技术指南要求，开展疏乳消块胶囊新药注册临床前系列科学研究工作。研究完成疏乳消块胶囊的提取工艺、制剂成型工艺并确定其生产工艺，开展疏乳消块胶囊质量标准研究，建立药品国家标准草案，完成其稳定性研究、疏乳消块胶囊药理学、毒理学研究、疏乳消块胶囊新药临床批件申请的技术资料整理，探索建立院企联合新药开发与成果转化模式及建立产业推广示范合作新体系。

4. 推动陇药产业发展技术研发

开展的板蓝根无公害种苗繁育标准化栽培技术集成应用与产业化、纹党参鲜药材产地加工炮制一体化等关键技术研究，示范推广黄芪、甘草、黄芩等中药材种植技术集成创新及惠民推广示范，推广整套无公害栽培技术，制定在甘肃省干旱山区金银花等道地药材的栽培技术标准5项，提升陇药品质及产业的竞争力，为推动陇药产业提供技术支撑，有效带动地方产业结构调整和经济转型发展。

三、强化惠民技术成果的示范推广，引导地方民生科技产业发展

围绕民众关注的生态环境、人口健康、公共安全、社会管理等领域，依靠科技进步与机制创新，加快社会发展领域科学技术成果的转化应用，通过示范应用一批综合集成技术，推动一批先进适用技术成果的推广普及，提升科技促进社会管理创新和服务基层社会建设的能力，让科技成果惠及人民群众，引导地方民生科技的产业发展。2015年共实施民生科技计划项目28项，投入专项经费2000万元，带动社会资金4132万元。

（一）支持地方富民产业技术示范推广

实施了武山县蔬菜富民技术示范及产业化、庄浪县北部万亩苹果园标准化管理示范与推广、东乡县畜牧业科技惠民示范工程、礼县苹果提质增效示范区建设、康县多元产业培育及新农村建设示范等项目，示范推广高山无公害蔬菜种植技术、旱作节水培肥技术、动物疫病预防控制及科学化养殖技术9套，科学引导及推动地方特色种植和养殖产业的规模发展。

（二）推广美丽城镇（乡村）生态环境治理技术

实施了榆中北山荒漠化治理与林禽共育循环模式示范推广、废旧汽车家电拆解等再生资源循环利用技术示范应用、临洮县高效节能环保架空炕技术示范推广、畜禽集中养殖区废弃物无害化处理与资源化综合利用、城市群大气污染成因及预警和治理措施研究，为建设美好甘肃，着力改善农村人居环境，为加快建设生态美丽乡村提供环保及节能减排的技术保障。

（三）在新型城镇化建设中推广饮水安全技术

随着新型城镇化建设中安全饮水的需求，实施了新农村建设中三位一体的饮水污水与垃圾处理与工程示范、中部干旱山区村集雨饮用水安全保障工程、环县窖水除氟安全保障技术示范推广等民生科技计划项目，在定西、庆阳等地推广应用方便、安全耐用的水质净化装置100套，使用新型无机高分子净水剂及家庭使用的定型净水剂产品，解决安定区鲁家沟镇常住农户100户（400多人）的饮水安全保障及环县北部缺水贫困乡镇以集雨为唯一饮用水水源地区的群众集雨饮用水质存在的不安全问题，使这些地区的广大贫困群众能够享受到国家科技惠民行动所带来的生活水平和质量的提高。同时，结合项目实施中的成功经验和做法，验证优化净水工艺流程，改进产品性能，逐步向甘肃省干旱、半干旱地区的农村推广应用。

（四）示范推广道地中药材种植惠民技术

实施了庆城县黄芪、甘草、黄芩种植技术集成创新及惠民推广示范、天祝藏药规范化种植技术示范、定西干旱山区金银花种植科技惠民示范、甘南州特色藏中药材种植技术示范与推广，推广示范先进种子种苗繁育技术、标准化种植关键技术、中药材保质储藏技术、黄芪等药材病虫害综合防治技术深根茎类中药材挖掘技术等10套，推广使用中药材太阳能干燥装置，并根据实地情况对各类技术、进行集成创新，以实现先进技术与当地种植特性的融合一体化，切实提高实施区中药材的产量和品质，有效地调整地区产业结构，大幅度增加农民的收入，促进甘肃省陇药产业基地发展，带动县域农业主导产业发展。

（五）示范推广防灾减灾及食品安全保障技术

实施了两当县红色革命文化园区太阳寺居民地震安全技术与示范项目、天水南部山区地质灾害监测预警、生态-经济发展研究与集成示范等惠民技术，为群众生命及财产安全提供保障。开展的苹果冷冻膨化技术示范推广、高扬程灌区甘草副产品养殖肉羊技术研究示范、麦积区规模化生态放养土鸡生产HACCP（食品质量管理体系）的建立与示范等民生项目，支持建立食品安全质量追溯体系，生产出绿色环保无污染的食品，满足消费者对高质量果品及鸡、羊肉等绿色有机食品的需求。

四、推动防灾减灾等公共安全领域创新，为社会事业科学安全发展提供保障

近年来，甘肃省地震等地质及自然灾害综合风险形势较为严重，为充分发挥科技发展对防灾减灾具有重要的支撑和引领作用，实施了国家及省级各类科技计划项目，加大甘肃省地震等各类灾害应急风险评估与应急对策研究，强化防灾减灾科技创新及平台建设，不断提高科学应对和有效防范各类灾害的能力，持续加大甘肃省防灾减灾科技创新及减灾科技成果推广应用的力度。

（一）研发防灾减灾新技术（产品）及装备

立足甘肃省防灾减灾迫切的科技需求，积极支持防灾（震）减灾新技术新产品的研究开发及推广应用。发挥企业的创新主体作用，以政产学研用相结合方式，组织开展数据恢复在社会公共安全领域的应用与研究、甘肃南部山区地质灾害监测预警技术集成示范、白龙江干流滑坡泥石流堵江风险评价与处置

技术等研究，形成地质灾害监测预警技术体系，建立先进适宜的白龙江干流滑坡、泥石流堵江风险性评价方法及灾害处置技术；成功研制出具有超强水处理净化能力的可移动式灾疫区应急用水处理装备，用于突发性水质污染事故中的应急用水处理，具有较好的社会经济效益；研发出大规模突发事件下应急交通资源调度模型优化及应急决策支持系统，并将取得的防灾减灾新产品及装置技术成果示范运用于甘肃省地震等灾害多发区的抗震救灾及重建工作，且已成效显现。

（二）开展地震等灾害应急风险评估与应急对策研究

以中国地震局兰州地震研究所为牵头单位，协调有关职能部门，组织对"甘肃省地震重点危险区地震灾害应急风险评估与应急对策研究"，开展了甘肃省部分地震构造背景及重震区的地震灾害开展风险评估及确定可能发震的地震震级及构造，可指导未来应急救援发展的主要方向，加强了各行业间联动，有效配置资源，为政府应急救援及灾后重建等工作提供基础资料，对减轻地震等灾害损失、避免灾后重建投入的盲目性、提高投资实效有重要的经济社会意义，为科学防灾减灾提供重要的技术与决策咨询参考。

（三）推广示范国家科技项目防灾减灾科技成果

结合在甘肃省实施的地震扰动区重大滑坡泥石流等地质灾害防范与生态修复、民勤风沙灾害与沙化治理技术研究及示范等国家科技项目，在石羊河、党河、白龙江等流域推广示范防风沙灾害、滑坡泥石流监测预警、季节性洪水资源利用技术成效显著。其中在甘肃省"两江　水"地区示范推广的白龙江流域滑坡泥石流灾害风险评估、监测预警、灾害防治与生态修复等技术模式，建立灾害治理工程，为甘肃省地震及滑坡泥石流等灾害的防灾减灾提供有力的技术支撑。在项目实施中，注重与地方政府部门合作，为陇南等地建立防灾减灾综合预警信息系统及平台提供了技术保障，受到地方政府有关部门的好评。

（四）惠民技术促进自然及地质灾害区生态环境治理

配合地方开展防治风沙、低温、干旱等灾害为主的生态环境治理工程，推广生态环境治理的技术及模式，实施了"景电灌区绿洲边缘区沙化贫瘠地改良技术集成示范"等民生项目，示范推广了石羊河流域风沙治理技术及模式，建立防沙围栏封育立体生态屏障 66.67 hm²，沙化贫瘠地开沟营造生态防护林改良技术示范 100 hm²，为有效开展泛兰白城市周边的风沙灾害治理提供技术工程示范。针对危害酿酒葡萄的低温灾害，引进灾害监测新技术，实现低温灾害的自动化、强时效和高精度监测，在武威等地 建立酿酒葡萄灾害监测技术支撑体系，示范推广园艺、工程、物理与化学相结合的防灾减灾新技术，实现酿酒葡萄重大低温灾害防、抗、避、减等技术和措施的一体化，基本建立甘肃省酿酒葡萄地区防灾减灾技术体系。研究提出了城乡抗震设防标准、基于滑坡治理箱型预应力抗滑桩技术的防震减灾产品及装置，其技术成果示范运用于陇南白龙江等地震多发区的防灾减灾，在灾后重建工作中取得良好成效。

五、强化文化技术的传承与创意创新，引领"一带一路"文化产业发展

落实国家出台的文化发展及改革政策，紧扣省委总体部署，认识文化产业在甘肃省经济社会转型发展中的重要地位，实施创新发展驱动战略，积极参与、主动作为，开展文化技术研发，提升自主创新能力，在科技创新领域较好地落实了党的十八大以来的文化经济政策，以文化创新创意促进科技文化融合发展，为文化产业发展提供有力的科技支撑。

（一）积极推动华夏文明传承创新区建设

积极配合省委文化体制改革工作，提升公共文化的科技服务能力。积极联系科技部，协调科技部主办"丝绸之路（敦煌）国际文化博览会——文化科技成果交易会"，推动敦煌国际文化旅游名城建设。组织实施敦煌艺术的动画影片与文化创意衍生品、临夏伊斯兰传统建筑经典砖雕数字化保护技术研发示范，研究建立移动多媒体广播电视（CMMB）公共信息服务平台，形成丝绸之路土遗址等文物及文化传承保护技术体系。推动甘肃文化旅游资源、民族艺术、彩陶文化创意产业等物质与非物质文化遗产传承保护和数字化开发利用，有效促进甘肃华夏文明传承创新区科技文化的融合建设。

（二）引导创新文化产业发展

开展丝绸之路中华文明溯源及遗产保护技术研究示范，推动数字甘肃文化产业平台数据库开发应用，实施丝绸之路非物质文化遗产刻字艺术传承与创意产业的研发示范，通过应用非遗刻字艺术的传承艺术和现代先进刻字技术结合，建成刻字艺术创意产业的研发示范基地。以科技项目引导敦煌智慧城市创建中大数据文化旅游的智慧商业运营示范区，通过数字演变重建与增强现实匹配成像等技术，运用图文音像交互等展示方法，挖掘文化旅游资源主题，将历史文化、科技旅游与商业融为一体，创新文化产业新模式，面向文化市场，向省内及入省游客提供大数据的旅游项目及服务。

（三）优先启动推进国家文化科研项目

科技部对符合"十三五"布局的文化科技创新项目进行优先启动准备工作，敦煌研究院与中科院联合申报的国家重点研发计划"一带一路"文化遗产保护与传承科技专项项目已经通过了科技部的实地考察和项目建议论证。

六、项目推动，促进循环经济及可持续发展实验区建设

大力推进循环经济及可持续发展实验区的建设，以建设资源节约型和环境友好型社会为主线，以提高人民群众生活质量为出发点，规划先导、项目推动，进一步优化循环可持续发展的空间和功能布局，开展循环、可持续发展科技示范，不断提升甘肃省经济社会的持续发展能力。

（一）落实循环经济示范区建设任务

积极落实循环经济领导小组扩大会议精神，围绕循环经济示范区建设任务，研究制定工作方案，推动实施创新驱动战略，全面推进循环经济科技创新工作。为确保完成《推进甘肃省国家循环经济示范区

建设目标任务责任书（2015年度）》的要求，制定了《省科技厅落实国家循环经济示范区建设目标责任书实施方案》，梳理工作薄弱环节，聚焦《总体规划》确定的建设目标，突出发展循环经济技术重点，集中科研力量进行攻关，支持实施"457"循环经济推进行动，为甘肃省的国家级循环经济示范区建设提供科技支撑。把循环经济工作与落实"四个全面"、实施"3341"项目工程、促进兰白科技创新改革试验区建设等重点工作相结合，突出循环经济主题，整合技术、资金、人才等科技资源，切实采取措施，强化科技创新。一是落实重点指标，积极开展循环经济技术研发体系建设，加大支持和整合科技资源工作力度，改革研发平台、创新团队、研发设施的运行机制，引导社会力量向循环经济技术研发倾斜。二是落实重点任务，按照建设规划和重点任务确定的指标，积极支持科研院所、高校、企业开展科技创新，提升科技园区能力、支持传统产业升级、培育自主创新能力，支持循环经济"五大载体"，着力构建贯穿各个环节的循环经济承载和支撑体系。三是落实重点领域技术研发，积极组织实施一批循环经济科技创新项目，支持循环型农业、工业、服务业和社会建设，加快形成"四位一体"的资源循环利用体系，充分发挥了科学技术的支撑引领作用，因成效显著，在中期评估中受到省委表彰。

（二）加大重大科研项目向循环经济支持力度

加大对循环经济科技创新的经费投入，以省级科技重大专项、科技支撑计划、中小企业创新基金等各类科技计划项目，支持现代高效农业、矿产资源综合利用，再制造业、可再生能源和清洁能源、资源高效利用、环境保护等领域的循环经济技术研发，取得了一批具有较高水平的科技成果，带动了一批产业化项目，科技支撑循环经济发展的能力得到不断提升。充分利用甘肃省政府与科技部工作会商制度，争取科技部以国家科研项目，在生态修复治理、特色资源开发利用、先进封装设备、节能加工设备、再生能源利用等领域组织申报国家重点科研项目。"低能耗建筑空调冷凝器及蒸发器研究""工业固体废弃物中有色金属的绿色高值化综合利用关键技术研究"等6个循环经济技术创新科研项目，获得科技部立项，获得国家科技经费7700万元，为循环经济示范区建设提供了重要科技支撑。

（三）加强产学研合作，建立循环经济科技创新平台

引导高校、科研单位与企业加强循环经济技术产学研合作，提高研发准确性和实用性，挖掘循环经济技术需求，开展科学探索与研究，进行技术中试与实践，促进科研成果的转化，在信息化、生物医药、环境无害化、资源替代、资源再利用等方面，筹划推动行业升级的循环经济技术研发，进一步活跃循环经济联合创新，提升甘肃省循环经济技术支撑能力和自主创新能力。成立"甘肃省镍钴及稀贵金属工业废弃物资源化再利用重点实验室""甘肃省石油焦资源综合利用工程技术研究中心"等重点实验室和工程技术研究中心9个，加强减量化、再利用、资源化、资源替代、共生链接和系统集成等研发领域的循环经济技术创新；资源能源高效利用、减排降耗、废弃物再利用等技术和产品的示范推广得到进一步加大，促进循环经济技术水平得到进一步提升，促进循环经济发展科技创新体系基本形成。

（四）推动地方可持续发展实验区建设

深入落实国家可持续发展战略和创新驱动发展战略，以建设"资源节约型社会、环境友好型社会"

为重点，探索解决经济社会发展过程中"环境承载能力有限，自然资源容量短缺，经济社会发展与资源环境的矛盾日益突出"等问题，积极开展适宜于区域可持续发展的管理方法和技术手段研究，促进可持续发展实验区的政策联动、信息共享、产业互动的协同创新服务，积极营造大众创业、万众创新的局面，将起到积极的支撑作用。在强化科技成果转化、循环经济技术集成应用方面进行尝试和探索。通过可持续发展实验区示范带动效应，实验区经济发展成效明显，在循环经济发展、生态环境保护和治理、民生改善、科技创新等方面做了大量卓有成效的工作，提升了传统经济向可持续发展经济转变的科技支撑能力。2015年5月，向科技部社发司推荐敦煌国家可持续发展实验区、天水秦州区国家可持续发展实验区加入国家可持续发展实验区协同创新战略联盟；9月，科技部批准兰州新区建设国家可持续发展实验区，至此，甘肃省国家级可持续发展实验区达到3个。

七、强化科技创新，积极推进新型城镇化试点工作

为贯彻落实省委、省政府做好新型城镇化试点工作要求，围绕甘肃省新型城镇化建设科技需求，以项目支撑推进新型城镇化试点创新建设，大力推进绿色、循环、低碳发展，节约集约利用资源，强化环境保护和生态修复，积极推动形成绿色低碳的生产生活方式和城镇建设运营模式。

组织开展针对新型城镇化试点地区的资源环境、防灾减灾、绿色建材、公共信息平台等社会发展领域的技术创新，实施城市餐厨废弃物资源化与无害化处理关键集成技术、复合菌剂在垃圾填埋场无害化处理应用技术研究、榆中北山荒漠化治理与林禽共育循环模式示范推广等科技项目，覆盖2015年试点的榆中县、武山县等15个县（市），兰州新区秦川镇等23个镇（乡）。组织实施的街道社区多功能数字信息服务平台建设、金川区数字化社会管理和服务平台示范、甘谷县创新社会服务管理信息平台建设等项目，大力推进新型城镇化试点县社会管理的信息化及为民服务平台的搭建。通过数字化社区、虚拟养老、健康医疗、防灾减灾等为民生服务的社会化公共信息与管理融合技术的研发与示范引导，加强对试点城镇的惠民信息系统和信息资源的服务与共享。

围绕县域主导产业或特色产业发展，通过实施科技民生计划"武山县蔬菜富民技术示范及产业化"、"庄浪县北部万亩苹果园标准化管理示范与推广"等项目，采取政府引导、企业带动、市场调节的运行机制，促进了试点地区的先进适宜技术推广，构建起了环境优化-资源利用-生态改善-产业发展于一体的综合产业技术创新体系，开展了区域大面积的示范推广，促进多元化产业体系初步形成，建立了覆盖全省新型城镇化试点的15个县（市）、30个镇的民生科技与服务示范区，提升了科技惠民支持城镇化发展的能力，加快了全省新型城镇化试点工作。

第五节　工业与高新技术领域科技工作进展

2015年，甘肃省科技厅积极组织工业领域科技重大关键技术研发、中小企业创新、科技支撑战略性

新兴产业发展等科技计划项目,积极推动兰白试验区启动建设,构建以企业为主体的创新体系,促进全省高新技术产业发展。

一、稳步推进兰白试验区建设

2015年是兰白试验区建设元年,省委、省政府把试验区建设作为实施创新驱动发展战略的重要载体,举全省之力做大做强试验区。

一是承担领导小组办公室秘书处工作。先后组织召开了7次领导小组会议,3次领导小组办公室主任会议,2次省创新办会议,以及兰白试验区创新驱动基金风险管控委员会会议、试验区建设工作座谈会、《关于进一步支持兰白科技创新改革试验区人才发展的意见》审议会、《兰白科技创新改革试验区发展规划》专题讨论会。二是会同省科技发展战略研究院编制完成了《兰白科技创新改革试验区发展规划》,已由省政府正式发布。三是参与制定《甘肃省兰白科技创新改革试验区条例(草案)》已提交省政府法制办公开征求意见及建议。四是配合省人社厅制定《兰白科技创新改革试验区人才发展支持办法(试行)》(甘政办发〔2015〕130号)。五是配合省财政厅制定并出台了《兰白科技创新改革试验区技术创新驱动基金使用办法》(甘政办发〔2015〕32号)《兰白科技创新改革试验区技术创新驱动基金申报指南》《兰白科技创新改革试验区科技型中小企业贷款增信基金管理暂行办法》(甘财教〔2015〕81号)《兰白科技创新改革试验区科技投资基金管理暂行办法》(甘财教〔2015〕82号)《兰白科技创新改革试验区科技孵化器专项基金管理暂行办法》(甘财科〔2015〕4号)《兰白科技创新改革试验区科技创新创业引导基金暂行管理办法》(甘财科〔2015〕5号)。六是加强兰白试验区宣传工作。编发工作简报(工作要情)30期,积极与省委宣传部衔接,在报刊、电视、广播等各大媒体开展了兰白试验区一周年系列宣传报道。开展了"技术驱动基金""三进"(进高校、进科研院所、进园区)宣讲活动,在兰州大学、兰州交通大学、兰州理工大学、中科院兰州分院、省农业科学院、白银市一区六园等18家企事业单位开展14场专题宣讲活动,宣讲受众人数达1000余人。开通了兰白试验区微信订阅号、微官网。七是强化学习交流与合作。先后赴武汉、咸阳、合肥、长沙等地,调研学习国家自主创新示范区的先进经验与做法,赴青海省、贵州省学习了解与中关村自主创新示范区开展合作的经验等。完成了中组部"一带一路"建设高层次专家甘肃咨询服务活动和科技部高新司、科技部人才交流中心调研兰白试验区建设工作。

二、科技助推战略性新兴产业快速发展

2015年是省政府决定实施战略性新兴产业发展总体攻坚战第二年。按照省促进战略性新兴产业发展部门协调会议的统一部署及省政府领导的要求,以新材料、新能源、生物产业、信息技术、先进装备制造、节能环保、新型煤化工、现代服务业等8个领域为重点,开展了一系列推动工作。一是制定了省科技厅支持战略性新兴产业骨干企业发展的8条措施。组织国家项目和平台,提升创新能力;提供全过程科技服务,支撑企业发展;搭建产学研合作平台,实现资源共享;编制企业技术路线图,指导科技创新;提供知识产权服务,加强运用保护;创新省级计划管理,实行"直通车";建立骨干企业信息库,实施跟踪管理;培育创新企业和企业家,实行奖励激励。二是组织推荐骨干企业。省科技厅推荐的12家

企业通过层层筛选，进入第二批战略性新兴产业骨干企业行列。组织了第三批骨干企业的申报工作，共推荐13家企业。三是跟踪制定技术路线图。对第一批16家骨干企业技术路线图实施情况进行了跟踪调研，并进行了调整，组织相关单位为第二批22家骨干企业编制技术路线图。通过技术路线图编制，理清了企业科技创新的思路和方向，有效地指导推动了企业科技创新工作。四是加大科技投入力度。在2015年的科技重大专项、科技支撑等计划中，对第一批骨干企业技术路线图中关键创新点、第二批骨干企业核心技术突破项目重点支持，工业科技领域80%以上的经费用于战略性新兴产业关键核心技术突破及产业化。

三、积极争取国家小微企业创业创新基地城市示范

2015年，国家对中小企业发展专项资金的支持方向和运行模式进行了重大调整。整合中央财政支持中小微企业的各类资金，由财政部、工业和信息化部、科技部、商务部、工商总局共同启动了小微企业创业创新基地城市示范工作，首批全国布点15个。省科技厅高度重视，积极作为，主动与财政、工信、商务、工商等相关部门沟通合作，完成了省内筛选评审工作，全力指导张掖市完善材料、答辩准备，及时向科技部相关司局汇报沟通，积极争取支持和指导。经多方努力、多轮筛选，张掖市成功入选全国首批15个示范城市，将在三年内获得中央财政支持经费6亿元，2015年已拨付到位4.2亿元资金。为确保完成科技创新示范内容与目标，省科技厅与张掖市召开了工作对接座谈会，并组织相关单位对张掖市进行了专题调研、专题研究，提出了五条推进措施，制定印发了《甘肃省科技厅推进张掖市国家小微企业创业创新基地城市示范工作方案》，开展了一系列推进工作。协助邀请科技部火炬中心领导及专家围绕"建设众创空间助力创业孵化"主题，对张掖市企业进行了专题培训和现场指导。

四、组织申报，争取国家各类科技计划项目

一是组织省内大中型科技型企业、高等学校和科研院所申报32项国家工业领域重点研发任务，经多方筛选，推荐省电力公司风电技术中心的"高比例可再生能源发电规模化利用"等5项"十三五"重点研发任务，上报科技部。二是组织完成了国家火炬计划项目的申报、推荐、评审和审定工作，按照指标要求推荐火炬计划面上项目14项。三是组织专家对科技部能源、交通、信息、空天、制造、材料、服务业和文化科技等7大高新技术领域的21个重点专项实施方案提出了建议意见。四是组织推荐的金川集团股份有限公司"高选择透过膜与膜精炼产业化技术开发"、国网甘肃省电力公司"基于大规模风光电高载能并网的荷-网-源协调控制关键技术"、甘肃艺百文化科技有限公司"丝绸之路特色文化旅游移动服务技术研发与应用示范"等3个项目获得科技部立项支持，支持经费3487万元。四是完成了国家"863"计划、科技支撑计划、中小企业创新基金、火炬计划等300多个项目的验收工作，一批国家项目取得了重大成果。

五、争取国家科技服务业区域试点，成立服务联盟

2015年，科技部启动了首批科技服务业区域试点遴选工作，省科技厅组织兰州高新区、白银高新

区进行申报，并多次与科技部高新司沟通汇报，指导两个高新区做好各项申报和材料准备工作。经科技部组织专家评审，甘肃省申报的兰州高新区、白银高新区两个国家级开发区全部列入首批25家科技服务业试点区域，充分体现了科技部对兰白试验区建设的深切关怀与高度重视。督促两个高新区按照试点方案开展科技服务业各项工作，力争圆满完成试点任务，为甘肃省其他园区科技服务业的发展探索经验，推动全省科技服务业水平的整体提升，为科技创新提供有力支撑。在科技部高新司、火炬中心的推动和中国生产力促进中心协会的统一部署下，牵头组建成立了"甘青宁生产力促进服务联盟"。

六、积极开展省级工业科技计划项目各项工作

2015年，共受理工业类科技计划项目190项。其中：科技重大专项计划项目73项，科技支撑计划项目117项。支持项目33项，支持经费3000万元，其中：科技重大专项计划项目8项，支持科技经费2500万元，平均支持强度312.5万元，全部由企业牵头承担，5家为战略性新兴产业骨干企业，占比62.5%；科技支撑计划项目25项，支持科技经费500万元，平均支持强度20万元，50%由企业承担。工业科技项目紧紧围绕兰白试验区建设和战略性新兴产业培育等重点工作,充分体现企业的主体作用。

七、"十三五"科技创新发展规划重大科技问题专题研究工作进展顺利

按照省科技厅统一安排部署，组织"兰白科技创新改革试验区建设及发展研究""甘肃省战略性新兴产业科技创新现状及培育发展研究""甘肃省科技型中小企业发展现状分析及孵化培育研究""甘肃省科技支撑工业园区发展及高新技术产业开发区培育研究"等4个研究专题，支撑甘肃省"十三五"科技创新发展规划的制定。

八、举办各类创新创业大赛，大力营造"大众创业万众创新"的社会氛围

一是按照科技部的统一要求，科技部火炬中心与省科技厅共同举办了第四届中国创新创业大赛（甘肃赛区）赛事。在省科技厅的协调下，甘肃银行独家冠名并赞助了本次大赛，改变了前三届没有奖金设置的状况。全省共有167家企业、62支团队报名参赛，通过审核确认136家企业和46支团队符合参赛条件，分别比上届增长了172%、283.33%。13家企业和2支团队代表甘肃参加全国行业总决赛，进入行业赛企业比上届的6家增长了116.67%。"农业废弃生物质资源开发利用研究团队"获得新材料行业总决赛团队优秀奖，兰州牛班长餐饮管理有限责任公司以"一碗年轻的牛肉面"荣获文化创意行业总决赛企业组优秀奖。二是联合省教育厅、省人社厅、省商务厅、省外事办、共青团甘肃省委等六部门举办兰州银行杯"首届丝绸之路国际大学生创新创业大赛暨甘肃省第六届大学生创新创业大赛"，省内30所高校316个项目，省外9所高校、新疆国家大学科技园35个项目，国外15个项目进入初赛，经评审210个项目进入复决赛。大赛组委会举办了初赛培训，开展了"创业导师、孵化器进校园"系列活动，组织创业导师及省内孵化器、众创空间，深入甘肃农业大学、兰州文理学院等高校开展各种形式的宣传培训活动。三是与省工信委、省教育厅、省文化厅共同举办了首届工业设计大赛。

九、认真开展高新技术企业认定等工作

一是联合省财政、国税、地税等部门，积极组织企业申报。2015年，共受理137家企业申报，共认定高新技术企业123家，报备的企业全部通过国家备案审查，甘肃省已认定的高新技术企业总数达到320家，2015年净增49家。二是制定了《甘肃省省级高新技术产业开发区评价管理办法》（征求意见稿）、《甘肃生产力促进中心备案及绩效评价办法》（征求意见稿）、《甘肃省科技企业孵化机构指导意见》（征求意见稿），拟征求意见。三是备案生产力促进中心2家，全省生产力促进中心达到100家，完成了2015年生产力促进中心快报统计工作。甘肃省生产力促进中心、兰州生产力促进中心、天水生产力促进中心等单位和个人，对"中国生产力促进事业"做出突出贡献，得到中国生产力促进中心协会的表彰。四是备案成立甘肃省大数据产业技术创新联盟，该联盟由中国科学院寒区旱区环境与工程研究所牵头发起，联合甘肃省万维信息技术有限责任公司、甘肃省计算中心、兰州大学、中国电信股份有限公司甘肃分公司等53家省内外相关企业、高等学校、科研院所，通过政、产、学、研、用合作方式共同组建。

第六节　国际科技合作与交流

2015年，甘肃省立足科技优势，积极拓展合作交流领域，不断深化科技对外开放，积极谋划"十三五"工作，国际科技合作工作总体上取得较好成效。

一、国际科技合作领域不断拓展

按照科技部"一带一路"总体战略布局，省科技厅认真落实省委、省政府《"丝绸之路经济带"甘肃段建设总体方案》，发挥甘肃省区域和科技优势，积极引导和支持甘肃省科技力量与"丝绸之路经济带"沿线国家开展国际科技合作，共建联合实验室、技术研发和转移中心等科技合作平台。

（一）积极参与"一带一路"建设工作

引导和支持甘肃省科技力量与"一带一路"沿线国家开展国际科技合作，积极推进甘肃开展与丝绸之路经济带国别的国际科技合作。一是积极组织科技部"一带一路"建设科技创新合作项目申报工作。经过广泛征集、专家评审，甘肃省共向科技部报送"一带一路"建设科技创新合作项目44项，经科技部评定，已有30项入选项目库。二是实施中国-马来西亚清真食品国家联合实验室建设。在省政府和厅领导的指导下，精心组织甘肃省大学、科研院所及企业等清真食品检测、加工技术研发、清真生物材料研发科技力量共同申报，科技部决定由甘肃省牵头实施中-马清真食品国家联合实验室建设任务。目前，科技部已将中-马实验室项目列入2015科技援外重点项目，即将正式下达项目计划，预计支持经费600万元。这是甘肃省首次代表国家牵头建立国际联合实验室合作平台，甘肃省将与马方在清真食品检测技术、加

工技术、生物材料技术研究等方面开展密切合作，努力建成具有国际水平的清真食品检测实验室。同时，将不断拓宽合作领域，开展全方位、多层次的战略合作，并以此为契机，搭建我国与"一带一路"伊斯兰国家技术合作大平台。三是实施中国-巴基斯坦农业生物质能源技术研发与示范联合中心建设。省科技厅积极支持兰州大学与巴基斯坦农业研究理事会开展合作，双方已在巴正式签署合作协议，成立"中-巴农业生物质能源技术研发与示范联合中心"。经省科技厅组织推荐，科技部已决定将中-巴实验室项目列入2015年科技援外重点项目，即将正式下达项目计划，预计支持经费200万元。双方利用巴方当地作物秸秆与家畜便生产农用沼气、草地生态保护与治理技术研究、草食畜养殖与草地可持续发展等技术研发和示范，将成为甘肃省与丝绸之路经济带南亚国家开展科技合作的基地和桥头堡。四是深化与以色列国际科技合作。立项支持兰州理工大学与以色列本•古里安大学开展镁基复合材料棒材电化学冷拉拔技术的合作研发；立项支持兰州大学开展与以色列国家农业研究组织（ARO）的合作，以方项目负责人已来甘肃省进行了工作访问。五是提出甘肃省与德国开展科技创新合作设想。根据省政府领导指示精神，拟定了《关于加强甘肃省与德国开展科技创新合作的初步设想》。紧密围绕国家"一带一路"和兰白科技创新改革实验区建设重点任务，针对德国制定强化与我科教合作的《中国战略》与甘肃省经济社会创新的实际需求，发挥甘肃省的科技优势，认真谋划，深化和加强与德国的科技创新合作，谋划建立甘肃与德国科技创新合作的长效机制和重点领域合作平台。

（二）推进国际科技合作基地建设

组织推荐申报2015年度国家国际科技合作基地。根据科技部的要求，2015年甘肃省推荐3个示范性国家国际科技合作基地参加科技部评审。其中，甘肃省农科院和甘肃中医药大学已通过批复认定。目前，甘肃省国家国际科技合作基地数量在西部位列第一，基地结构日趋合理，涉及合作领域不断拓宽。科技部组织专家赴甘肃对中科院近物所"国际反质子与离子大科学研究合作机构"、中国农科院兰州兽医研究所"动物医学国合基地"、甘肃省科学院自然能源研究所"太阳能应用技术国合基地"3家国家国际科技合作基地进行了现场评估，评估结果均取得优良等级。

（三）认真实施国际科技合作项目

结合甘肃省国际科技合作项目，搭建紧扣甘肃省经济社会发展需求的国际科技合作平台，发展完善"项目-人才"相结合的国际科技合作新模式。一是实施国家科技合作项目。2015年已获得科技部项目经费支持1200万元，省级科技计划国际科技合作专项安排"一带一路"国家创新合作项目6项，安排资金587万元。征集上报对外政府间科技合作共11项，其中，中国与克罗地亚政府间1个科技合作项目、中国与俄罗斯政府间2个科技合作例会项目已得到科技部批复。二是组织实施国家外专局境外培训班项目。组织甘肃省高等院校、科研院所、高新技术企业及市州科技人员赴美国参加"新材料产业发展技术创新培训班"及赴澳大利亚参加"知识产权保护运用与科技创新竞争力培训班"。三是组织实施甘肃省首次对日本"樱花科技计划"项目。按照科技部的安排，甘肃省首次派遣10名优秀高中生赴日本顺利完成首次对日本"樱花科技计划"青少年科技交流项目。

（四）积极开展科技援外工作

一是组织申报2015年国家科技援外备选项目。根据科技部的通知，组织完成了2015年国家科技援外备选项目征集工作并确定推荐项目上报科技部国际合作司，组织甘肃省项目申报单位赴京分别参加项目战略、财务评审。二是实施科技部发展中国家技术培训班项目。2015年甘肃省4家项目单位获国际科技合作专项发展中国家技术培训班经费支持，并已按要求全部完成。积极组织甘肃省高校、科研院所等6家单位申报科技部2016年度发展中国家技术培训班项目。

二、国内科技合作水平不断提升

立足甘肃省科技优势，结合甘肃省特色产业，深化创新合作，积极作为，通过部省会商、院地合作、厅市会商、省校合作等机制，有效利用多种科技资源，进一步集中目标、突出重点，强化协同创新，推动务实合作，构建多层次合作平台。

1. 落实科技部与甘肃省政府工作会商议题

按照科技部的要求，提交了兰白试验区的工作推进汇报，制定了《〈科学技术部甘肃省人民政府2014年部省工作会商会议纪要〉实施方案》及《省科技厅部省会商议题任务分解表》，相关工作稳步推进。参与科技部党组书记、副部长王志刚赴甘肃省调研创新驱动战略实施等相关接洽工作。

2. 积极组织甘肃省参加国内科技交流会

积极组织参加第十八届中国北京国际科技产业博览会；组织甘肃省高校、科研院所、企业9项成果参加首届中国-南亚技术转移与创新合作大会暨第三届中国-南亚博览会；组织甘肃省清真食品创新成果28项参展第二十一届兰洽会；组织甘肃省相关高校、科研院所、高新技术企业参加第十七届中国国际高新技术成果交易会；参加第十二届中国-东盟博览会暨第三届中国-东盟技术转移与创新合作大会及2015中国-阿拉伯国家博览会暨第一届中国-阿拉伯国家技术转移创新合作大会。

3. 积极推进院地合作

开展2015年中科院甘肃省科技合作座谈会，筹备中科院甘肃省政府第四轮战略合作协议签署工作，合作协议已经三次修改完善。

4. 厅市会商机制进一步完善

推动省、市科技资源紧密结合。举办甘肃省科技厅、兰州市政府厅市会商对接会暨兰白科技创新改革试验区第一次联席会议。完成与武威市厅市会商会议的筹备工作，合作协议等已经起草完毕。

5. 积极推进省校合作

省科技厅与北京大学科技开发部签署合作协议，北京大学技术转移甘肃中心在兰州揭牌成立。目前，北京大学已向甘肃省提供最新科技成果53项，2013年专利目录495项。2015年9月，省科技厅与中国科技大学签署合作协议，中国科学技术大学技术转移甘肃中心正式在兰白试验区成立。

6. 促进两岸四地合作

首次开展与台湾、澳门的科技交流。积极促成台湾昆山科技大学一行访问兰州大学和兰白试验区，昆山科技大学将与兰州大学合作建立光电新材料联合研发中心；二是在兰州成功举办2015年中国澳门甘肃科普观摩团活动。

第七节　基础研究工作

一、推进企业技术创新体系建设

在省政府关心指导下，精心组织，广泛调研，围绕战略性新兴产业重点领域优选5家企业申请企业国家重点实验室建设。历时一年，数次组织企业修改完善申报材料，按照评审程序和步骤周密部署，多次与科技部基础司沟通并进行专题汇报，通过细致的工作和积极的努力，依托金川集团股份有限公司建设的"镍钴资源综合利用国家重点实验室"和依托天水电气传动研究所有限责任公司建设的"大型电气传动系统与装备技术国家重点实验室"通过评审获批第三批企业国家重点实验室建设，成为甘肃省首次获批建设的2个企业国家重点实验室，实现了甘肃省企业建设国家重点实验室零的突破，标志着甘肃省企业进入国家技术创新体系行列，区域科技创新迈入新的阶段。为提升甘肃省企业的原始创新能力和参与国内外市场的核心竞争力提供有力的科技支撑，对于企业转换发展引擎，转入创新驱动发展轨道具有非常重要的引领作用。

二、争取国家自然科学基金资助项目

2015年，甘肃省643个项目获国家自然科学基金委立项，其中，地区科学基金260项，比上年增加38项。共获得直接资助经费3.078亿元，间接资助费用约5000万元，项目总经费预计比上年增加2000万元左右。在2015年国家自然基金申报工作中，积极做好顶层规划和申报的宣传、培训，主动作为，增添新举措。一是实施联合申报新模式，鼓励中央在甘单位、省属高校、院所和大中型企业联合申报国家自然科学基金地区基金项目，组织60多家单位召开了2015年国家自然科学基金联合申报工作座谈会，76个项目达成联合申请协议后申请了国家自然科学基金，形成地区基金申报新的增长点；二是积极动员挖掘潜力，下发通知要求省内还未注册的公益性机构积极申请注册，增加国家自然科学基金委项目申请注册单位数量；三是推出激励措施，对已受理未立项的地区基金申报项目在下年度由省自然科学基金给予优先支持，调动了申报积极性，提高了申报数量和质量。

三、承办地方基础研究工作会议

在科技部基础司的指导下，在省政府的统筹协调下，高质量完成了2015年地方基础研究工作会议承办任务，得到了科技部领导的充分肯定和地方会议代表的高度赞扬。此次会议在全面深化科技体制改革的关键时期召开，是历年基础研究工作会议中规模最大、层次最高的全国性会议。会议确定了"十三五"期间基础研究的发展目标和战略，提出了加强基础研究工作的指导性意见；全面总结和展示了甘肃省基础研究工作现状和成效，极大地激励和鼓励全省基础研究，也为今后甘肃省争取科技部相关支持打下了基础。会后，为认真贯彻落实会议精神，及时编印2015年地方基础研究工作会议精神传达提纲，印发了《关于贯彻落实2015年地方基础研究工作会议精神的意见》，提出了加强甘肃省基础研究工作的重点方向和具体措施。

四、联合承办金川科技攻关大会

由省科技厅和金川集团股份有限公司共同承办的第二十一次金川科技攻关大会圆满召开。此次会议是在甘肃省深化企业改革和实施创新驱动发展战略的关键阶段召开的一次明确企业新的发展目标和任务的会议。省长刘伟平（时任）和副省长郝远围绕企业实施创新驱动发展战略、实现减亏增效、突破当前困境作出了指示和要求。350多名专家学者共同把脉金川科技创新工作，凝练科技攻关的重点任务，为金川公司转入创新驱动的轨道、形成新的科技竞争优势、助推传统产业转型升级和提质增效打造了新的起点。

五、组织实施省级基础研究计划项目

完成了2015年度基础研究类计划项目的申报、推荐、评审工作。共立项省级自然科学基金项目297项，省级杰出青年基金项目8项，创新群体项目6项。其中，围绕甘肃省经济社会发展重大需求，突出应用导向和目标实现，以支撑战略性新兴产业发展、兰白试验区和"一带一路"建设及扶贫攻坚行动为重点，组织省级杰出青年基金项目1个、省级创新群体项目3项。组织各单位按期进行项目结题工作，共结项286项，结项率93.4%，并按照《甘肃省科技成果登记管理办法》，对计划内到期结题的所有项目进行了成果登记，成果登记占当年财政计划内项目登记总数的37.8%。

六、大力培养中青年优秀科技人才

2015年，省自然科学基金立项进一步突出应用导向和原创价值，加强对中青年科技人才创新性思维的培养。围绕战略性新兴产业重点领域培养金川集团股份有限公司拔尖科技人才，立项杰出青年基金项目，实现省杰出青年基金在企业人才培养中的突破。组织2011年立项的省级杰出青年基金项目验收并进行了总结，12名省级杰出青年基金获得者执行期内承担或参与国家自然科学基金35项，承担地区基金13项；12个资助项目共培养96名科研人员，部分科研人员已成为面上基金项目负责人。2015年度"西部之光"计划甘肃省2人获批入选，3人完成终期评估。

七、不断提升科研基地、平台建设水平

采取重点组织和推荐申报相结合的方式，围绕支撑战略性新兴产业和兰白科技创新改革试验区建设，积极开展科技需求调研和科技问题对接，以服务甘肃省经济社会发展的重大需求为重点，突出应用导向和目标实现，在评审中对项目的原始创新成果产出和转化提出了具体要求和量化指标，分两批立项

建设省重点实验室培育基地15个，其中重点组织战略性新兴产业骨干企业建设4个；立项建设省级工程技术研究中心4个，全部依托企业建设，其中依托战略性新兴产业骨干企业建设的2个。截至目前，全省共建设省级重点实验室101个，其中依托企业建设的38个；建设省级工程技术研究中心150个，其中依托企业建设的112个。加强重点实验室和工程中心的运行管理。一是组织专家对2012年批准建设的5个重点实验室培育基地进行验收；二是组织2015年第一批9个重点实验室培育基地完成了建设方案制订和专家论证工作，并签订计划任务书；三是组织省重点实验室完成年度报告并安排信息报送工作；四是组织2014年度评估结果为一般的10个省级重点实验室完成了整改方案的制订工作，并下发通知组织安排年底进行重点实验室和工程技术研究中心评估整改的检查工作；五是组织全省146家工程技术研究中心进行主任和专家委员会主任的新一轮聘任工作。按照《科技部基础研究司关于做好国家工程技术研究中心有关工作的函》的要求，组织甘肃省5个国家工程技术研究中心完成了年度总结的撰写和报送，并安排了信息报送工作。根据《科技部 财政部关于开展2015年科技基础条件资源调查工作的通知》（国科发基[2015]154号）要求，组织全省67个单位完成了2015年甘肃省科技基础条件资源调查工作。

八、更加规范实验动物管理工作

将实验动物行政审批纳入权力清单，完成了基础研究处"三张清单一张网"的编制工作。按照行政许可要求起草编制了实验动物3项行政许可事项的服务指南和工作细则。为落户兰州新区的申联生物医药（上海）有限公司兰州分公司核发了甘肃省实验动物使用许可证，委托甘肃省实验动物管理办公室组织专家完成了对15家实验动物生产和使用单位的年度检查。

第八节 科研条件与财务

2015年，科研条财工作紧紧服务全省科技工作大局，以贯彻国家科研经费改革精神、推动创新驱动为主线，围绕推进兰白科技改革创新试验区建设，支撑战略性新型产业发展，促进大众创新万众创业，积极发展现代科技服务业，推动院所改革发展等重点，优化经费资源配置，强化科研经费监管，继续完善机关内部财务管理，取得了显著成效。

一、全面贯彻科技改革要求，制定出台相关规定

根据国务院《关于改进加强中央财政科研项目和资金管理的若干意见》（国发〔2014〕11号）、《关于深化中央财政科技计划（专项、基金等）管理改革方案》（国发〔2014〕64号）文件精神，与省财政厅代省政府共同起草了《甘肃省人民政府关于改进加强省级财政科研项目和资金管理的办法》，经省政府第89次常务会议审议印发实施（甘政发〔2015〕78号）。根据《国务院关于国家重大科研基础设施和大型科研仪器向社会开放的意见》（国发〔2014〕70号）文件精神和郝远副省长重要批示，代省政府草拟了《甘肃

省人民政府关于重大科研基础设施和大型科研仪器向社会开放共享的实施意见》，经省政府常务会议审议印发实施（甘政发〔2015〕51号）。

二、积极做好财务预决算，严格推进预算执行

一是按照省财政厅对2014年财务决算要求，组织33家二级预算单位进行了培训，集中对各预算单位2014年各财务决算集中审核、汇总工作，对2014年财务决算报表认真进行了分析，提出了存在的问题及相关建议，按期向省财政厅报送了财务决算报表，2015年条财处被省财政厅表彰为2014年度省级部门决算先进单位一等奖。二是2015年争取省级预算比2014年增加了4000万元，及时下达了2014年预算批复，并按照规定进行了公示，全力配合科技计划进行了资金有效配置，积极督导预算支出进度，确保了2015年科研项目的顺利开展和科技管理工作的有效推进。2015年财政资金预算50 844.5万元，人员及公用经费拨付100%；项目资金上报计划达到100%，实际拨付100%。项目支出、人员工资、调整增资、暖气补贴等支出及时规范，未出现任何问题。

三、围绕兰白试验区和战略性新兴产业配置资源工作取得重大进展

2015年，根据省政府关于支持战略性新型产业和推动兰白试验区的有关决定，积极配合省财政厅协调筹措20亿元成立了兰白试验区技术创新驱动基金，制定了《兰白科技创新改革试验区技术创新驱动基金使用办法》（甘政办发〔2015〕32号）、《兰白科技创新改革试验区科技型中小企业贷款增信基金管理暂行办法》（甘财教〔2015〕81号）和《兰白科技创新改革试验区科技投资基金管理暂行办法》（甘财教〔2015〕82号），积极联系沟通有关银行，相继挂牌成立了交通银行科技支行和甘肃银行科技支行。

四、积极开展专项资金检查，强化院所财务管理

一是圆满完成了盘活财政存量资金工作。为贯彻落实李克强总理在2015年2月9日国务院第三次廉政工作会议上提出的"四个一律"要求，根据《甘肃省人民政府办公厅关于进一步做好盘活财政存量资金工作的通知》（甘政办发〔2015〕18号）和《财政部关于推进地方盘活财政存量资金有关事项的通知》（财预〔2015〕15号）有关要求，省科技厅高度重视，3月18日专门召开会议传达中央和省政府盘活财政存量资金工作精神，进行了安排部署，对有关要求进行了专题讲解和培训，在认真自查的基础上，积极配合省财政厅检查组对预算单位存量资金进行了检查和再次梳理，根据省财政厅检查意见和各单位的存量资金数据，清理出9家二级预算单位结余资金1929.42万元，已全部上缴国库。二是积极开展涉农资金检查。按照财政部、国家发改委、农业部《关于开展涉农资金专项整治行动的实施意见》（财农〔2015〕7号）和《甘肃省涉农资金专项整治行动实施方案》（甘政办发电〔2015〕31号）文件精神要求，省科技厅成立了涉农资金专项整治工作领导小组，并以《甘肃省科技厅关于进一步做好涉农资金专项整治行动的实施方案》（甘科财〔2015〕2号）文件进行了专题部署，通过对在全省范围内涉农资金中中央财政科研资金和省级科研资金使用情况初步检查，全部资金已通过省级转移支付等方式全额、及时拨付到各市州科技局和相关单位。没有发现挪用、截留等违纪问题。三是扎实有效地开展了财务整顿专项行动。为深入贯彻落实中央八项规定和省委"双十条"规定精神和《省科技厅关于进一步加强预算单位财务管理

意见的通知》（甘科财〔2014〕6号）的要求，进一步强化院所科研经费规范管理的情况，履行财务监管主体责任，规范会计行为，强化会计基础工作，提高风险防控能力，下发了《关于开展省属院所财务风险防控检查的通知》（甘科财函〔2015〕13号），针对院所财务管理中存在的风险问题，2015年7月~8月开展了预算单位财务整顿专项行动，8月20日召开各个预算单位的主要负责人和财务主管参加的预算单位财务警示会议，介绍了科研经费使用的有关违法违纪案例，通报了预算单位财务检查中发现的问题，向预算单位发出整改通知书向归口单位主管部门发出了协助推进整改意见函。各单位在9月上报了各自的整改情况，农牧厅、环保厅、林业厅等主管部门高度重视，积极协助推进整改，通过协同管理推进工作的形式，各预算单位积极对财务管理中存在的问题漏洞，进行了纠正、修正，对有关缺乏的凭证进行了补正，对有关记错的账务进行了调整，财务风险进一步降低，财务整顿专项行动取得了明显成效。从2016年开始与预算单位签订财务管理目标责任书，全面实行财务目标责任管理。科技厅2015年荣获全省会计先进集体。

五、解决历史遗留问题

截至2015年12月，共从院所、高校、市州、企业中收回厅机关往来款挂账207.98万元，其余款项和由记账造成的款项也与甘肃省机关事务管理局、省财政厅多次协商，向省财政厅报送了《甘肃省科技厅关于申请核销历年部分应收账款的报告》（甘科财〔2015〕6号）文件，经与省财政厅协商，厅机关往来款挂账遗留问题将统一纳入下一步全省清产核资一并解决。针对省科技厅2014年以前形成的资产未及时报损，资产虚高，实物资产丢失等问题，根据《甘肃省省级行政事业单位国有资产处置管理暂行办法》（甘财资〔2006〕116号）和《甘肃省省直机关事业单位国有资产处置管理暂行办法》（甘管局发〔2012〕32号）的相关规定，条财处把处置厅机关历史遗留的资产报损问题作为重要工作列入日程，经过大量细致艰苦的清查核对工作，分五批报经甘肃省机关事务管理局审核批复，共计报损报废及调拨处置厅机关固定资产275台件，总额303.39万元，包括汽车、电脑、打印机、照相机等，厅机关应报损的资产已全部报损完成，从根本上解决了厅机关长期以来固定资产虚高造成的财务风险。初步建立了厅机关的资产管理制度，同时也着力推进了预算单位资产的及时报废处置工作，2015年预算单位共计报废资产200台件总额130万元。通过财务整顿专项行动，预算单位历史遗留的问题如对外投资、设立公司、非税收入及往来款等问题也在强力推进有序解决之中。

六、继续整章建制，推进廉政建设

一是根据甘肃省人民政府关于贯彻实施《甘肃省行政规范性文件管理办法》的通知，积极配合政策处对涉及条财处的文件进行全面清理，16项文件已废止2项进行重发，为进一步规范工作程序打好基础。二是为规范省科技厅固定资产管理，购买安装了国有资产管理软件，建立了厅固定资产管理制度，为进一步完善固定资产管理奠定了基础。三是按照"效能风暴"要求，我们积极改进处室工作作风，强化处室内控制度，建立了处室学习制度、处务会议制度、财务工作定期向厅主要领导汇报制度等，提高了处室工作效率和团队意识。四是积极学习新《党章》，积极开展践行"三严三实"活动，坚决维护党的政治纪律，进一步规范处室人员政治生活准则和一言一行。五是继续认真贯彻执行中央改进工作作风的八条规定、省委常委会"双十条"规定和机关效能建设八项制度，严格考勤、请销假、值班等一系列制度。六是把党风廉政建设学习作为理论学习和处务会议的重要内容，不断强化廉政意识。四是把带头履行主体责任，岗位职责，自觉遵守财务规定作为廉政建设的基本要求。

七、其他工作情况

2015年，共办理预算单位政府采购申请45件，涉及24家单位，共2700余万元，在省科技厅网站发布消息20条；全年共收到国家级、省级文件、厅系统、平级和下级单位文件共计253份，其中阅件197份，办理件56份；完成2015年度省属转制院所离退休人员经费的申请及拨付，审核汇总上报2015年省属转制院所离退休人员医疗保障经费申请报告；组织完成省属科研院所2014年度行政事业单位资产报表的编制和审核上报；根据厅领导的指示，受人事处委托，配合计划处（审计处），对甘肃省科技发展投资有限责任公司、科技发展促进中心、分析测试中心、培训中心、高新技术创业服务中心、甘肃省膜科学技术研究院等6家单位原主要负责人进行了领导干部离任经济责任审计。

第九节 知识产权保护与运用

一、"十二五"时期知识产权事业发展回顾

"十二五"时期，在国家知识产权局的正确指导和大力支持下，在省委、省政府的坚强领导下，全省知识产权系统凝心聚力、奋发有为、开拓创新，深入实施《国家知识产权战略纲要》，知识产权事业取得了显著成绩。知识产权拥有量实现快速增长，2010~2015年，甘肃省专利申请受理量的年均增长率达37.7%。2015年甘肃省专利申请受理14 584件，授权6912件。每万人口发明专利拥有量由2010年底的0.45件增长到2015年的1.59件。知识产权运用效益快速提升，"十二五"时期专利权质押融资总额累计突破10亿元，首届专利奖获奖的50项专利运用以来，新增销售额200多亿元，新增利税30多亿元。知识产权管理能力显著增强，"十二五"时期，14个市州均设立了知识产权局，全省86个县区设知识产权管理机构的有34个，占全省县区的39.5%，兰州市、庆阳市所属县区全部设立知识产权局，有20多家企业贯彻实施企业知识产权管理标准，高校、科研院所的知识产权管理机构不断健全。知识产权事业基础更加牢固，"十二五"时期，省级以上知识产权优势企业101家，2批37家战略性新兴产业骨干企业全部纳入省级知识产权优势企业培育。甘肃省有5人入选国家知识产权百名高层次人选，2人入选首批知识产权专家库，3人入选全国信息领军人才，9人入选全国专利信息师资人才。连续举办知识产权宣传周、中国专利周等重大活动，全社会知识产权意识大幅提升。

二、"十二五"时期知识产权事业重点工作

（一）深入实施《甘肃省知识产权战略纲要》

一是出台了《甘肃省知识产权战略纲要》。2008年6月，国务院颁布实施《国家知识产权战略纲要》。

2010年6月，甘肃省人民政府颁布实施《甘肃省知识产权战略纲要》。二是成立了由29个部门组成的甘肃省知识产权战略实施工作联席会议。郝远副省长任召集人，联席会议办公室设在甘肃省知识产权局，初步建立了由省政府统一领导、联席会议统筹协调、各部门分工负责、协作推进的知识产权战略实施体系。三是制定年度推进计划。甘肃省知识产权局牵头先后组织制定了2011~2012年、2013~2015年和2014年阶段性推进计划。2015年，《深入实施甘肃省知识产权战略行动计划（2015~2020）》和2015年度推进计划经省政府常务会审议后印发。知识产权战略在各市州、各部门、重点行业和企业逐步推进实施，取得了明显的成效。

（二）激励知识产权创造水平不断提高

一是知识产权工作纳入政府年度考核指标体系。2015年省政府将万人口有效发明专利拥有量纳入年度工作考核目标，有力地促进了专利申请数量和质量的增长。二是省级财政不断加大知识产权投入力度。2015年甘肃省知识产权专项经费是1200万元，2016年将达到2000万元。制定出台了《甘肃省专利资助资金管理办法》，充分发挥财政资金的引导作用，甘肃省授权专利数量稳步增长。

（三）加大知识产权保护的力度

一是修订了《甘肃省专利条例》。修订后的条例加强了制度和资金保障，设立了专利专项资金，新增设了甘肃专利奖，明确了县级政府专利执法权，将专利拥有情况纳入了政府及其有关部门的考核评价体系。二是完善相关政策。制定出台了《甘肃省专利案件督导办法》、《甘肃省知识产权局专利行政执法案件补贴暂行办法》等制度。三是开展专项执法行动。积极开展"护航"、"雷雨"、"天网"等知识产权执法专项行动。四是加强横向沟通协作。与省打击侵犯知识产权和假冒伪劣商品领导小组办公室密切合作，与公安、工商、版权等单位协同建立省内执法合作机制。

（四）大力促进知识产权运用工作

一是开展优势企业等创新载体培育工作。以知识产权优势企业、试点示范城市、试点示范县区、园区建设为抓手，促进知识产权运用。二是稳步推进知识产权质押融资工作。出台专利权质押贷款贴息、担保奖励、评估费补助等政策，建立与金融、担保等机构的联系协作机制，为中小微企业专利权质押融资提供服务。三是开展省专利奖评奖工作，2015年省专利奖首奖对激发全社会的创新热情，增强甘肃省自主创新能力，促进创新驱动发展战略的实施，发挥了重要的引领、示范和导向作用。四是支撑战略性新兴产业和兰白试验区发展。2015年对战略性新兴产业各领域的专利情况进行了深入分析，为下一步推进战略性新兴产业发展，培育密集型产业和企业提供了数据支撑。2015年，制定出台了《兰白科技创新改革试验区知识产权工作方案》，支持兰州市、白银市依托兰白试验区平台，在全省知识产权创造、运用、保护和管理方面发挥引领作用。

（五）夯实知识产权事业发展基础

一是加强知识产权人才队伍建设，大力实施"百千万知识产权人才工程"，充分发挥高层次人才的示范引领作用。二是加强知识产权信息利用工作。甘肃省中外专利数据库平台、甘肃省知识产权（专利）

公共服务平台稳定运行，对外开通了甘肃省专利信息分析系统。三是加强知识产权宣传培训。"十二五"期间共举办各类培训班、研讨会200余期，培训1万多人次，知识产权的社会认知度显著增强。

三、新形势下进一步推进知识产权工作

当前，创新已成为经济社会发展的重要引擎，知识产权日益成为国家发展的战略性资源和国际竞争力的核心要素，成为经济社会发展的重要支撑。实施创新驱动发展战略是党中央、国务院的明确要求，也是甘肃省经济社会发展的内在需求。实施创新驱动，必然要深入实施知识产权战略，进一步加强知识产权工作，发挥知识产权作用。2014年，国务院明确提出要努力建设知识产权强国。2015年3月，《中共中央国务院关于深化体制机制改革加快实施创新驱动发展战略的若干意见》中首次提出让知识产权制度成为激励创新的基本保障，要实行严格的知识产权保护。党的十八届五中全会提出，坚持创新发展，必须把创新摆在国家发展全局的核心位置，不断推进理论创新、制度创新、科技创新、文化创新等各方面创新。实践一再证明，只有营造良好创新环境和知识产权保护氛围，才能让创新在全社会蔚然成风。

甘肃地处祖国西部，承接着"西部大开发"和"一带一路"建设的重任。习近平总书记2013年春节前在甘肃省考察工作时明确指示，要"着力推动科技进步和创新，增强经济整体素质和竞争力"。甘肃省第十二次党代会提出，要坚持创新驱动取向，努力建设创新型省份，使创新型经济蓬勃发展，创新要素更加聚集，创新活力充分释放。2015年，甘肃省委、省政府又出台了《关于贯彻落实《中共中央国务院关于深化体制机制改革加快实施创新驱动发展战略的若干意见》的实施意见》，明确提出让知识产权制度成为激励创新的基本保障，大力营造勇于探索，鼓励创新，宽容失败的文化和社会氛围，这些都为甘肃省知识产权强省建设工作提出了新的目标和任务。

当前和今后一个时期，甘肃省知识产权工作要紧紧围绕全省经济社会深化改革、创新发展大局，加强长远发展战略研究，积极探索促进知识产权与全省中心工作、重点项目、经济建设、科技创新、产业发展紧密融合的新思想、新机制、新举措。创新驱动是未来发展的重点，创新驱动要有基本制度，这个就是知识产权制度。创新和招商引资不一样，不能用行政手段，而要靠制度来激发科技人员创新的内在动力，确立企业家的创新精神。如果没有一个基本制度，没有一个保护制度，没有一个很好的服务体系，创新者的积极性就会挫伤，创新驱动发展就会大打折扣。所以，要立足发展全局，坚持把知识产权制度作为创新驱动发展的基本制度予以高度重视，全面加强知识产权工作，加快推进知识产权强省建设，要进一步明确战略目标、战略任务、战略举措，坚持点线面结合，省市县联动，以深入实施国家知识产权战略为根本途径，以完善知识产权管理工作体系为根本保障，努力推动知识产权强省建设不断取得新进展、实现新突破。

专题篇

专 题 篇

科研院所是科技创新体系的重要组成部分，不仅是知识创新的重要力量，也是技术创新的生力军，充分发挥科研院所在科技创新中的骨干和引领作用，探索科技与经济结合新途径、加强科技成果向生产力转化，对深入实施创新驱动发展战略、深化科技管理体制改革具有重要的战略意义。

为深入贯彻落实《中共甘肃省委甘肃省人民政府关于深化科技体制改革加快区域创新体系建设的意见》精神，进一步推动创新驱动战略的实施，本篇主要展示"十二五"期间部分科研院所改革创新举措，宣传科研院所重大科技创新、成果转化、能力建设、人才培养、服务经济社会发展等方面的成效。

中国科学院与甘肃省科技合作

一、院省合作主要工作进展

中国科学院与甘肃省政府最早于1999年签署首轮科技合作协议书，2003年签署第二轮合作协议，2016年3月，续签了最新一轮科技合作协议。院省科技合作取得显著成效。

（一）共建区域创新与转化平台

围绕甘肃省经济社会发展的难点和热点问题，发挥甘肃省政策、资源优势和中国科学院技术、人才优势，省院双方共同推进创新体系建设，共建基础研究平台。中国科学院组织院属各单位实施高新技术系列产品开发和重大共建项目研究，重点在新材料开发、企业技术改造、油气资源开发利用、生态环境建设、农副产品深加工、天然药物资源开发等领域，与甘肃各市州和国有大中型企业开展合作，搭建合作平台，促进科技成果转移转化和产业化。省院共同支持建立了中国科学院内陆河流域生态水文重点实验室、中国科学院寒旱区陆面过程与气候变化重点实验室、中国科学院西北特色植物资源化学重点实验室等3个部级重点实验室，建立了甘肃省微生物资源开发利用、甘肃省寒区旱区逆境生理与生态、甘肃省油气资源研究、甘肃省极端环境微生物资源与工程、甘肃省遥感技术研究、甘肃省空间辐射生物学等6个省级重点实验室、甘肃省资源环境科学数据工程技术研究中心、甘肃省水文水资源工程技术研究中心等2个省级工程技术研究中心。兰州、西宁地区院属各单位与甘肃省共建了兰州重离子医学研究中心及测试调试中心、武威核技术应用综合产业园、甘肃省辐照诱变育种工程实验室、武威绿洲现代农业科学研究试验站、甘肃省风沙灾害防治工程技术研究中心、甘肃省航天育种工程技术研究中心、张掖生态科学研究院等11个创新平台。中国科学院高度关注白银高技术产业园建设，7位院领导、19位院士专家多次莅临产业园指导工作，在白银组织了8项"科技支甘"工程和"中国科学院支撑服务国家战略性新兴产业科技行动计划"，实施科技合作项目近50项。2010年白银高新区升级为国家级高新技术产业开发区，2014年被科技部确定为兰白试验区核心区。兰州分院积极参与兰州新区建设，完成了兰州新区产业发展规划的研究编制，引导各研究所进入新区创业发展。

（二）与企业合作推动科技成果落地转化

1. 与金川集团股份有限公司合作成果显著

为进一步落实中国科学院、甘肃省政府签署的《关于共同推进金川集团股份有限公司科技创新合作协议书》，促进中国科学院与金川集团股份有限公司的科技合作，兰州分院多次到金川集团股份有限公司开展调研促进合作，多次组织相关研究所和企业所属单位进行互访交流。组织院内院士专家参加第十七次金川资源综合利用科技大会，向全院发布了金川集团股份有限公司69项重大技术难题。协调考察了中国科学院长春应用化学研究所、中国科学院过程工程研究所、中国科学院金属研究所、中国科学院理化技术研究所、中国科学院近代物理研究所等，组织院内研究所专门访问金川集团股份有限公司，围绕企业重点科技需求开展调研，深入探索合作机制和模式，针对金川集团股份有限公司"十二五"战略性新兴产业发展规划和循环经济规划进行项目征集，提出了17项拟对接课题，经过筛选和深入对接，联合实施了"金川镍钴新材料产业发展路线图及金川循环经济发展战略研究"等4个项目。新启动6项合作，合同金额875万元；与中国科学院兰州化学物理研究所合作的"活性硫化镍法用于镍电解阳极液净化除铜中试实验研究"项目取得重要突破，公司投入千万元资金改造年产6万吨电解镍生产线工艺已接近完成，该项目获甘肃省2014年重大专项经费支持。

2. 积极开拓与大型骨干企业的合作

重点加强了与华亭煤业集团有限责任公司、酒钢集团、中国石油长庆油田分公司第二采油厂等骨干企业的交流与合作，为今后院地合作的健康发展奠定了基础。促成与兰州化学物理研究所与甘肃大禹节水集团股份有限公司就节水灌溉新型高分子材料的应用与开发签署了合作协议，协调兰州文献情报中心与金川镍钴研究院签订科技服务合作协议，联合甘肃省科学院赴天水华天科技股份有限公司进行项目对接，邀请兰州兰石能源装备工程研究院有限公司到兰州文献情报中心参观访问。组织近代物理研究所、兰州文献情报中心、青海盐湖研究所相关管理和科研专家参加了白银有色集团公司第二届技术创新大会。组织近代物理研究所、兰州化学物理研究所、青海盐湖研究所、文献情报中心访问甘肃稀土新材料股份有限公司，同时邀请甘肃稀土新材料股份有限公司访问兰州分院，双方签署了《中国科学院兰州分院、甘肃稀土新材料股份有限公司科技合作意向书》。牵头组织和参与成立了"西北天然药物（中藏药）产业技术创新战略联盟"等5个产业技术创新战略联盟，发挥示范引领和带动作用，为企业及产业发展提供科技支撑，也为西北创新集群建设搭建了平台。

3. 重离子产业化成果显著

2012年4月13日，武威市人民政府、甘肃荣华生化集团公司、兰州近代物理所三方签署了合作共建武威重离子治疗肿瘤示范中心项目协议，2012年4月18日与甘肃省武威肿瘤医院签订了武威重离子治疗装置合同，该项目占地200hm²，总投资约16亿元，是以重离子治疗肿瘤为核心，集医疗、科研、教学、产业为一体的现代化医疗卫生园区。武威装置于2015年12月23日成功出束，实现了世界最大型医疗器械的国产化，标志着近代物理所成功走出了一条"重离子治疗相关基础研究→技术研发及应用研究→装置示范→产业化"的全产业链自主创新之路，2016年3月在中央电视台新闻联播节目中播出。2012年7月13日，与兰州人民政府、兰州城投公司签订了《兰州重离子医学创智产业项目战略合作框架协议》，并签订了兰州重离子治疗装置商务合同。该项目拟建研发制造、应用示范和公共服务三个重离子加速器产业化应用示范区，总投资为48.7亿元，分两期实施。一期工程建设重离子医用加速器研发中心和重离子肿瘤治疗设备制造中心、重离子肿瘤治疗（示范）中心、兰州肿瘤医院、肿瘤康复中心四个应用基地，总投资26.3亿元，总建筑面积$2.96×10^5m^2$。2012年，与武威市农科院、甘肃白银金穗种业有限公司等单位签订合作开发协议，针对玉米、大豆、葡萄、辣椒、甘草等物种开展辐照育种研究和开发。2016年1月6日，甘肃省医用重离子加速器装备产业技术创新联盟启动会暨第一届理事会议在武威市召开，近代物理研究所牵头组建近百家与重离子治疗有关的技术研发和评价、设备生产、医疗用户单位的产业联盟。

（三）深入实施"科技支甘"工程

中国科学院自从2007年启动"科技支甘工程"以来，紧紧围绕甘肃省新材料、动植物品种选育、农产品精深加工、新药创制及特色中药现代化领域，在中国科学院系统研究所和甘肃省范围内进行了广泛的项目组织和征集工作，会同甘肃省科技厅共同对项目合作企业进行现场考察调研，组织专家论证会，先后向院地合作局推荐了五批中国科学院"科技支甘"工程项目，院地合作局先后批准立项中国科学院"科技支甘"工程项目29项。总投资10 681万元，其中中国科学院计划投资1080万元，院实际拨付项目资金934.6万元，企业、政府等投资9598万元，院与社会投资比例达1:8.8，院平均项目资助强度为37.24万元/项，目前，29个项目已执行完毕并通过项目组验收。通过"科技支甘"项目实施，为合作单位建立技术研发平台13个，解决关键技术问题73项，建成各类中试线19条、生产线14条、示范基地31个，形成新产品21项、新材料7项，农业新品种5项，培训合作企业人员2142人次，申请发明专利26项，技术标准16项，培养人才128人，培训农牧民30 433人次。在项目实施期间，中国科学院"科技支甘"工程项目为甘肃省新增销售收入94 721万元，新增利税6100万元，新增社会效益48 489万元，并获得国家级奖项1项，省部级奖3项，市州级奖3项，项目实施期间合作企业获得国家项目支持10项，支持项目资金1695万元。

（四）提升特色农业效益明显

2011~2015年，中科院寒区旱区环境与工程研究所开发的百合产业化技术累计推广应用面积达1506.53hm²，增产食用百合$6.76×10^6$kg，生产切花2332.5万枝，繁殖切花百合种球970万个，新增产值3.64亿元，增收节支总额达2.7亿元。培训各类人员2600名，新增就业人数1920个，取得了良好的经济和社会效益。2013年，由中科院寒区旱区环境与工程研究所选送的"百合切花及球种繁育技术研究"获得第六届中国技术市场协会金桥奖，中科院寒区旱区环境与工程研究所同时获得金桥奖先进集体奖。张掖市2013年度科技合作项目"甜叶菊生物学特性研究及高产栽培技术示范推广"在河西地区推广了先进的甜叶菊种植技术。中科院寒区旱区环境与工程研究所注册"甜菊三泡台"商标，牵头开发甜叶菊三泡台产品，甜叶菊种植也成为农民增产增收的一条新途径。2012年，由中科院寒区旱区环境与工程研究所选送的"甜叶菊脱毛机""饮品甜菊叶"两个产品参加第十九届中国杨凌农业高新科技成果博览会。

（五）为区域生态保护提供技术支撑

经过多年研究和实践总结，中科院寒区旱区环境与工程研究所沙漠研究团队先后研发了针对农田、草场、铁路及公路沙害治理的多种新方法与技术。针对铁路交通风沙灾害防治，根据包兰铁路沙坡头段风沙危害特点，建立的铁路防沙体系确保了包兰铁路40余年畅通无阻，直接经济效益逾百亿元。通过对青藏铁路沿线风沙灾害特点，提出了青藏铁路沿线风沙危害防治原则和防护体系。提出了大网格高立式高原防沙治沙的新思路，发明了优质、价廉、环保、高效的新型HDPE固沙阻沙障及植物纤维网固沙新材料，并在青藏铁路、兰新客专、临策等铁路中得到应用，防沙效果显著，确保了铁路的安全运行。论证敦煌-格尔木铁路途经库姆塔格沙漠东缘大沙沟的可行性及制定具体的风沙防治对策，提出了铁路改线经过阿克塞县并设站的建议，阐明了红柳湾镇及周边的风沙地貌和风沙活动特征，论证了阿克塞哈萨克族自治县县城由原海拔2700m、水质差、生存条件恶劣的博罗转井镇迁往新址红柳湾镇的可行性，并制定了系统的风沙防治对策。目前阿克塞县生存条件得到极大改善，基础设施完备，成为全国一流的少数民族富裕县。针对文物古迹和自然遗迹的风沙灾害防治也取得了显著成果，基本解决了世界文化遗产莫高窟和国家风景名胜区鸣沙山月牙泉的风沙危害问题，得到了美国Science杂志专门报道。"黑河水资源问题及对策"成果被水利部采纳，各项技术得到了内蒙古阿拉善盟、塔里木河流域、黑河流域、石羊河流域等地政府部门及新疆建设兵团大面积的推广和应用。仅在民勤绿洲试验示范即推广 $5.08 \times 10^3 \ hm^2$，粮食产量年增加 $7.6 \times 10^5 \ kg$，节水 $3.71 \times 10^5 \ m^3$，新增利税116.41万元。水资源管理决策支持系统为农业增产增收提供了有效的服务，可有效防止因盲目种植带来的旱灾损失，黑河中游地区每年减少受旱面积 $1.33 \times 10^4 hm^2$，挽回经济损失5000多万元。

（六）积极开展院地人员交流

2009年以来，院省共同资助"西部之光人才培养计划"团队86个，为甘肃省培养造就了一批年轻科技人才。在"西部之光"各类项目的支持下，一大批青年科技人员逐渐成长为科技骨干、学科带头人和本领域的领衔专家，同时以他们为中心锻炼和凝聚了一批科研团队，为支持甘肃科技需求、解决区域科技问题、服务地方经济社会发展做出了积极贡献。2012年以来，兰州分院院长助理兼科技合作处处长挂任甘肃省科学院副院长，为甘肃省科学院实现了五个"首次突破"，在项目合作、科技攻关、平台建设、人才培养等领域为甘肃省科学院做出了积极贡献，也得到了省委主要领导的赞许。2014年，应省委省政府要求，在全院范围遴选人岗相适的挂职干部，将挂职人才选派与甘肃省的科技人才实际需求有机匹配，面向甘肃重点领域和重点区域，与现有工作和重点任务结合。共遴选了13位来自中国科学院所属相关单位的科技和管理骨干，分别到甘肃部分地市政府部门、大型企业和科研单位挂职。2015年，兰州分院系统各所接受白银市6名干部挂职。

（七）为甘肃省经济发展提供战略咨询

发挥中国科学院科技和智力优势，组织两院院士和中国科学院相关专家重点围绕甘肃经济社会发展过程的瓶颈制约问题和重大科技项目开展咨询论证、战略研讨，为政府科学决策提供咨询和理论依据。为落实2007年温家宝总理在甘视察时的指示，兰州分院协调组织研究所有关专家与民盟甘肃省委、省属单位的技术专家就祁连山生态保护与系统治理进行了专题调研。通过实地考察，民盟甘肃省委在中国科学院专家的全力支持下完成了近2万多字的"祁连山生态保护与综合治理专项研究报告"和"关于祁连山生态保护与综合治理的建议"。组织院士专家在甘肃、宁夏、内蒙古三省区就黄河上游黑山峡河段开发问题进行了考察和调研，为促进区域生态开发和利用提出了科学合理的智库建议。中国科学院地理科学与资源研究所承担的"甘肃建设'国家生态建设、保护与补偿试验区'综合研究报告"为把甘肃构筑成西北乃至全国的重要生态安全屏障发挥了重要作用。为了落实甘肃省委、省政府关于发展关中-天水经济带、建设陇东煤电化工基地的战略措施，甘肃省科技厅与兰州分院共同策划组织了煤的清洁利用与转化调研活动，调研组先后考察了宁夏宁东能源化工基地、中国科学院山西煤炭化学研究所、中国科学院过程工程研究所、中国科学院大连化学物理所。与兰州市政府共同组织"兰州市大气环境污染治理'院士行'"活动，为兰州大气污染治理把脉开方，为政府科学治污提出对策建议和决策参考，同时也为广大兰州市民进行科普教育和宣传。组织冰川、冻土专家与甘肃电视台公共频道、张掖市广播电视台、肃南县政府联合组成科学考察队，对肃南县大河乡境内的祁连山冰川进行了科学考察，对摆浪河21号冰川进行了详细描述，同时为旅游开发该冰川提供了可行性建议。邀请孙洪烈、陆大道、严陆光、郑绵平、张懿、周远等多位院士和专家分别围绕西部发展、西部生态与水资源、青海盐湖资源和可再生能源综合开发与利用、企业自主创新、发展高技术产业、转基因作物等向甘肃省委理论中心组、社会各界等作了多场"科学与中国"专题报告。协同院士工作局举办"中国科学院院士兰州新区行"活动，协助院士专家为新区建设诊断把脉建言献策，4位院士和4位研究员被聘为新区智库专家。协助中国科学院科技政策与管理科学研究所专家调研兰州高新区、白银高新区并形成书面建议，为促进高新技术产业开发区深度交流与合作提供决策参考。

二、院省合作下一步重点工作

（一）积极参与"丝绸之路经济带"甘肃黄金段建设

进一步巩固院地双方高层领导不定期的对话与会晤机制，建立定期的院地合作联系制度、专题工作会议制度和合作年会制度。进一步发挥科学思想库作用，为政府决策提供科技支撑。继续围绕甘肃经济社会发展过程中的重大科技问题，组织院士、专家开展调查研究，提供战略咨询服务。进一步加强与甘肃省大型企业的科技合作，鼓励和支持院属相关研究单位与企业和高校院所共建研发中心、共建成果转化实体、联合申报科技项目和培养人才，形成利益紧密结合的产学研一体化格局。围绕以镍钴贵金属为主的功能材料、以镍钴金属为主的结构材料、羰化冶金产品等与金川集团股份有限公司加强合作，进行金属新材料研究和产业化，推动甘肃材料工业转型升级。围绕凹凸棒土、稀土等矿产资源冶炼、新材料研发和产业化等方面加强与甘肃稀土新材料股份有限公司和西北永新集团有限公司的合作，提升产业竞争力。进一步拓展与兰州兰石集团有限公司、白银有色集团股份有限公司、酒钢集团、天水星火机床有限责任公司、中国石油天然气股份有限公司兰州石化分公司、中国铝业兰州分公司、长庆油田、玉门油田等大型骨干企业的合作。联合骨干企业围绕兰白试验区优势产业、潜力产业组建研发中心，加强科技攻关。充分利用中国科学院在甘肃省的科研机构及其研究条件和设施，加大从海内外吸引高水平科学家和科研团队的工作力度，继续联合实施"西部之光"人才培养计划，做好为地方和企业培养科技带头人和博士等科技骨干工作。充分利用中国科学院在研究生培养方面的基础和优势，为甘肃省培养和输送高层次科技人才。进一步加强科技副职派遣工作，积极探索向企业派遣科技顾问机制。利用全国科学院联盟的重要平台，支持甘肃省科学院各研究所与中国科学院开展技术合作。

（二）继续推进生态修复与环境保护

甘肃省是黄河、长江的重要水源涵养区，也是我国生态系统最脆弱最复杂的地区之一，生态地位十分重要。构筑西北乃至全国重要的生态安全屏障，既关系到我省经济社会的可持续发展，也关系到国家生态安全大局。兰州分院将积极组织相关研究单位在生态区位环境治理、生态工程建设、生态补偿机制、改善城乡人居环境等领域多做工作，继续加强沙尘暴防治和尘源地生态治理、荒漠化监测和防治、生物多样性保护、森林草原湿地保护等基础研究。联合中国科学院生态环境研究中心、甘肃省科学院等相关科研力量，共同组建兰州新区城市生态联合研究中心。集监测、研究和示范为一体，开展城市生态系统中水分、土壤、生物和大气等生态要素的长期定位监测和城市生态系统的格局及过程演变研究。提升兰州新区的城市生态系统服务能力，为兰州新区的可持续发展提供理论支持和技术保障。着力推动科技与生态的融合，努力实现生产发展、生活富裕和生态良好的良性循环。

（三）加强国际交流与合作

依托科技部认定的国际荒漠与荒漠化联合研究中心以及国际反质子与离子大科学研究合作机构两家国际科技合作基地，进一步以合作研究、人才交流、基地建设为抓手，继续提升国际科技合作与交流的层次，拓展国家科技合作与交流的方式，增强国际科技合作与交流的成效。利用中国科学院在金属、材料等领域的科技优势，为企业增强创新能力提供支持，为企业与中亚西业国家的对外合作提供技术支撑。鼓励和支持研究所承担各类国际科技合作项目，承办高水平国际学术会议，不断提高国际影响力和国际竞争力。加强风能、太阳能等新能源领域的技术开发和应用研究，积极参与中国（甘肃）新能源国际博览会，组织院属相关研究单位支持甘肃新能源产业发展。

中国农业科学院兰州畜牧与兽药研究所

一、基本情况

中国农业科学院兰州畜牧与兽药研究所于1996年由中国农业科学院中兽医研究所（1958年建所）与中国农业科学院兰州畜牧研究所（1978年建所）合并成立，是一所涵盖畜牧、兽医、兽药、草业4大学科研究的综合性农业科研机构。2002年，研究所被科技部、财政部、中编办等三部委确定为非营利性科研机构。2007年，在农业部组织的"全国农业科研机构综合科研能力评估"中进入百强行列。2011年，在"十一五"全国农业科研机构科研综合能力评估中，研究所排名全国第44名、中国农业科学院第11名、甘肃省第1名、全国专业第4名、全国行业第4名。

目前研究所主要从事畜禽资源与育种、牧草资源与育种、动物营养、动物疫病、中兽医、兽用药物等应用基础研究和应用研究。设有畜牧研究室、兽药研究室、中兽医（兽医）研究室、草业饲料研究室4个研究部门和办公室、科技管理处、条件建设与财务处、党办人事处、基地管理处、后勤服务中心6个支撑服务部门。根据"畜、药、病、草"四大学科建设和科研工作的需要，按照专业、人才、科研任务、基础平台条件等内容，先后创建了牦牛资源与育种、奶牛疾病、兽用天然药物、兽用化学药物、兽药创新与安全评价、细毛羊资源与育种、中兽医与临床、寒生旱生灌草新品种选育8个中国农业科学院科技创新团队。

研究所现有在职职工193人，离休职工8人，退休职工170人。在职职工中，正高级职称19人，副高级职称52人；博士后4人，博士33人，硕士60人；博导6人，硕导38人；国家公益性行业专项首席科学家1人，国家科技支撑计划项目首席专家1人，国家兽药审评专家委员会专家6人，国家畜禽遗传资源委员会委员1人，国家现代农业产业技术体系岗位科学家4人，国家有突出贡献中青年专家2人，国家百千万人才2人，农业部突出贡献专家1人，甘肃省领军人才3人，甘肃省优秀专家2人，甘肃省"555"人才4人。4人担任全国性学术团体理事长或副理事长职务。

研究所所部占地面积6.34 hm²。现有2个综合试验基地，其中大洼山综合试验基地位于兰州市七里河区，占地157.95 hm²；张掖试验基地位于张掖市甘州区，占地207.3 hm²。研究所拥有2栋总面积达$1.7×10^4$ m²的科研大楼和$6×10^3$ m²的科技培训中心。现有各类科技平台21个，万元以上仪器设备260台（件），科技期刊1.7万余册，图书4.8万余册，中草药标本2215份，中兽医针具967件，牧草标本2300份，牧草种子标本150份，动物毛、皮标本380份。编辑出版《中国草食动物科学》和《中兽医医药杂志》2个全国中文核心期刊。

建所以来，研究所共承担科研课题1300余项，获奖261项，其中国家级奖12项，省部级奖146项；授权专利509项，发表论文5900余篇，编写著作206部；培育牛羊猪新品种5个，牧草新品种8个；创制国家一类新兽药5个；获新兽药、饲料添加剂证书72个；制订国家及行业标准38项。研究所是中国毒理学会兽医毒理学专业委员会、中国畜牧兽医学会西北病理学分会、西北中兽医学分会、全国牦牛育种协作组挂靠单位。研究所与德、美、英、荷、澳、加等国的高等院校和科研机构建立了科技合作交流关系。

二、"十二五"改革的重要举措与进展

"十二五"期间,研究所紧密围绕创新驱动发展战略,以农业部"两个千方百计、两个努力确保"为指引,以"顶天、立地"为目标,解放思想,开拓创新,以研为本,着力健全管理机制,努力营造良好环境,充分激发创新活力,大力推进原始创新,积极培育重大成果,深入服务三农,各项工作取得了显著进展。

(一)以创新工程为引领,建立和完善管理机制

研究所紧紧围绕中国农业科学院科技创新工程"两大使命、一个目标"的要求,立足研究所定位和特色优势,以服务科技创新工程为指导,以建设创新团队、促进科研成果产出、提升科技创新能力为目标,以整合科技资源、激发创新活力为手段,对研究所规章制度进行梳理,制、修订了《兰州畜牧与兽药研究所科技创新工程实施方案》、《兰州畜牧与兽药研究所人才团队建设方案》、《兰州畜牧与兽药研究所奖励办法》和《兰州畜牧与兽药研究所科研人员岗位业绩考核办法》等11个办法,建立和完善了创新工程制度体系,明确了促进科技创新工程建设的运行机制,为实施科技创新工程奠定了制度基础。初步实践表明,内部机制的创新,激发了科技人员的积极性和创造性,对研究所全面发展发挥了重要作用。

(二)以三级学科为布局,调整和优化学科团队

学科建设是研究所科研能力和发展的重要标志之一。研究所依据中国农业科学院"学科集群-学科领域-研究方向"三级学科布局要求,进一步凝练、优化、完善学科及学科方向,制定了研究所《学科调整与建设方案》,分别对"草食动物遗传育种与繁殖"、"草食动物营养"、"兽用化学药物"、"兽用天然药物"、"兽用生物药物"、"宠物与经济动物"、"中兽医学"、"临床兽医学"、"牧草资源与遗传育种"、"草地利用与监测"等10个优势学科领域和21个研究方向进行分类,确定了"动物资源与遗传育种"、"牧草资源与育种"、"动物营养"、"兽药学"、"中兽医与临床兽医学"5个学科领域,包含"牦牛资源与育种"、"细毛羊资源与育种"、"草食动物营养"、"兽用化学药物"、"兽用天然药物"、"兽用生物药物"、"中兽医理论与临床"、"奶牛疾病"和"旱生牧草资源与育种"等9个重点学科方向,为研究所畜牧与兽医学科建设和进一步开展科技创新做好战略布局。

(三)以定量考核为依据,补充和修订评价办法

研究所实行以创新团队为单元的定量考核办法,精准评价人才贡献。根据研究所《兰州畜牧与兽药研究所科研人员岗位业绩考核办法》,以团队成员职称和岗位2个要素为依据,编制创新团队人员年度工作量清单,抓住"两头",即一头重视团队科研投入(占40%),另一头突出团队科研产出(占60%),按团队全体成员岗位系数总和、团队成员职称确定团队年度岗位业绩考核任务量。业绩考核与绩效奖励直接挂钩。主要考核项目包括立项项目、获得奖励、认定成果、授权专利、出版论著、转化成果、培养人才、建设平台、国际合作等。并对上述考核内容和赋分标准,每年进行调整完善,以更充分地反映考核导向和科技人员业绩。

（四）以三元薪酬为结构，制定和实施分配制度

制定研究所工资分配暂行办法、奖励办法，以及科研人员、管理服务人员岗位业绩考核办法，实行"基本工资+岗位津贴+绩效奖励"的三元薪酬分配机制。基本工资是按照国家规定应享受的工资、津贴和补贴，是固定的、保底的，与职称和工龄相关；岗位津贴是根据不同岗位所承担的任务确定，是不固定的，不分学历职称、不论年龄；绩效奖励按照规定的奖励项目和完成情况确定，也是不固定的，明确投入，突出产出，包括项目、成果、论文、著作、专利、转让等，逐一计量核算。完成年度基本任务量，即可获得全额奖励，未完成的按比例扣减，超额完成部分予以2倍奖励。制定《职称评审赋分内容与标准》，定性与定量相结合，以定量为主，不搞论资排辈，让工作业绩突出的优秀人才脱颖而出。制定《工作人员年度考核实施办法》，对业绩突出者直接确定为优秀等次。分配机制发挥了以业绩为目标的导向作用，激发了广大职工的积极性和创造性。

（五）以全面发展为目标，夯实和加强两个建设

研究所强化服务意识，改进工作作风，认真部署，积极组织开展党的建设与文明建设工作，为研究所发展提供思想保证。通过职工大会、党支部、理论学习中心组等渠道，以专题辅导报告、辅导材料学习、研讨交流等形式开展学习教育，建立党员联系制度，推进服务型党组织，加强组织建设，牢固树立社会主义核心价值观，将全体职工的思路统一到中央的精神上来，统一到现代科研院所和创新工程建设上来。坚持开展形式多样的文明创建活动，增进沟通，凝聚力量，为研究所发展营造文明和谐的环境。研究所先后获得"全国精神文明建设工作先进单位"、"全国会员评议职工之家示范单位"、"甘肃省文明单位"、"中国农业科学院文明单位"、"甘肃省绿化模范单位"等一系列荣誉称号。

三、"十二五"改革的主要成效

（一）科研立项工作取得新收获

研究所紧紧围绕建设世界一流农业科研院所目标，发挥优势，突出特色，积极拓展渠道，充分发挥增量撬动存量作用，组织全所科技人员申报各级各类科研项目。五年来，共获得立项资助科研项目367项，合同经费达2亿元，其中留所经费1.48亿元，稳定支持经费占留所经费的38.11%。科研立项数和留所经费分别是"十一五"的1.55倍和1.43倍，实现了研究所科研经费投入总量的飞跃。其中科技基础性工作专项"传统中兽医药资源抢救与整理"总经费1034万元，公益性行业科研专项"中兽药生产关键技术研究与应用"总经费2130万元，国家科技支撑计划项目"新型动物药剂创制与产业化关键技术研究"总经费2088万元、"甘肃甘南草原牧区生产生态生活保障技术集成与示范"总经费909万元、"奶牛健康养殖重要疾病防控关键技术研究"总经费728万元。这些项目的成功立项显现了研究所在畜禽疾病防治、新兽药研发、草地畜牧业方面的雄厚实力，凸显了研究所在我国畜牧兽医科学研究中的重要地位。

（二）重大成果培育取得新突破

"十二五"期间，研究所共获得39项科技奖励，其中以第一完成单位获得省部级奖励20项。授权484项专利，其中发明专利67项，专利申请量和授权量连续两年位居甘肃省前列。制定国家标准6项，行业标准4项。培育的"高山美利奴羊"新品种通过国家审定，成为继甘肃高山细毛羊、大通牦牛之后研究所

自主培育的又一个大动物新品种。新品种羊羊毛纤维直径以 19.1 μm ~ 21.5 μm 为主，生产性能和综合品质达到了国际同类型生态区细毛羊的领先水平，填补了世界高海拔高山寒旱生态区细毛羊育种空白。获得了"益蒲灌注液"、"黄白双花口服液"、"射干地龙颗粒"和"苍朴口服液"四个新兽药证书，为畜禽疾病高效、绿色、无抗防治做出了贡献。选育了"中兰2号紫花苜蓿"、"海波草地早熟禾"、"陆地中间偃麦草"、"陇中黄花矶松"和"航苜1号紫花苜蓿"五个牧草新品种，丰富了牧草种质资源，提高了草地畜牧业经济效益。

（三）人才团队培养取得新成效

在团队建设上，研究所以保持一支稳定的、有较高学术水平的创新队伍为目标，制定了科技人才队伍建设规划，以实施科技创新工程为契机，克服西部环境的不利因素，坚持培养为主、引进为辅的人才建设原则，大力培养和引进人才。"十二五"期间，先后有6人晋升研究员，21人晋升副高级专业技术职务，37人晋升中级专业技术职务；公开招录博硕士18名；积极鼓励在职人员攻读在职博（硕）士，已有10人取得博士学位、2人取得硕士学位；选送6名科技骨干进修或出国培训；2名职工出国攻读博士学位；1人获全国农业先进个人称号；1人当选为CCTV第二届"大地之子"年度农业科技人物；2人获国务院政府特殊津贴；2人入选国家级"百千万人才工程"人选；2人获国家有突出贡献中青年专家称号；1人入选第二批农业科研杰出人才及其创新团队；4名专业技术人员到西藏、甘肃挂职；招收硕士研究生83名、博士研究生18名、留学生5名，73名博硕士研究生顺利毕业。

（四）科技平台建设取得新进展

研究所在上级部门的大力支持下，积极争取中央财政基本建设项目和修缮购置专项资金，加强科技平台建设。"十二五"期间，研究所共获得条件建设项目10项，总经费12 098万元。其中，基建经费5695万元，修缮资金4428万元，仪器设备购置资金1975万元。建成7000m²高标准综合实验室、1200m²野外观测站综合实验楼、2000m²现代化牧草加代温室、200m²中兽医药陈列馆等，修缮实验室1.3×10⁴m²，购置仪器设备62台（套），使得所区和两个试验基地的基础设施条件获得了明显改善。农业部兽用药物创制重点实验室、农业部兰州畜产品质量安全风险评估实验室、甘肃省新兽药工程重点实验室、甘肃省牦牛繁育工程重点实验室、甘肃省中兽药工程技术研究中心、中国农业科学院羊育种工程技术研究中心等科技平台先后获批，张掖基地成为全国100个国家农业科技创新与集成示范基地之一，建立的传统中兽医药资源数据库等网络数据共享平台并投入运行。

（五）成果转化服务取得新效益

研究所紧密结合农业科研和畜牧产业实际，充分发挥研究所学科特色，积极与多家省内外企事业单位交流合作，共同进行产品研发和产业拓展，使研究所在提升自身科研实力的同时，不断转化科技成果，为畜牧业可持续发展提供科技动力。五年来，先后与30多家企业签署合作协议，成果转让及技术服务合同金额1672.6万元，到位495.9万元；与甘肃、青海、四川等省地方政府和单位签署战略合作协议21份；在河北、宁夏、青海、四川、甘肃等省区举办54期培训班；推广新品种4个、实用技术26项，培训人员11 274人次，发放技术资料35 200份；研究所荣获"支持地方经济发展先进单位"称号。2012年以来，积极响应甘肃省委号召，在甘南藏族自治州临潭县4个村开展"联村联户为民富民"行动，先后40次安排专家180人次进村入户开展精准扶贫，确定扶贫户312户1139人，制定了详细的帮扶计划。研究所在甘肃省"联村联户为民富民"行动中被评为"优秀单位"。

四、今后发展思路

"十二五"以来，研究所各项事业取得了长足发展。这得益于中国农业科学院的正确领导，得益于科技创新工程的顺利实施，得益于全所职工的勤奋努力。但是，研究所也面临着一些困难和问题，需要在今后不断解决完善，使研究所能够在"十三五"更好更快地发展，取得更佳的成绩。

（一）继续抓好科研工作

科研工作是研究所的立所之本。因此，要认真编制研究所中长期科技发展规划，面对国家科技计划管理体制改革趋势，有针对性地做好科研项目的储备与建议工作。强化科研经费管理，加强过程管理，加快预算执行进度。认真组织好结题项目的验收和总结工作，积极申报各类科技成果奖、专利、新兽药和新品种。

（二）强化产业发展支撑

积极响应党中央"科技创新要面向经济主战场"的号召，进一步加强所地所企合作，大力推进研究所先进适用技术和产品的转化，促进协同创新，提高研究所服务地方经济和农业产业能力，真正实现双赢。同时，围绕服务三农和甘肃省"双联"活动，大力开展技术培训、科技下乡和科技兴农工作。

（三）推进科技合作交流

加强与国内外高等院校和科研院所深层次科技合作，筹备建立联合实验室和联合研究中心，互派人员开展学术活动和长期交流。积极参与国家农业科技创新联盟建设和"一带一路"发展计划，着力构建大联合、大协作的科技创新新局面。

（四）加强人才团队建设

克服地理劣势，体现学科特色，弥补环境短板，强化中青年科技人才的引进和培养。加大管理人员培训，提升管理水平和服务质量，营造科研人员"爱岗敬业、乐于奉献"的良好科研氛围。做好研究生招生和培养工作。

（五）完善相关管理制度

充分考虑畜牧业科研实际，认真听取多方面意见建议，从维护广大科研人员根本利益出发，进一步完善各类人员的绩效考核办法和奖励办法，让科研人员能有更多精力和动力去专心从事科学研究。同时加强财务管理，确保资金安全、高效使用。

中国农业科学院兰州兽医研究所

一、基本情况

中国农业科学院兰州兽医研究所（以下简称研究所）成立于1957年，隶属于中国农业科学院，是我国专门从事预防兽医学研究的著名科研单位之一。研究所自建所以来立足西北，面向全国，以危害严重的动物烈性传染病和寄生虫病为主要研究对象，主要从事动物病毒病、细菌病和寄生虫病的基础理论研究和应用研究，研究方向包括口蹄疫、虫媒病、寄生虫病、细菌病和草食动物病毒病等5个学科领域。承担着国家重大动物疫病流行病学调查、诊断、监测，动物和动物产品兽医卫生评估；动物卫生法规标准和重大外来动物疫病防控技术措施研究；国内外口蹄疫防控；疫病预警技术、疫源追踪技术、高通量检测技术、鉴别诊断技术、新型高效分子疫苗和战略储备疫苗的关键技术研究等工作。

研究所现有在职职工255人，其中高级专业技术职称88人，中级职称110人；具有博士学位的95人，具有硕士学位的78人。荣获国家级人才或专家荣誉称号的有14人次，其中"千人计划"入选1人，长江学者1人，国家杰出青年基金获得者1名，全国农业科研杰出人才1人，现代农业产业技术体系岗位专家4名，国家新世纪"百千万人才工程"入选2名，享受政府特贴专家4名，中国青年科技奖获得者2人，全国"五一劳动奖章"获得者2人；荣获省部级荣誉称号的有11人次，其中农业部有突出贡献的中青年专家3人；甘肃省优秀专家1人，甘肃省领军人才2人，甘肃省"333科技人才工程"第一、二层次人选和"555创新人才工程"第一、二层次人选5人；荣获中国农业科学院二级岗位杰出人才2人，三级岗位杰出人才10人。博士生导师19人，硕士生导师51人。

目前，研究所面向国家在畜牧业发展、食品安全、国家安全和社会稳定等方面的重大科技需求，重点解决猪、牛、羊、鸡等动物疫病的重大科学问题，为有效控制和消灭这类疾病，提高农牧民收入，加速农村经济增长，保障市场肉、蛋、奶品正常供应，防止危险病原侵害人类而引起的恐慌和社会动荡，维护世界和平做出积极的贡献。

二、"十二五"改革的重要举措与进展

"十二五"以来，研究所在推动科技创新发展的进程中，一直保持良好的发展态势，其原因就在于研究所落实多项改革举措以推动创新发展，形成了一套既符合自身特点，又满足自身发展需要的自主创新工作模式，主要经验和体会是：

（一）创新高效激励机制、构建一流创新团队

改革创新发展，关键在于人才。恰逢中国农业科学院科技创新工程实施，研究所紧紧抓住这一大好时机，通过多年来营造科技引智的良好环境，采取引进和自行培养相结合的模式引进和培养高端人才，构建高层次创新团队。如提供优厚待遇先后引进"千人计划"和"国家杰出青年"、中国农业科学院"青年英才计划"等领军人才；充分利用研究所与国际知名科研院所之间签订的合作协议、合作备忘录等资

源平台，进一步加强海外智力引进与交流，引进或邀请海外知名的学者与专家来研究所工作或开展合作交流。

根据岗位性质的不同，建立了形式多样、自主灵活的奖励分配办法和激励机制，鼓励知识和技术作为生产要素参与分配，切实保障技术成果完成人的技术权益和经济利益；坚持收入分配与业绩贡献相挂钩，并向优秀人才和关键岗位倾斜，做到一流人才、一流业绩、一流报酬，切实加强人才队伍建设。

目前，研究所已打破传统的课题组机制体制，以创新团队为科研单元进行研究，共组建了口蹄疫流行病学、口蹄疫防控技术、家畜寄生虫病、寄生虫与虫媒疫病、畜禽重要人兽共患病、草食动物病毒病、草食动物细菌病、动物病毒分子生态学、猪禽消化道感染与粘膜免疫及宿主抗病毒感染与免疫生物学共10个中国农业科学院创新团队。

（二）加强重点学科建设，形成合理科研布局

研究所长期以来，以草食动物疫病的应用和应用基础研究为主线，研发的产品产生了巨大的经济和社会价值，在草食动物寄生虫病研究上，处在国内领先的水平，在国际上具有较好的影响力。"十二五"期间，在加强现有学科、研究方向布局的同时，重点培育了草食动物免疫学研究方向，为进一步从机理上阐明病原感染和宿主免疫的机制，为有目标地研发新型草食动物疫病防控技术奠定理论基础。

作为农业部学科群牵头单位，研究所联合国内相关单位组建了动物疫病病原生物学学科群，学科群是以农业部动物疫病病原生物学综合实验室为龙头，以6个专业性重点实验室为骨干，4个科学观测实验站为延伸的重点实验室体系。专业性实验室包括农业部动物病毒学重点实验室（浙江大学）、农业部动物细菌学重点实验室（南京农业大学）、农业部动物免疫学重点实验室（河南省农业科学院）、农业部动物流行病学与人畜共患病重点实验室（中国农业大学）和农业部动物疾病临床诊疗技术重点实验室（内蒙古农业大学）；科学观测实验站包括农业部动物疫病病原生物学华东科学观测实验站（山东农业大学）、农业部动物疫病病原生物学重点实验室东北科学观测实验站（东北农业大学）、农业部动物疫病病原生物学重点实验室华北科学观测实验站（河北农业大学）和农业部动物疫病病原生物学西南科学观测实验站（云南省畜牧兽医科学院）。学科群的组建迅速实现了动物疫病病原生物学研究在全国的合理布局，形成纵向贯穿、横向结合的科技创新体系，合力解决动物疫病防控的重大关键技术问题，全面提升我国动物疫病研究的科技创新水平，为我国重大动物疫病防控提供丰富的资源平台、坚实的理论平台和全新的技术平台，从而保障我国畜牧业健康持续发展。

结合国家"一带一路"战略规划和研究所学科建设布局需求，研究所还与塔里木大学动物科学学院共建了"中国农业科学院兰州兽医研究所南疆研究基地"；与新疆畜牧科学院共同组建了针对西部毗邻国家动物疫病开展防控研究的"中国农科院兰州兽医研究所跨境动物疫病研究实验室"。拟与新疆农垦科学院、宁夏农林科学院、西藏农牧科学院、东北林业大学、新疆农业大学等单位陆续联合共建相关实验室，为国家动物疫病防控做好服务和技术支撑。

（三）建立科研服务体系，增强科学管理能力

科研院所的核心是围绕科学研究开展工作，因此研究所的科研管理也始终本着为科研水平的提升为宗旨、为最终目的，其中科研项目的管理是重中之重。"十二五"期间，研究所加强与甘肃省科技厅等相

关单位的联系，为全所科技人员提供科研项目全过程指导服务。建立形成了涵盖申报立项、项目实施、预算执行、结题验收、成果保护及推广应用的全方位科研咨询服务体系，指导科技人员按照相关法律法规开展科学研究、依照预算合理使用经费，确保科研项目执行进度，逐步建立和完善科研管理分级、分类的常态化宣传培训制度，使科技人员熟悉掌握科研管理的相关政策规定。同时研究所面向国家战略和经济社会发展需求，结合自身优势特色，集成所内、所外优势资源，遴选、推荐基础好、水平高且符合相关规定要求的项目申报各级各类科研计划项目。

此外，研究所十分注重成果与知识产权管理，积极创造条件，建立健全知识产权的申报、转让、使用信息登记制度，杜绝以任何方式隐匿、私自转让、非法占有或谋取私利，减少知识产权流失隐患，有力地保障了研究所和科技人员的合法权益。并逐步形成了以动物疫苗、动物疫病诊断制品、制剂等研发为主导产品的结构体系，进一步提高动物疫病诊断制品研发、生产实力，为我国畜牧业健康可持续发展，保障公共卫生安全做出重要贡献。

（四）拓展国际合作空间，国际合作交流不断深化

"十二五"期间，研究所始终把握全球兽医研究领域发展前沿和趋势，以强化预防兽医学学科建设为主要目标，加强智力、技术的引进，拓宽合作领域，提升研究所整体研究水平和国际影响力。在已有OIE参考实验室的基础上，充分利用现有的国际合作资源，吸引了包括美国、英国、法国、澳大利亚等农业科技发达国家一大批国际知名的专家、学者来所进行访问与学术交流。同时利用在塔里木大学建立的合作基地，先后与哈萨克斯坦、吉尔吉斯斯坦等"一带一路"沿线国家在动物疫病防控领域优先开展科技创新合作。

在重大前瞻技术、核心关键技术等方面，积极推进已联合申请的欧盟地平线2020计划、国际原子能机构（IAEA）等国际合作项目。提高国外先进关键技术的引进、消化和吸收力度，增强前沿技术储备能力，为打造国际一流的兽医科学研究机构奠定坚实基础。

（五）加强实验室建设，优化科研创新平台

"十二五"期间，研究所依托各创新团队，持续推进家畜疫病病原生物学国家重点实验室、OIE/国家口蹄疫参考实验室、OIE羊泰勒虫病参考实验室、农业部动物疫病病原生物学综合实验室、农业部草食动物疫病重点开放实验室、农业部兽医公共卫生重点开放实验室、甘肃省动物寄生虫病重点实验室、甘肃省生物检测工程技术研究中心科技平台等设施设备建设，着力提升各级重点实验室综合实力，确保这些平台在同行业中的优势地位和引领示范作用。为各创新团队在相关学科领域开展疫病病原学、流行病学、免疫学、致病机制、免疫机理、防控技术、新型疫苗和诊断技术等研究提供有力保障；为确保科研工作可持续发展，进一步发挥中国农业科学院兰州兽医研究所的科研创新能力奠定坚实的物质基础。

二、"十二五"的亮点与成效

（一）领域或行业重大科技创新

组建产业技术创新联盟，促进产业水平整体提升。从我国科技创新发展的趋势来看，产业技术创新联盟已成为科技创新的主体。"十二五"期间，研究所积极跟踪动物生物制品行业发展态势，将产业联盟

的发展与自身的发展相结合，联合了包括中国农业科学院哈尔滨兽医研究所、中国农业大学、中农维特生物科技股份有限公司、内蒙古金宇集团公司在内的44家国内知名科研院所、企事业单位成立了"动物生物制品产业技术创新战略联盟"，旨在有效整合我国该领域的资源，减少重复性工作，提高投入产出比，从条块分割的单兵作战真正形成一个产业链上产学研三方协同的兵团作战，提高我国该产业的创新能力和国际竞争力。目前，各盟员单位之间已基本形成紧密、稳定、有序的产学研合作关系，已在动物生物制品产业中形成具有自主知识产权核心技术标准，支撑和引领着动物生物制品产业技术创新。同时，通过集聚和整合创新资源，形成了动物生物制品产业的技术创新链，提升了动物生物制品行业核心竞争力，促成了产业结构的优化升级。近期，科技部已将动物生物制品产业技术创新战略联盟列为重点培育联盟，待进一步完善并具备条件后将优先纳入后续批次国家试点联盟。

（二）成果转化与产业化

"十二五"期间，研究所在传统优势研究领域口蹄疫疫苗的研制技术方面与中农威特生物科技股份有限公司、中牧实业股份有限公司、金宇保灵生物药品有限公司等企业强强联手，先后转让口蹄疫O型、A型、O/A双价、O/A/Asia I型三价疫苗4种，转让O型与A型疫苗种毒2个，创制的口蹄疫高效疫苗在全国31个省市推广应用，使我国口蹄疫得到有效控制。其中亚洲I型口蹄疫自2009年6月以来，已连续80个月在全国没有发生；O型口蹄疫及A型口蹄疫也逐年减少。此外，还选育出全球首例O/MYA98/BY/2010制苗种毒，创制了国际首例"猪口蹄疫O型灭活疫苗（O/MYA98/BY/2010株）"，并于2011年1月18日由农业部兽医局紧急批准生产使用，迅速遏制我国缅甸98谱系口蹄疫疫情的爆发。该疫苗还出口越南、朝鲜和蒙古等国家，防疫效果显著，被OIE/FAO口蹄疫参考实验室网络会议连续4年推荐作为本地区使用的制苗毒株。目前，研究所口蹄疫疫苗创制技术属国际领先水平，研制的疫苗是目前我国口蹄疫防控的主导产品，市场占比在40%以上，为我国口蹄疫防控发挥了重要作用。其中2012年3月至2014年12月，口蹄疫疫苗已累计销售收入23.6亿元，创汇92.98万美元，上缴利税超过8000万元。

（三）能力提升

"十二五"期间，研究所对已有学科进行不断调整和优化，以学科发展和成果转化为龙头，不断提高基础研究水平，大力发展应用研究、高新技术研究、交叉学科和边缘学科研究，与国内、国际同行全方位合作，全面提高协同创新能力。先后承担2项国家"863"项目、1项"973"项目（这是截至目前我国在兽医寄生虫研究领域的第一个"973"项目）、6项国家科技支撑计划项目、5项转基因生物新品种培育重大专项项目、2项农业科技成果转化资金项目、4项科技部国际合作专项项目、58项国家自然科学基金项目、10项国家农业公益性行业科研专项项目、4项现代农业产业技术体系建设专项资金项目、21项农业部项目、1项欧盟科技合作专项项目、2项国际原子能机构合作项目、15项甘肃省重大科技专项等重要研究课题110余项；在Nature Communications、PNAS、Genome Biology、Biotechnology Advances、Trends in Parasitology等国际知名SCI收录期刊发表论文500余篇；获得中华农业科技奖一等奖1项，甘肃省科技进步一等奖1项，二等奖2项，三等奖1项；甘肃省技术发明三等奖1项，自然科学二等奖1项；获得国家一类新兽药证书1项，二类新兽药证书4项，三类新兽药证书3项；授权发明专利105项，实用新型专利61项。

（四）人才与团队培养

研究所将科技人才队伍建设作为科研事业发展的基础，强力推进高层次人才队伍建设。按照"按需设置岗位，按岗选聘人才，按事提供支持，动态跟踪管理"原则，严格标准选聘国际一流人才。根据入选者所承担的科技任务和工作需要，给予个性化支持，努力通过实践锻炼，使入选者尽快成长为堪当重任的领军人才。同时，依托家畜疫病病原生物学国家重点实验室自筹资金每年选派5~8人赴国外知名大学、研究所进修一年，从2011年起至今，已选派5批28人，目前已有15人分赴美国耶鲁大学，马里兰州大学巴尔的摩分校、普渡大学、明尼苏达大学等知名大学在免疫学基础研究、虫媒病致病机理、狂犬病、寄生虫功能基因组学研究技术的开发与应用、疑似癌症相关基因功能等方面进行为期一年的合作研究，学习国外先进的研究技术，了解知名学府在兽医学研究的优先领域和机制，搭建了合作契机。

而且研究所十分重视对研究生的培养，随着研究生培养规模的不断扩大，研究生已经从"研究所科研工作的一角"逐渐成为"农业科技创新中的主力军和生力军"。立足规范培养，着力提升研究生培养质量，2011年以来已毕业博士研究生29名，硕士研究生128名，出站博士后研究人员5名。与华南农业大学、南京农业大学、中国农业大学等联合培养研究生50人。自2012年起又开始招收外国博士研究生，目前的留学生主要来自苏丹、科摩罗等国家，进一步提高研究生学术创新体制，营造良好的学习氛围。研究生的培养质量有了较大提高，不仅发表的论文数大幅度增加，而且涌现了一批出类拔萃的青年学子，有三位学生获得2013年研究生国家奖学金，一位获得中国农业科学院优秀硕士论文。培养的研究生已遍及政府机关、科研机构、畜牧公司，成长为一批工作作风严谨、理论功底扎实的兽医领域的优秀人才。

（五）服务经济社会发展

为了深入贯彻落实党的十八届五中全会精神关于"加快转变农业发展方式"的指导方针，充分发挥研究所和地方动物疫病防控部门的资源优势，加速科研成果的转化，推动地方经济的快速发展和社会主义新农村建设步伐。"十二五"期间，研究所与依托各省动物疫病预防控制中心和省级兽医研究所，建设了动物疫病监测基地和实验基地。先后与青海省动物疫病预防控制中心、甘肃省动物疫病预防控制中心、宁夏动物疫病预防控制中心、宁夏农林科学院畜牧兽医研究所等单位签订了共建协议，在宁夏、青海和甘肃建立了"所地共建动物疫病防控新技术试验示范基地"，挂牌在各省动物疫病预防控制中心。目前各示范基地主要开展动物疫病病原研究，掌握各省动物疫病的发生情况、流行病种，分离获得动物疫病主要病原的流行毒株并研究其遗传进化关系；开展动物疫病流行病学调查研究，分析动物疫病流行情况与规律；开展动物疫病诊断检测技术研发及推广应用，提高各省动物疫病诊断能力；开展动物疫病综合防控及净化技术措施研究，提高各省动物疫病防控技术水平；开展疫苗及新型防控制剂研发、示范与推广。同时，通过加强与各省科技厅、农业大学动物医学院等单位的合作与交流，形成覆盖全省的动物疫病科研、推广与技术服务网络，为各省培养动物疫病防控方面的技术人才。研究所先后在内蒙古、青海、甘肃、四川、湖北、辽宁、河南、福建、广东等地举办或参与技术培训班共计35次，参会人数达2830余人。

研究所还积极响应甘肃省委、省政府关于认真开展"联村联户 为民富民"行动，研究所领导班子成员率领有关部门的中层干部及相关专家赴联村联户行动联系点落实帮扶项目，针对牧区群众在生产生活中存在的阻碍发展的难点难题，提出了"以草定畜，减轻草场载畜量"的建议，并组织有关畜牧专家，协助乡政府制定偏茨牛、藏羊和牦牛等牧业产业结构中长期发展计划，使牧业生产与现代科学技术相结合，促进传统畜牧业向现代新型畜牧业的转变，提高牧民畜牧业经济效益。同时，充分发挥研究所在家畜疫病方面的防控技术优势，加强动物疫病防疫力度，提高牛羊的生殖、生产能力，为牧民经济创收提供强有力的保障。

四、"十三五"发展思路

"十三五"时期将是研究所全面提升综合实力，建成世界一流研究所，夯实基础的重要时期。为了目标明确地配合中国农业科学院的发展战略，尽快把研究所打造成为预防兽医领域世界一流研究所，必须切实增强农业科技创新的使命感和紧迫感，更加聚焦于重大动物疫病防控研究的全局性、基础性、战略性、前瞻性的科学与技术问题。引导各科研创新团队在以口蹄疫、禽流感、小反刍兽疫、猪病毒性腹泻等病毒病、以支原体、衣原体、布鲁氏杆菌等细菌病和以弓形虫、绦虫蚴、梨形虫等寄生虫病上加大防控新技术研发力度，研究疫病防控共性关键技术、新材料等，形成一系列重要成果，为我国动物疫病防控提供重要技术支撑；同时，注重引导基础研究，开展病原生态学、流行病学研究，进行新病原种（株）分离鉴定、研究病原多样性和病原遗传演化规律、感染与免疫机制、病原-宿主-环境相互作用以及病原耐药和免疫逃避机制等，形成一些具有重大影响力的理论创新，为新型防控技术研发奠定基础。

"十三五"期间，研究所还将进一步完善激励机制和绩效考核办法，突出创新重点，不断开拓创新，从基础研究、应用基础和基础性工作到成果转化环节精心设计，有意识地将优秀人才、创新平台、已有及新增资源向其集中，提高创新效率。同时加强多方面、多渠道的科研协作，积极参与或主导重大科学命题，取得重大突破，获得原创性的国际一流成果，并利用各种手段和途径加快转化，实现"顶天"与"立地"的有机结合，进而提升研究所的综合实力，为"同一个地球、同一个医学、同一个健康"做出积极贡献。

甘肃省农业科学院

一、基本情况

甘肃省农业科学院（以下简称省农科院）始建于1938年，为省政府直属事业单位。作为甘肃省综合性农业科技创新机构，主要职能是发挥省级公益性农业科研中心的引领作用，服务甘肃省农业和农村经济建设；承担区域农业科技创新体系建设任务，提高甘肃省农业科技自主创新能力；针对全省农业和农村发展中亟待解决的重点和难点技术问题，开展具有重大带动和促进作用的农业新品种、新技术、新产品的科学研究和技术创新；加速农业科技成果转化应用，提高农民科学素质，提高科技进步对农业生产的贡献率；加快农业科技高、精、尖人才的引进和培养，为甘肃省社会主义新农村建设提供技术支撑；开展农村发展战略、农业科技信息和现代农业经济研究，为省委、省政府科学决策提供智库服务。

省农科院下属研究所有：作物研究所、马铃薯研究所、小麦研究所、旱地农业研究所、生物技术研究所、土壤肥料与节水农业研究所、蔬菜研究所、林果花卉研究所、植物保护研究所、农产品贮藏加工研究所、畜草与绿色农业研究所、农业质量标准与检测技术研究所、经济作物与啤酒原料研究所（加挂中药材研究所牌子）、农业经济与信息研究所等14个，在兰外设有3个试验场、3个专业试验站。全院现有职工1665人，在职职工871人；有硕、博士299人，高级专业技术人才246人；入选国家"新世纪百千万人才工程"3人、国家级优秀专家3人、省优专家12人、省领军人才40人、享受国务院特殊津贴35人，有省科技功臣2人、陇人骄子2人，有国家现代农业产业技术体系首席科学家1人、岗位科学家10人、综合试验站站长12人、博士生导师8人、硕士生导师45人。核定院领导职数7人，实有7人。

省农科院主要研究领域有：农作物种质资源创新与保存利用、农作物新品种选育、主要农作物高产优质高效栽培技术、区域农业（旱作、节水、生态环境建设）可持续发展、农产品贮藏加工技术、设施农业技术、土壤培肥及科学施肥技术、农作物病虫草害灾变规律及综合控制技术、中药材种质资源创新利用和种苗生产及规范化栽培技术、农业生物技术、畜草品种改良、农业质量标准及无公害农产品检验监测、绿色农业研究和农业工程咨询设计等。编辑出版刊物有《甘肃农业科技》。现设有国家绿色农业兰州研究分中心、国家大麦改良中心甘肃分中心、国家胡麻改良中心甘肃分中心、国家甲级资质工程咨询中心、国家农产品加工研发果蔬分中心、国家农产品加工预警甘肃分中心、西北农作物新品种选育国家地方联合工程研究中心、农业部农产品质量安全风险评估实验室、农业部西北作物抗旱栽培与耕作重点开放实验室、甘肃省优势农作物种子工程研究中心、甘肃省农产品贮藏加工工程技术研究中心、甘肃省旱作区水资源高效利用重点实验室、甘肃省农业废弃物资源化利用工程实验室、甘肃省无公害农药工程实验室、甘肃省中药材种质改良与质量控制工程实验室、甘肃省小麦种质创新与品种改良工程实验室、甘肃省马铃薯种质资源创新工程实验室等16个工程中心（实验室）和1个博士后科研工作站，有9个农业部野外科学观测试验站和13个现代农业产业技术体系综合试验站。

二、"十二五"改革的重要举措与进展

"十二五"时期，省农科院坚持"科研立院，人才强院，创新兴院，产业富院"的建院方针，抢抓机遇，砥砺进取，坚持自我发展与服务三农并重，在不断破解发展难题中实现一步步跨越。围绕科研中心，坚持大力争取项目与力促科技创新并重，不断提升全院的核心竞争力。强化党管干部、党管人才，坚持干部队伍和人才队伍建设与长效机制构建并重，不断优化管人用人培养人的政治生态。创新管理，强化服务，坚持改革发展与改善民生并重，不断让发展成果更多地惠及全院职工。高举旗帜，把握方向，坚持科学发展与加强党建并重，不断强化政治核心和战斗堡垒作用。全院各项事业在实现平稳接续的基础上，科研基础进一步夯实，创新能力显著提升;体制机制进一步完善，创造活力有效激发;党的建设进一步加强，政治生态不断优化;院容院貌进一步美化，干部职工的获得感显著提高;办院条件显著改善，综合实力不断提升。

三、"十二五"主要成效

（一）坚持科研中心地位，持续推进科技创新再上新台阶

1. 以争取项目为先手，紧抓申报立项不放松

"十二五"期间，全院争取到各类科研项目800余项，项目合同经费和到位经费逐年增加，五年合同经费累计达4.37亿元，到位经费3.75亿元，合同经费是"十一五"期间1.85亿元的2.4倍，超额完成"十二五"规划的科研项目经费2亿元以上的目标。"十二五"期间共争取国家自然科学基金项目72项，总经费3500万元，分别是"十一五"期间（13项、316万元）的5.5倍和11倍。

2. 以生产需求为导向，紧盯促进创新不放松

一是农作物新品种选育取得新成效。选育出小麦、马铃薯、胡麻、瓜菜等新品种126个，其中通过国家审（认）定品种4个，通过省级审（认）定品种77个。这些品种大部分已在省内外大面积种植，取得了良好的经济和社会效益。二是支撑现代农业发展关键技术研究取得新进展。重视发挥农业部产业技术体系1位首席科学家、10位岗位科学家和12个试验站站长项目的主体作用，大力推进科技创新和成果示范推广。创新提出河西走廊高产农田水肥资源高效调控技术；研究提出沿黄灌区滴灌水肥一体化技术、旱地果园高垄覆膜集雨保墒提质增效技术、双孢菇培养料简易通风发酵和冬季温室无土栽培技术、非耕地食用菌安全高效栽培技术、全膜双垄沟播玉米田除草剂使用关键技术；集成创新提出旱区主要农作物废弃物资源化利用关键技术、水土流失和干旱瘠薄型中低产田改良技术、旱地全膜双垄沟玉米机艺一体化抗逆增产节本种植体系，形成了"化控+地膜覆盖"冬小麦和玉米防旱减灾技术；预警提出小麦条锈菌贵农22致病类群为我国小麦条锈病的流行生理小种种群，组建了不同毒性谱的小麦条锈病菌单孢菌系库；系统研究了全省保护地蔬菜根结线虫的发生种类、分布危害、发生规律、品种抗病性以及绿色防控关键技术；深入研究了重要有害生物黄芪根瘤象、马铃薯甲虫、苹果蠹蛾的生物学、生态学特性；研究获得了棉花转基因抗虫品系等一大批生物材料。三是农业科技新产品研发取得新突破。研制出果品保鲜剂、生物有机肥料、日光温室墙体保温被、苹果白兰地等新产品、新材料35个，新工艺3种。设计建设了苹果保鲜粉剂和胶囊中试生产线、2条抑芽剂中试生产线以及3种马铃薯贮藏设施。

3. 以学科发展为导向，紧盯学科建设不放松

根据全省现代农业发展重点，加强了质量标准检测、畜禽健康养殖、中药材等领域研究，新成立了中药材研究所，农业质量标准与检测技术研究所和畜草品种改良研究所。启动实施院创新工程，围绕"学科群-研究领域-研究方向-研究团队-研究基地"基本构架，强化顶层设计，进一步明确全院学科设置与科研方向。先后启动安排专项经费1600万元，择优支持了2个重大专项和11个学科团队建设。通过加强学科建设，旱地农业、土壤肥料等传统优势学科得到巩固和提升，农业经济、生物技术、中药材、畜牧养殖等学科得到加强和发展。

4. 以成果培育为目标，紧盯凝练提升不放松

五年来，通过鉴定或结题验收的项目共计284项，其中国家级科技计划项目51项，省级科技计划项目79项，其他项目154项。完成省级科技成果登记139项。授权发明专利51项、实用新型专利22项、计算机软件著作权6项、发布地方标准51项，在各类期刊上发表论文1200余篇，其中SCI收录期刊22篇；出版专著17部。"十二五"期间知识产权保护授权总数是"十一五"的3.5倍，超额完成了规划任务。

"十二五"期间，省农科院取得的科技成果累计推广应用面积达 1.97×10^7 hm²，新增粮食 2.8×10^7 t、油料 2.78×10^5 t、蔬菜 2×10^6 t、果品 1.81×10^6 t、中药材 1.15×10^4 t、饲草 9.36×10^6 t、棉花 1.9×10^4 t、节水 5.77×10^8 m²，繁殖种羊12.83万只、育肥肉牛3.45万头、繁育种苗1272.9万株，加工各类农产品 1.6×10^5 t、保鲜果蔬 2.59×10^5 t，新增产值794.6亿元，新增纯收益429.55亿元。

五年共获得各类科技成果奖励124项。其中国家科技进步一等奖1项（协作）、二等奖2项（协作）；国家农牧渔业丰收奖一等奖1项；农业部中华农业科技奖11项，其中二等奖4项、三等奖7项；省级科技进步奖47项，其中一等奖1项、二等奖25项、三等奖21项；地厅级奖励13项；各类社会力量获奖49项。

（二）履行服务"三农"职能，面向基层探索成果转化新机制

1. 创新"1256""双联"新模式，扎实推进任务落实

一是加强组织领导，搭建稳固平台。根据甘肃省委统一安排，镇原县上肖乡路岭村、南李村和青寨村以及南川乡沟卢村为省农科院联系村。全院228名县处级以上干部和科技人员广泛参与，各项工作迅速展开。依托镇原试验站，投资100多万元在全省首创建成"甘肃省农业科学院联村联户为民富民行动服务之家"，拥有3500 m²的生活、科研、培训等基础设施。经过实践探索，省农科院在镇原县创建了"1256"科技惠农新模式，即：打造一个科技扶贫培训高地、强化科技和产业两大支撑、推行五项工作制度、建立省市县乡村户六级联动推进机制，为全省精准扶贫、精准脱贫树立了榜样。二是培育富民产业，加快脱贫步伐。在省农科院的帮助下，三个联系村已基本建立起旱作农业、林果种植、肉牛养殖三大致富产业。结合产业需求，累计开展各类培训活动100余场次，发放培训资料1.7多万册，培训农民1万余人次，发放良种68 t以上、各类农资36 t以上。经过不懈努力，三个行政村年人均纯收入增速20%，2014年人均纯收入达到5552元，南李村和路岭村已实现脱贫，累计减少贫困人口1490人。自2015年起，省委增加镇原县南川乡沟卢村为省农科院第四个联系村。三是密切党群干群关系，锻炼提升干部能力。认真落实轮流驻村工作制度，院属3个研究所党总支分别与3个村党支部开展了结对共建活动，派驻2支扶贫工作队入村工作，深入农户宣传政策，共谋致富良策。双联行动开展以来，省农科院双联点接受考察观摩达60批次、6000余人次，受媒体采访报道30余次，取得了显著的社会效益和经济效益。2013年、

2014年省农科院连续两年获全省双联工作"民心奖"。

2. 实施"三百"行动，助推全省"双联"及"1236"扶贫攻坚行动

省农科院自2012年开始在全省范围启动实施了三百增产增收科技行动，即：由100名专家领衔的团队，进驻100个村或企业，推广100项科技成果。坚持把"三百"行动与"双联"、"1236"扶贫攻坚、"三区"人才计划以及具体科研项目实施相结合，在全省58个贫困县建立了111个示范点，服务57个行政村、31家企业和18个专业合作社。共示范推广新品种83个、新技术111项、新产品15个。累计发放良种420 t、农资300 t，举办技术指导和培训660场次，培训农民6.9万人次。示范区域各类农作物产量增产10% ~ 30%，示范面积$1.1 \times 10^4 \text{ hm}^2$，辐射带动近$1.67 \times 10^5 \text{ hm}^2$，新增收益7亿元以上，为当地精准扶贫、精准脱贫发挥了科技支撑作用。

3. 助推民族地区产业发展，"三区"人才计划项目有效推进

研究提出了合作市食用菌栽培、草食畜牧业、退化草场治理修复等适宜的成果示范推广和科技服务方法，完成"卓尼县申藏乡旦藏村和木耳镇多坝村产业发展规划"，助推了民族地区农业产业发展。近两年来，全院专业技术人员积极参与申报"三区"人才计划项目，全院有268人次入选"三区"人才库，争取经费632万元，对口支援49个贫困县区，已取得初步成效。

4. 加强农业干部培训，为全省农业发展输送高层次人才

依托省农科院省一级干部教育培训基地和省农村人才教育培训基地，分别举办现代农业发展专题研讨班3期和乡镇干部农技推广能力提升培训班12期，培训涉农县（处）级干部120多人，培训乡镇干部和农技人员1500多名。先后选派18名科技人员挂任科技副县（区）长，3人到贫困村挂任第一书记，发挥科技专长和优势，推动当地经济发展。

（三）增强发展支撑能力，面向基层探索成果转化新机制

1. 锻造人才队伍，为发展提供智力支撑

一是创新培养模式，提高人才素质。积极争取人才工程和项目扶持，形成了"人才+项目""人才+产业""人才+团队"的培养模式。实施"152"人才培养工程，重点选拔、培养144名科研、管理、成果转化与技术推广三类院级创新人才。推荐5人为"西部之光"访问学者，7人入选陇原青年创新人才扶持计划重点培养，4人享受政府特殊津贴，1人增补为省领军人才第二层次。累计争取人才项目近30项，总经费1000多万元。在院列创新专项中每年设青年基金100万元，重点扶持中青年科技人员开展自主研究。组建了11个院级创新团队，投入1100万元重点扶持，一批学科带头人及科研骨干迅速成长。五年累计培养博士后4人、博士23人、硕士41人。20人受聘中国博士后科学基金评审专家，52人被聘为研究生导师。二是引进急需人才，改善人才结构。以公开招聘为主，引进科技人才92人，其中硕士以上68人。积极开展"柔性"引才，聘请7位院士、50多位国内外知名专家为特聘专家或客座研究员。截至"十二五"末，全院有各类人才730人，较2010年增加11.1%。其中，专业技术人才538人、管理人才106人、工勤技能人才86人，分别占人才总量的73.7 %、14.5%、11.8%。拥有博士86人、硕士213人，硕士以上学历占人才总量的41%；博士、硕士分别比"十一五"末的59人、152人增加27人、61人，分别增长46%、40%。拥有高级研究人员246人，占专业技术人员的44.1%，比"十一五"末的193人，增加53人、增长

27%。拥有国家"百千万"人才3人，国家级优秀专家3人，享受政府特殊津贴人员35人，省科技功臣2人，省政府特聘科技专家1人，省优秀专家12人，陇人骄子2人，省领军人才40人，省属科研院所学科带头人5人。初步建成了一支学科门类比较齐全，创新能力较强的农业科技创新队伍，为推动全省农业转型跨越发展提供了有效的人才保障。

2. 改善创新平台，为发展提供硬件支撑

五年来，全院投入科研基础条件和科技创新平台基地建设费用达到1.24亿元。新增仪器设备576台（套）、专用玻璃温室5座共计3580 m²。申请获批农业部野外科学观测试验站9个，国家作物改良分中心3个，国家级作物品种审定区域试验站1个，国家农作物种质资源平台子平台1个，西北优势农作物新品种选育国家地方联合工程中心1个；争取到省级抗旱高淀粉马铃薯育种创新基地1个，大麦、冬小麦、豌豆原原种建设基地各1个，省级工程技术中心5个，省级工程中心和（重点）实验室7个；新建或改建院级实验室15个；新建院级科研基础平台5个。设计建成了"科研信息管理平台"、"农业技术转移平台"和"甘肃省农科院农业科技数字图书馆"。与此同时，试验站建设力度加大，清水试验站实验楼建成投入使用；在张掖试验场建立了种子生产加工基地及3.78 × 10⁴ m²的晒场。累计投入1120万元对3个试验场及18个区域试验站的基础条件和生活设施进行了维修改建。至"十二五"末，省农科院科研条件及仪器设施大为改善，初步形成了布局合理、特色明显的农业科技创新支撑体系。

3. 提升管理服务，为发展提供软件支撑

一是加强宏观调控，促进管理方式转变。坚持集体领导和分工负责制度，提高决策的民主性、科学性。根据实际需要，调整、组建了一大批临时机构，使各项工作组织得力、责任明确、有序推进。根据事业单位分类改革有关要求，上报了省农科院及其所属18个法人单位分类意见；与此同时，稳妥推进配套改革以及院（所）属企业改革。严格执行中央"八项规定"和省委"双十条"规定，压缩"三公"经费，增加科技创新、基础条件建设、试验场补助、民生改善等方面的经费投入。优化院列创新专项管理，启动实施了院创新工程。进一步规范办文办事程序，提高服务效能。完成了全院干部职工住房情况登记审核。保障职工绩效工资、调标工资、在职职工应休未休工资及时足额发放，将住房公积金单位应缴比例由8%提高为12%，提高了职工福利待遇。加强节能项目建设，2011年省农科院被确定为省直27家重点用能单位，2013年被评为第二批省级节约型公共机构示范单位，可望建成国家级节约型公共机构示范单位。根据全院事业发展的需求，修订完善了科技奖励办法以及党建方面的一系列规章制度，各项管理更加规范化、科学化。二是促进所场合作，加强试验站建设。在深入调研的基础上，制定出台了《关于进一步加强所场合作，推进试验场建设发展的意见》和《关于进一步提高试验站综合发展能力的意见》。转换发展思路，立足试验场建设综合试验基地，确立了"立足院场、综合建站、挖潜改造、内涵发展"的试验站建设总体思路，提出了有地、有房、有基本科研设施、有生活保障、有鲜明学科专业特色、常年有科技人员驻点、有稳定经费保障等"七有"的建站标准。通过召开所场合作和试验站建设现场推进会、所场合作对接座谈会，筹措专项资金支持所场合作和试验站建设。研究所分别与各试验场开展了联合申报科研项目、共建试验基地和资源圃等多种形式的合作，所场合作和试验站建设的成效已初步显现，试验场的发展呈现新的生机和活力。

（四）营造发展内外环境，对外展示度有了新的提升

1. 改善基础条件，提升院容院貌

经过多方努力，历时4年时间，完成总建筑面积1.8×10^4 m^2的甘肃农业科技创新大厦建设，一批省部级重点实验室、工程技术中心（分中心）等落户创新大厦，极大改善了办公和科研条件，显著提升了对外展示度和影响力，标志着省农科院基础设施建设实现了历史性的突破。创新大厦先后荣获2013年兰州市建设工程"白塔奖"和2014年度甘肃省建设工程"飞天奖"。完成综合楼、实验楼、挂藏室等维修改造及部分供电、供水、供暖、供气设施改造，新建2.2×10^3 m^2的种子交易市场，完成食用菌中心建设，新建职工食堂，维修改造了职工健身场所工程，配合市政工程建设完成了院部周边多项同步工程，院容院貌实现重大改观。职工公租房建设稳步推进，完成2栋楼、4×10^4 m^2的第一批公租房建设，共计384套。第二批公租房正在稳步推进，建成后将彻底解决全院职工的安居问题。

2. 加强合作交流，提升对外影响

一是加强学术交流，加大开放合作。以学术报告会、博士论坛等为主要形式，营造了良好的学术氛围。五年共举办各类学术报告会60场次，全院学术交流更加活跃。成功承办了人社部2期全国高级研修班。与荷兰国家土地局合作组建了"中国干旱半干旱地区工业污染土壤管理中-荷技术转移中心"，与国际玉米小麦改良中心、澳大利亚西澳大学、香港中文大学、印度国际半干旱热带作物研究所、美国农业部农业研究局国家小粒谷类作物马铃薯种质研究所签署了科技合作协议或备忘录；分别与嘉峪关市人民政府、中国农业科学院特产研究所、甘肃省农垦总公司、甘肃省机械研究院、民乐县人民政府等10余个对象签订了科技合作框架协议。二是加强国际合作，加大智力引进。五年来，共获得外国专家人才项目和国家引智项目34项，引进国外专家55人次。引进国外先进技术30多项、种质资源1.5万份，示范推广面积累计超过3.23×10^5 hm^2。先后邀请美国等国家专家学者30批126人来院参观、访问和交流，接待UNDP等30个国际组织和国家的专家学者、政府官员等27批56人次。聘请2名国外知名学者为省农科院特聘专家，与国外20多个科研教学机构建立了长期稳定的合作关系。办理出国（境）考察团组手续41批，派出120人学习考察访问和参加国际会议交流，争取国家资助经费340余万元。争取到国家引智成果示范基地1个、省级引智成果示范基地3个，获得科技部发展中国家技术培训班项目承办单位资质。三是加强能力建设，加大展示力度。扩大展览馆规模，面积由原来的370 m^2扩大到730 m^2，更新了展示设施，展示各类展品近3000件。累计接待各界参访人员119批3470人，开展各类科普活动8700次，编印科普资料480余种、475万份(册)。

四、今后发展思路

通过综合改革、体制创新，队伍建设、机构设置、条件保障等方面入手，在科研项目的数量和经费支持、服务三农成效和声誉、重大成果培育和水平、拔尖人才和领军人才数量、职工收入等方面有新突破，把省农科院发展成为甘肃省农业科技创新的领头羊，现代农业发展的引领者，精准扶贫、精准脱贫的支撑体，现代农业技术人才培养地，政府科学决策的高端智库。

甘肃省科学院

"十二五"期间，甘肃省科学院在甘肃省委、省政府的大力支持下，以科学发展观及习总书记系列讲话精神为指导，深入学习贯彻党的十八大、十八届四中全会、全省科技创新大会、科技工作会议等重要精神。紧密围绕全省科技需求，以深化科技体制改革为主导，以提高自主创新能力为核心，以加快实现要素驱动型向创新驱动型转变为方向，以深入实施创新驱动发展为战略，全面落实省院合作协议，加快实施科技成果转化力度，强化人才队伍和科技创新平台建设，切实推动产业结构优化升级，着力解决制约科技创新的突出问题，努力走出一条适应甘肃省特色的科技创新之路，为全省"3341"项目工程、"1236"扶贫攻坚行动和经济社会发展提供了有力的科技支撑。

一、基本情况

甘肃省科学院成立于1978年。建院38年来，始终坚持立足甘肃实际，密切结合省情开展自然科学应用研究、地方经济综合性课题研究、高新技术及产品研发，为政府决策提供科学依据。先后承担并完成了一批国家和省部级重点攻关项目以及国际合作项目，共取得科研成果466项，其中有80多项获得国家和地方科技进步奖，为甘肃经济社会发展做出了贡献，受到省委、省政府历届领导肯定。2006年8月，省政府批准省科学院改革方案，将省科学院纳入政府直属事业单位序列，提升为财政一级预算单位，并提出"把省科学院建设成全省自然科学研究机构省级代表队"的发展目标。

通过近几年来的改革和发展，省科学院先后成立了中国工业微生物菌种保藏中心甘肃分中心、工业微生物工程技术研究中心、太阳能工程技术中心、传感技术工程技术研究中心、环境地质与灾害防治工程技术研究中心、地质灾害防治技术工程研究中心、太阳能光伏重点实验室、微生物资源开发利用重点实验室、甘肃省传感器与传感技术重点实验室（培育期）等9个省级工程技术研究中心和重点实验室，极大地提升了省科学院创新平台的规模；此外建有甘肃省工业生物技术产业行业技术中心和甘肃省传感器及应用行业技术中心等2个省级行业技术中心；省级室内环境质量检测中心建成并投入运营。

全院现有编制345名，实有各类人员500名。其中，正高职称22人，副高职称32人，中级职称112人。博士学历15人（不含在读博士8人），硕士学历74人（不含在读硕士7人）。"新世纪百千万人才工程"国家级人选1人，国家突出贡献专家1人，政府特殊津贴专家19人，"333"、"555"创新人才15人，省级优秀专家7人，省科技领军人才10人。2010年9月经国家人社部批准，省科学院设立了博士后科研工作站。

全院下设6个专业研究所、1个文献情报中心、1个后勤服务中心和1个实验工厂。学科结构和专业设置，与国家优先发展的新能源、生物技术、信息技术、新材料、高端装备制造技术等相一致，在相关领域形成了具有地方特色的学科优势，开展的知识创新和技术创新居国内先进或领先水平，部分领域在国际上也有一定影响。

自然能源研究所 主要从事以太阳能为主的可再生能源应用研究、工程设计与技术咨询、新产品研发与测试、国际能源技术培训等，综合实力国内领先，在国际上有着重要影响，是中国南南合作的创始成员之一，也是联合国大学在中国大陆唯一的伙伴合作研究机构。科技部"国际科技合作基地"，"联合国工发组织国际太阳能技术促进转让中心"在该所设立。

生物研究所　主要从事微生物工程技术、微生物制剂、生物过程工程、农用废弃物资源化利用、西部珍稀植物资源可持续利用、经济植物组培繁育及食用菌生产技术研究等。承担国家自然科学基金、国家科技支撑计划、国家863计划、国家重点新产品计划等重大科研项目。是中国工业微生物菌种中心甘肃分中心、甘肃省工业微生物工程技术研究中心、甘肃省生物催化与生物转化工程实验室等工程技术平台的依托单位。

地质自然灾害防治研究所　主要从事滑坡、泥石流等地质灾害的考察、预测、预报和防治等，为各级政府防灾、减灾和救灾工作提供决策依据。是国内成立最早的地质灾害防治研究机构，也是甘肃省减灾委员会成员责任单位。该所成立以来，在全省完成抢险救灾和应急考察任务400余次，挽回经济损失超过10亿元。其中在2008年汶川大地震、2010年舟曲特大山洪泥石流、成县泥石流灾害、2012年岷县雹洪泥石流发生后承担抢险救灾任务，受到国土资源部和科技部嘉奖。拥有国土资源部授予的三项甲级资质，是甘肃省地质灾害防治领域重要的技术支撑单位。

传感技术研究所　主要从事现代传感器及其应用技术研究、开发和工程技术咨询等。以纳米功能材料、生物传感技术、新型敏感元件及MEMS传感器、传感器应用技术等为主要研究方向，并引进美国硅谷"微机电（MEMS）传感器创新团队"，拥有一支硕、博士占60%以上的高水平科研队伍，承担国家和省部级自然科学基金、科技支撑计划等重大项目，被省司法厅认定为"甘肃省科学院传感技术研究所司法鉴定所"，省发改委批准以该所为基础成立"甘肃省传感技术工程研究中心"。该所在引进美国MEMS传感器科研团队基础上，筹建了MEMS传感器实验室，设计建设成国际一流水平的MEMS研发线，用于研究开发高端MEMS磁性传感器。

自动化研究所　主要从事工业自动化、信息化技术及相关技术的开发应用研究。下设智能控制研究室、虚拟现实研究室、生产过程制造信息化研究室。重点研究方向有智能控制技术，虚拟制造仿真与视景仿真、生产过程制造控制与管理、光机电一体化等。

磁性器件研究所　国内率先利用稀土永磁材料开展磁机械工程应用技术研究的专业研发机构，在磁力驱动、磁性器件、磁机电一体化等方面具国内领先水平的特色和优势，其中无轴封永磁泵产品研发代表国内最高水平。该所承担国家级技术示范工程项目，并为贵州铝厂设计制造了世界最大功率的超大型磁力驱动泵。该所目前还承担着国家"863"计划能源技术领域重大科技工程项目"10MW高温气冷实验反应堆"的"一体化卸料装置研究与试验"和"燃料输送转换设备研究与试验"的两个重要子课题。2015年成功启动的世界首座球床模块式高温气冷堆核电站示范工程燃料装卸与贮存系统运输转换设备项目，为我国发电、炼油、化工等领域的发展提供占领时代制高点的有力支持。

文献情报中心　主要从事文献信息检索、科技情报咨询、发展专题研究、网络平台建设、期刊编辑出版等工作，为全院科技事业和院所发展提供基础支撑。承担建设的国家科技图书文献中心（NSTL）用户管理平台，是省属科研机构第一家国家级综合性信息服务平台；出版发行的《甘肃科学学报》属中国科技核心期刊，位居全国同类学术刊物前列，是展示甘肃省科技发展动态和开展学术交流的重要窗口。

二、"十二五"改革的重要举措与进展

（一）坚持科研中心地位不动摇，精心组织，加强管理，科研事业迈上新台阶

1. 内部机制改革有序推进

根据省政府科技工作八项改革的要求，省科学院重点以科技创新与能力建设、成果转化、产业化等方面实施省财政专项科研创新与能力建设、省院合作共建项目，取得了明显的成效。

2. 承担国家级项目科研实力增强

"十二五"期间，全院先后承担了"糖类化合物可控合成 In_2O_3、α-Fe_2O_3 三维组装空心/多孔气敏材料""甘肃省不同类型黄土滑坡的滑动致灾空间预测研究""冻融与干湿循环对无机材料固化硫酸盐渍土的固化反应及强度影响""西部人工固沙区土壤线虫群落模型与环境变化预测""西北草原紫花针茅（Stipapurpurea）内生真菌的菌群结构及生态功能研究"5项国家自然科学基金地区基金项目；"太阳能风能海水淡化及降温技术研究与示范""农牧废弃物资源化促成产品研发及应用示范""兰白经济圈特色农业高效生产及废弃物利用技术集成示范""桃儿七植物资源的可持续利用技术体系应用与示范""白龙江流域滑坡泥石流工程防治技术研究与示范""舟曲县典型地质灾害治理工程设计参数调查研究"等多项国家科技部、环保部、国土资源部项目。

3. 积极推进省级科技计划项目立项工作

先后承担了"甘肃省太阳能资源利用技术创新服务平台""当归黄芪种植中主要病害生物防治技术研究与试验示范"等71项省厅局计划项目。

4. 组织院列科技计划项目实施

共组织实施"食用菌良中选育及示范生产基地平台建设""甘肃省太阳能资源利用技术创新服务平台建设"等院列科技计划项目121项。其中，60项院列青年科技创新基金项目的实施，对稳定科研人才队伍，培养年轻科技创新技术骨干起到了重要作用。

5. 科研成果质量有重大提升

5年来，全院共完成项目鉴定、验收、结题49项；出版《直接利用太阳能》《干旱区绿洲生态安全与水资源配置理论及应用》等著作8部；发表各类学术论文263篇，其中SCI 11篇，EI 23篇，中文核心期刊论文79篇；取得授权专利33项，其中《食用菌连续定量可调式接种枪》《Au NPs-CeO$_2$@PANI纳米复合材料及制法和以此材料制作的葡萄糖生物传感器》发明专利11项；取得各类奖项22项，其中"固定化细胞规模制备技术研究"获得甘肃省科技进步一等奖，"甘肃省工业微生物菌种资源标准化整理、整合及共享"获甘肃省科技进步二等奖，"气敏特性静态测试仪的研制""易滑地层的工程地质性质研究""磁力泵耐高温转速传感器的研制"等9项获甘肃省科技进步三等奖，"半干旱区集水农业理论与技术"获教育部科技进步二等奖。

（二）不断加大地方科技产业技术合作力度，助推地方经济发展

"十二五"期间，省科学院按照建设"创新型甘肃"的要求，发挥对科技创新的支撑作用，充分发挥省科学院在地质灾害防治、太阳能推广利用、生物能源利用和磁传动技术等方面的技术优势，与平凉、陇南、定西、甘南等地建立了日趋紧密的合作关系，参与了一大批地方灾后重建项目，同时也和省外部分地方和企业逐步建立了良好的合作关系，以此助推地方经济发展，并对科技含量高，具有产业前景的科技项目给予重点支持，设立院列产业化专项，以此鼓励与企业、高校共同实施产学研合作项目。

1. 技术服务规模和层次有较大提升

一是自然能源研究所发挥专业优势服务地方发展，与国家海水利用工程技术研究中心、中科院上海微系统与信息技术研究所、美国UL公司、临夏回族自治州农村能源办等签署合作协议或初步达成合作意向；圆满完成了多项"国际太阳能、风能应用技术培训班"援外培训班任务，截至2015年底，已培训了来自52个国家的543名学员。二是地质自然灾害防治研究所以国土资源部授予的三项甲级资质为依托，积极切入全省防灾减灾主战场，在"5·12"地震、舟曲县"8·8"特大山洪泥石流灾害、"5·10"岷县特大冰雹山洪泥石流灾害和岷县漳县"7·22"地震等灾害的防灾减灾和灾后重建中，发挥了坚强有力、规划科学重建的作用。三是生物技术研究所分别与甘肃金徽酒股份有限公司和甘肃田园油橄榄有限公司签订合作协议；食品生物技术研究室与卓尼县雪域生态食品有限责任公司签订技术服务合作协议。四是传感技术研究所承接了兰州、临夏、定西、甘南等地区的居家装修后空气质量检测项目300余项，并与大型装饰工程公司达成长期检测合作意向；在建筑工程类检测方面，与甘肃嘉泽房地产开发有限责任公司签署长期合作协议。五是磁性器件研究所和清华大学合作，在高温气冷堆核电站建设方面做出了重要技术突破。六是自动化研究所自主研发的"华夏文明大数据采集与应用"数字系统及其周边产业基本实现了面向市场化为导向的战略转型。七是文献情报中心改刊升级后的《甘肃科学学报》作为甘肃省最有影响力的科技期刊之一，被评为全省完成质量较高的报刊出版单位。

2. 积极开展联村联户、为民富民行动工作

2012年，全省开展了规模浩大的联村联户、为民富民行动。省科学院自承担双联任务以来，就把开展双联行动作为一项重要任务来抓，倾真情出实招，想方设法帮助困难群众解决实际问题，取得了群众得实惠、乡村变面貌的阶段性成效，并且在年度考核中，省科学院双联工作被评定为优秀等次。一是在实施的精准扶贫与双联行动中，为推动双联村农业经济，省科学院在泾川县种植了133.33 hm²新品种核桃苗，为核桃种植园提供管理、技术服务，还引进新品种的核桃接穗。二是设立院列项目，将省科学院科研优势和当地实际需要结合起来，通过科研项目助推当地经济社会发展，并在项目中锻炼双联干部。三是为联系村种植油牡丹育苗近66.67 hm²。四是向省交通厅争取到"黑河至七千关村村道治理工程"项目，目前该工程已全面完工。五是围绕联系村养殖业发展现状进行荒场村牛棚改造。六是为联系村提供1000 kg玉米良种、100 kg胡麻良种以及各种蔬菜良种，协助当地干部群众通过调节灌溉用水、调整种植结构、铺膜保墒等手段协力抗旱。省科学院于2016年荣获省委省政府颁发的双联优秀单位和优秀驻村工作队。

（三）加强人才队伍建设，落实人事制度，实施人才强院战略

"十二五"期间，全院共吸纳录用各类人才85人，其中博士研究生8人，硕士研究生60人。全院现有编制345名，实有各类人员500名。其中，正高职称23人，副高职称37人，中级职称112人。博士学历15人（不含在读博士8人），硕士学历81人（不含在读硕士7人）。"新世纪百千万人才工程"国家级人选1人，国家突出贡献专家1人，政府特殊津贴专家19人，"333"、"555"创新人才15人，省级优秀专家7人，省科技领军人才10人。2010年9月经国家人社部批准，省科学院设立了博士后科研工作站，这标志着省科学院在人才队伍和科研平台建设方面取得了突破性进展，是省科学院朝着"全省自然科学研究机构省级代表队"方向迈出的坚实一步。

5年来，全院大力实施人才强院战略并取得了突出进展。一是召开全院人才座谈会，共商人才强院战略。就如何加强人才工作进行了广泛深入的探讨，对省科学院的人才工作提出了45条意见和建议。二是博士后科研工作站的挂牌成立，开创省科学院人才工作的新局面。省科学院依托博士后工作站，借助国内外知名专家、学者、科研院所的力量，吸引、培养高层次创新人才，提高省科学院自主创新能力，努力搭建层次合理、技术精良的人才梯队，培养了一批技术、作风过硬的高素质人才队伍。三是推进人才建设工作，加大急需紧缺人才引进的力度。根据省委人才工作的相关政策，经过和省委相关部门协商并结合省科学院人才工作会议精神，对自然能源、传感、生物、地质灾害防治等几个领域急需紧缺岗位给予政策上的支持并纳入全省急需紧缺人才招聘目录。四是顺利完成事业单位公开招聘工作。

（四）基础条件及能力建设取得了较大进展

1. 科研基础能力建设得到较大提升

"十二五"期间，在省发改委、省财政厅、省科技厅、省工信委等相关部门的大力支持下，省科学院科研基础条件，尤其是科研能力建设取得了长足进步，设立了中国工业微生物菌种保藏中心甘肃分中心、工业微生物工程技术研究中心、太阳能工程技术中心、传感技术工程研究中心、环境地质与灾害防治工程技术研究中心、地质灾害防治技术工程研究中心、太阳能光伏重点实验室及微生物资源开发利用重点实验室、甘肃省传感器与传感技术重点实验室（培育期）等9个省级重点实验室和工程技术研究中心；拥有甘肃省工业生物技术产业行业技术中心和甘肃省传感器及应用行业技术中心等2个省级行业技术中心；国家科技图书文献中心（NSTL）管理平台、省级室内环境质量检测中心等在省科学院建成并投入使用；国土资源部授予省科学院三项甲级资质；生物研究所、地质自然灾害防治研究所被列入省级重点科研能力建设单位；并建立了博士后工作站。

2. 省院合作共建成效扎实

《甘肃省人民政府、中国科学院共同支持甘肃省科学院发展协议》自2012年签署以来。一是省科学院已成功启动实施了"舟曲县自然灾害监测预警与决策指挥系统集成设计研究""应用组学策略选育茶薪菇新菌种及人工栽培技术示范""平凉市华亭县东华镇河南街社区地面塌陷灾害物理探测"等一批重点合作研究项目，为全院科研事业的全面发展注入了崭新的活力；二是与中科院近物所联合申报"甘肃省微生物资源开发利用重点实验室"获批；与中科院深圳先进院签署协议共建了"博物馆技术联合实验室"；三是与中科院寒旱所联合培养博士后的进站等工作；在"西部之光"人才培养计划项目中，兰州分院连续3

年侧重支持3名省科学院科研人员；多次向中科院选派"西部之光"访问学者；四是全院6家单位加入了全国科学院联盟的7个专业领域分会；选派有关科技人员参加中科院组织的"全国科学院联盟光学与精密机械分会培训班"、"光电传感器与光电检测技术培训班"等各类培训；五是兰州分院选派院长助理张健挂职省科学院任副院长；省科学院副院长刘国汉挂职深圳先进技术研究院副院长；中科院生态研究院副研究员汪亚峰挂职甘肃省科学院生物研究所副所长。

三、"十二五"亮点与成效

一是省科学院生物研究所"固定化细胞规模制备技术研究"获甘肃省科技进步一等奖，该项目产品现已广泛应用于医药、化工、食品等生产领域，对提升我国的生物质资源转化各个行业资源转化效率有显著作用，通过降耗节能、工艺优化提升企业的经济效益。产品已转让和推广全国60多家企业，创经济效益4亿元以上。获发明专利5项，实用新型专利4项，发表论文20余篇。

二是世界首台高温气冷堆核电站建设中，省科学院磁性器件研究所取得了重大突破，并在传输系统中提供关键设备580余台/套/件，合同额达到1亿元以上。省科学院在磁传动技术、全密封控制装置、磁传动机械设计和制造等方面也取得了突破性进展，拥有多项科研成果，先后获得发明专利5项，实用新型专利13项，均已全部转化为产品，为甘肃、新疆、宁夏、四川等省份的逾百余家油田、化工、冶金、电力、制药、轻工和食品等行业，得到了较为广泛的应用。

三是省科学院在MEMS技术研发、纳米粉体、生物纳米磁珠领域具有国际国内领先的水平，并且引进了美国硅谷的MEMS传感器专家，带来了国际领先水平的前沿传感器技术，组成了MEMS磁性传感器科研团队，同时建设了一条功能完备、设备先进、国内领先的MEMS传感器研发线；与美国的伯克利国家实验室、AVP公司进行相关科研工作的长期合作，其中，在磁隧道结的制备技术方面，达到国际领先水平；生物磁珠具备了产业化的技术与条件，将联合企业建设MEMS产业生产线。

四是省科学院自然能源研究所培训中心举办了英、俄、法、阿拉伯等语种的国际培训班55期，为五大洲的117个国家培训太阳能技术管理人才1400余名，组织学员赴酒泉等地考察大型光伏发电站、并网光伏示范电站、大型风电场及有关用太阳能生产的企业和风力发电装备制造企业等。

四、"十三五"发展思路和发展目标

（一）发展思路

"十三五"期间全院发展的总体思路是，全面贯彻党的十八大精神，按照省委十二届十三次全委扩大会议要求，以拟投资31.2亿元建设"甘肃省科学院高技术产业园"为主线，进行学科整合优化，突出产业化工作，充分发挥甘肃省科学院9大研发应用技术中心科技支撑作用，全面提升省科学院科技创新能力，努力打造兰白试验区"园中园"，支撑兰白试验区快速有力建设，为全省经济社会发展做出直接而重大的贡献，使其真正成为甘肃省的科研省级代表队。

园区建设支撑平台：①投资10亿元建设100条生产线，可产生年数十亿的产值的"甘肃省科学院纳米粉体生产基地建设工作"基地；②建设高温气冷堆核电站的储存和输运系统部件生产基地；③投资10亿元开展磁性器件系列产品研发、生产和销售等工作；④依托国际一流水平的MEMS研发线，建设多个种类传感器产品生产基地；⑤建设年产2000 t/a的复合微生物菌剂系列产品生产线，产品包括固定化酒精酵母、废水处理微生物菌剂、堆肥微生物菌剂、生物饲料微生物菌剂、秸秆腐熟微生物菌剂等；⑥依托省科学院在地质灾害调查评价、监测预警、防治研究和抢险救灾等方面的科技优势，建设服务于国内的实验和评估平台；⑦建设年生产能力为200 t的太阳能光催化材料的生产线，生产的各类光催化剂在空气净化、污染处理和水的深度处理等方面实现推广应用；⑧依托甘肃悠久厚重、丰富多样的历史文化资源和自然人文资源，建立包括博物馆及艺术机构、艺术家的展品及藏品大数据化，智能博物馆建设服务，以及艺术品检测认证数据分析的文化产业应用。

（二）发展原则

一是坚持深化改革。紧紧抓住改革这条主线，完善体制机制，激发科技创新的活力和动力。二是实施创新能力提升工程。凝练优势研究领域，实施重点突破。围绕国家科技创新战略重点和甘肃省科技创新重大需求，确定学科布局的优先领域和重点方向。三是实施人才工程。加强科技创新人才、科技经营人才、科技管理人才三支队伍建设，通过聘任制形式吸引一批社会研发机构和科研团队成为省科学院人才力量的一部分，全面实现全院人力资源素质的整体提升，努力打造全省科技创新人才集聚高地。四是做实产业化。将甘肃省高技术产业园打造成为集研发、科技产业、科技服务、成果转化、投融资于一体的复合型高科技园区，成为各个创新单元共用共享的品牌。五是坚持开放办院。深化与中科院等国内外知名科研机构、高校、企业合作，通过加强国际合作与交流，提升开放创新水平。六是依法治院，认真执行院长负责制、充分发挥院党委的政治核心作用和依法治院高度统一的管理体制，落实国家和甘肃省各项科技政策，充分利用好政策红利。

（三）发展目标

坚持以应用型研究为主的科研方向，通过优化资源配置，优化人员结构，强化综合性多学科特色和优势，强化国际国内合作。通过5年努力，省科学院服务和支持趋于经济社会发展的科技创新体系日趋完善，有效解决一批事关甘肃省经济社会发展的战略性科技问题，在一些重要领域进入全省前列。形成一批优势技术领域，形成一批高水平科技创新平台与成果转化基地，聚集一批高水平管理、技术及企业家团队，培育一批服务战略性新兴产业地前沿技术，解决一批传统产业改造升级的关键技术，转化一批技术含量高、市场前景好的成熟技术和成果，建成适宜科研开发的创新创业环境。总体实现跨越发展的目标，在甘肃省科技事业发展中发挥服务全局、骨干引领和示范带动作用，成为省内外有重要影响的知名研究机构。

甘肃省商业科技研究所

坚持实施好创新驱动发展战略，是甘肃省商业科技研究所（以下简称省商科所）全面改制探索转变发展方式的指导方针，作为实现创新驱动发展的主体，一个科研单位能否适应市场，是否具有存在价值，不仅取决于效益与规模，更取决于它的创新能力。从商科所改制发展的历程来看，体制机制变革是实现突破的驱动力。通过十年的不懈努力，甘肃省商业科技研究所在创新发展中不断成长壮大。改制前商科所资产总额为1000万元，办公场所3000 m²，年总收入535万元，职工人均收入2.7万元。改制后发展成为拥有资产一个多亿元，科研、办公及商用场地10 000 m²，其中科研检测综合用地5000 m²，"主食厨房"园区清真食品安全检测中心用地1500 m²，其他用地4000 m²，年实现总收入3800余万元，职工年均收入9.5万元。特别是新建成的科研办公场所区域划分科学、功能作用明显、专业设置科学、技术手段先进、仪器设备完备、实验条件一流、辐射地域面广，综合能力完全能够满足地方食品质量安全检验检测工作的需要，在促进甘肃省经济社会发展和保障食品安全中发挥了应有的作用，向省属一流开发类科研院坚实迈进。

一、创新体制机制，激活内在发展动力

科研院所的一个重要特征是自我创新能力，技术创新作为科研院所生存的手段和发展的依据，如果科研院所不能在发展战略上作出重大调整，对原有的僵化组织结构不进行改革，必然会对科研院所在市场竞争中发挥技术优势形成极大的阻碍。

在产权制度改革的驱动下，商科所确定了"以不断完善和创新管理机制为基础，加快建立更加适应市场经济发展需要的法人治理体系；以食品安全检验检测为主线，研发咨询同步推进，优化技术服务结构；以增强自主创新能力为根本，加快区域技术服务网络建设；以创新服务方式为重点，加快建立产学研协同创新新模式"的发展思路，为改制后持续健康发展指明了方向。

为更好地适应改制后院所长远发展和科技能力建设的需要，商科所坚持以市场为导向，建立现代企业运行机制，创立符合实际需要的发展模式。一是创新管理制度，建立现代企业制度。二是创新分配制度，建立符合市场规律的激励机制。三是创新项目研发体系，全面推行课题项目负责制，下放经费支配权和管理自主权，为技术人才创造自由空间。四是建立健全职工保障机制，让科技人员放下包袱，轻装上阵。

在现代管理机制的作用下，内部管理模式和运行机制焕发了生机，技术创新能力进一步激活，技术创新手段更加灵活，发展方向更为明确。全员劳动合同制、岗位职务竞聘制、年终业绩考核制等全面推行。原有收入分配形式被打破，实行以岗位结构工资、绩效工资为主的分配形式，职工收入上下浮动，与效益、贡献、能力挂钩；激励机制灵活多样，制定了年终结算、课题研究提成和科研成果转让提成等一系列奖励办法，侧重一线进行奖励，明确规定对在研究中做出突出贡献和成绩的科研部门和技术人员，设专项奖进行奖励。同时，一些先进的企业文化和核心理念得到倡导和接纳，符合时代进步的发展

观、管理观、合作观、服务观和竞争观贯穿于整个工作，创造了良好的工作氛围。团队意识不断增强，研究风气发生了根本性的转变。

二、立足实际，努力前行破解难题

随着我国科技发展的制度环境显著改善，科研院所作为创新主体，必将走向市场，参与竞争，以不断适应开放环境和市场经济体制的要求。按照全国科技创新大会提出的"着力解决制约科技创新的突出问题"要求，重点在以下几方面取得突破。

（一）创新发展思路，技术成果斐然

近几年，商科所以服务中小企业发展为重点，没有固步自封，而是着眼未来，通过不断加大科研投入力度，改善科研、检测基础条件技术创新能力和科技支撑能力，技术服务水平有了大幅度的提升。科研条件的不断改善，促使商科所在"十一五"、"十二五"期间，又先后完成国家和省部级项目60余项，开发出50余项产品、实用技术和快速检测新方法及试剂，获得商务部科技进步奖、国家科学技术金桥奖、省市科技进步奖、全国商业联合会科技进步奖、新产品奖和全国性科技成果展示奖数10项；并多次被评为全国商业质量检测先进集体。申报专利16项，获得授权专利13项，软件著作权2项，发表学术论文200多篇。拥有一支人员结构合理，专业设置科学，精通业务、技术过硬、充满活力的科研技术队伍。现有职工102人，从事科研、检测等专业技术人员82人，其中：高级技术职称18人，包括2名教授级高工；中级职称人员42人。人员知识结构中大学以上学历占职工总数的98%，其中：硕、博士生35人，全所平均年龄36岁，具有很强的专业理论知识和较强的技术创新能力。

（二）实现质检网络服务全覆盖，打造创新驱动发展新高地

商科所立足检测基础坚实、技术条件良好的所情，针对区域性检验检测力量分散、机构发展不平衡的省情，着眼全省流通业长远发展，做出了建设区域服务网络，实现食品安全关键环节检验检测全覆盖的初步设想。一是根据省政府主要领导指示精神，在兰州、天水、平凉和酒泉设立了食品安全检验检测分中心，建立了以兰州为核心向周边地区辐射的区域性检测技术服务网。4个分中心的相继建立，在跨区域、跨层级整合检测资源上，开创了既紧密结合又相互开放的新模式，得到了相关部门的肯定与认可。二是积极参与国家行业检测服务网络建设，提升面向全国流通领域承担国家公检任务的能力。2012年以来，在抓好甘肃省区域检测服务网络建设的同时，为了不断拓宽检测辐射面，提高为流通领域食品安全服务的能力，积极与部属行业检测机构组建全国性服务网。强化与商务部流通产业促进中心的业务合作，借助商务部流通产业促进中心拓建面向全国、全行业检测服务网络的有利时机，继江西、黑龙江两家工作基地设立之后，合作设立了全国第三家且唯一从事食品行业检测的专业机构"商务部流通产业促进中心甘肃检测工作基地"，具体承担商务部委托中央储备肉公检任务，检测辐射地域进一步扩大。目前，检验工作已通过国家认可的检测项目有28大类近千余个产品，抽检样达8000余件次；检测地域已辐射甘肃、青海、宁夏、新疆、内蒙古、西藏、陕西、四川、重庆等省区，检测工作延伸到食品的原料、加工、流通、餐饮、零售领域。

（三）建立技术服务创新平台，提高技术创新能力

为了不断提升创新服务能力，商科所以高水平的基础实验室和优秀青年技术团队为依托，打造创新团队和技术服务平台，取得了长足的进步。自2009年以来，先后获批"食品酶制剂共性关键技术研究创新团队"、"药食同源陇药创新团队"两个省级科研创新团队，"流通领域动物源性制品质量安全技术创新服务平台"、"甘肃省动物源性制品安全分析与检测技术重点实验室"、"甘肃省食品行业生产力促进中心"、"甘肃省食品企业质量检测行业技术中心"、"甘肃省中小企业公共示范平台"、"甘肃省服务生产性示范企业"。与商务部流促中心合作建立了"商务部流通产业促进中心甘肃检测工作基地"、与中国（国际）清真产业联盟形成战略合作关系，成为中国（国际）清真产业联盟清真食品安全检验检测唯一机构，并设立了"甘肃省清真食品检验检测中心"等创新平台。通过创新团队和创新平台建设的有序推进，先后承担完成了甘肃省食品安全重大专项"生鲜猪肉中禁用药物检测方法的优化和快速检测方法的研发"和甘肃省民生科技项目"甘肃省清真特色食品安全生产及控制示范"，为商科所多途径服务地方经济建设、服务中小企业生产奠定了基础，为加快发展提供了强劲的动力。2014年初，商科所工程咨询资质由乙级成功升级为甲级，参加完成了甘肃省多项重大引进项目和重点投资项目的可行性分析论证，累计完成1500多个项目，获得优秀咨询成果奖5项。帮助省内各类企业和行业争取国家扶持性资金近亿元，涉及固定资产投资75亿元，并帮助企业申请获得专利2项，为甘肃省经济社会发展发挥了应有的作用。

（四）加强技术研发合作，推进科技与经济紧密结合

根据甘肃省科技厅"要加快建立以企业为主体、市场为导向、产学研结合的技术创新体系"和"增强科技创新能力，加快技术成果转化及产业化"的指示精神，积极探索院企结合新模式，为企业从源头提供技术创新服务，取得了实质性地进展。研发部门人员与甘肃扶正药业有限公司进行合作，利用现有生产条件完成了对艾蒿挥发油及有效成分的同时提取，艾蒿总黄酮含量达到30.9%，并与相关院所合作，通过药理和毒理实验，取得了药效评价的第一手实验数据，该项研究成果已获得国家发明专利。与临夏华羚干酪素有限公司合作，分别以干酪素和鲜奶为原料，分两个阶段完成了10个批次的酪蛋白磷酸肽试生产，实现了"脱苦高纯酪蛋白磷酸肽"工业化批量生产，产品技术指标完全符合相关质量标准，出品率比原要求提高了5%～10%，实现产值2000万元。与甘南科瑞乳品开发有限公司达成了"技术研发中心"和"科研中试基地"合作协议，在技术开发、新产品研制、新项目建设、人员培训上形成了长期合作的依托关系，开展了干酪素清洁生产工艺的改进及认证，年生产降低能耗5%，间接产生效益100万元以上，直接产生经济效益50万元以上。通过应用生物酶技术，对企业生产过程中的污水处理工艺进行了改进，可使水循环利用率达到30%～60%以上，污水排放达到国家一级标准。

（五）树立主动服务意识，对接企业需求

针对全省85%食品企业检验技术与装备不能满足要求、检测人员技能也不理想的状况，在日常检验工作中，生产企业产品质量出现问题时，一切从实际出发，急企业之所急，想企业之所想。及时组织技术人员，以最短的时间赶赴现场，着手从原料采集、人员操作、生产加工、运输贮存的每一环节、每一工序中入手，分段检验查找，共同分析产生问题的根源，想方设法解决企业遇到的难题，使企业生产各

项指标均能达到国家标准，不仅为企业挽回了经济损失，而且还收到了很好的社会效益。甘肃、青海20多家肯德基连锁经营店相关产品在抽检中发现微生物指标超标，检验技术人员同样针对生产过程出现的不同情况、不同原因，系统诊断、筛查症结、采取措施，最终确定技术改进方案，解决了因设备零部件消毒不彻底导致产品不合格的问题，为肯德基连锁店在甘肃、青海的发展，提供了技术服务和质量安全双保障。由于解决了受检方企业的实际困难，维护了企业和消费者的根本利益，在企业中树立了良好的政府形象和自身形象，庄园奶制品有限公司、甘肃、青海20多家肯德基连锁经营店等不少企业自愿同商科所建立稳定的合作关系，委托商科所作为企业产品常年出厂检验机构。在此基础上，商科所还积极为企业提供国家创新基金、重大科技专项资金申报等工程咨询服务，帮助企业争取国家创新基金、成果转化基金和重大科技专项等各类计划项目。

三、尊重市场发展规律，一心一意谋发展

随着"数据科技"时代的来临，智慧农业、智慧城市、智慧医疗、智慧旅游等"互联网+"模式的出现，新业态、新经济层出不穷。作为以应用技术服务为主的科研检验机构，面对新形势，建设"互联网+高技术服务"模式，通过对大数据的有效利用，逐步改变传统发展模式。

（一）抢占制高点，增添驱动检测技术服务新引擎

2015年，商科所把全面取得中国合格评定国家实验室认可委员会（CNAS）国家实验室认证和国家计量认证作为首要任务来抓。在先后完成初评审工作的基础上，5月通过中国合格评定国家实验室认可委员会组织的复评审和省质量技术监督局组织的复评审工作，取得了CNAS实验室认证专业资质证书，被列入CNAS认可的食品安全检查机构名录。同年12月，中心又通过了中国商业联合会科技司牵头组织的国家计量认证商贸评审工作，得到了授权认证，成为甘肃省乃至西北地区食品检测行业为数不多、同时能够获得国家检验资质授权和国家计量认定授权双认证的第三方独立检验检测机构。通过CNAS评审工作的开展，全所内部管理工作得到了有效提升，进一步增强了商科所检验检测工作的市场竞争力，赢得了相关政府职能部门和社会各界的信任，管理水平和工作领域又迈上了一个新台阶，为今后参与国际间合格评定机构认可的双边、多边合作交流创造了条件，也为正在建设的"中国-马来西亚清真食品国家联合实验室"项目的国际标准接轨奠定了技术基础。

（二）调整发展方向，为创新技术服务模式做好顶层设计

为在国家产业布局、产业规划、产业政策调整的过程中找准自身的位置和方向，2015年，商科所对"质检、研发和咨询"三大业务、人员等内部资源重新整合，由掌变拳，形成合力，由点带面，重点突破。在全面了解掌握甘肃省1683家食品加工企业基本状况的基础上，先期深入庄园乳业有限公司、临夏华安生物科技有限公司、万通祥清真食品有限公司、临夏占林清真食品有限公司和甘南乳业有限公司等大型食品行业龙头知名企业实地调研，问需于企，大规模开展科研、检测、咨询业务的市场化转型实践，完成了与白银赛络、兰州安旗食品有限公司等公司在淀粉酶、小杂粮工业化项目申报和新产品研发；在技术服务产业链的培育上，形成了以检测服务为主，技术服务、咨询服务同步跟进，既立足"检验检测"，又不局限于"检验检测"，技术服务面向食品行业设计开发、生产加工、标准研制与应用、经

营销售全过程的良好局面。初步建立了全程技术服务标准体系，服务方式也由过去的服务一个"点"向服务一条"线"、一个"面"转变，做到了准确定位，服务明确。由于技术服务工作接地气，为企业提供了有针对性的服务，临夏占林清真食品有限公司等多家企业主动回访，与商科所形成了常态化的双向互动联系机制，实现了双赢。

（三）抢抓机遇，助推清真食品产业"绿色、安全、健康"发展

国家"一带一路"战略实施，商科所作为国家级专业食品检测机构，在清真食品生产流通领域检测、保障清真食品安全方面真抓实干。在省科技厅的组织领导下，与省内相关院所分工合作，实现了"中国-马来西亚清真食品国家联合实验室"项目落地甘肃，并以该项目建设为契机，在项目的落地、建设、延伸和培育上取得了实效。一是取得国家清真协会组织认可，与中国（国际）清真产业联盟签署了战略合作框架协议，成为中国（国际）清真产业联盟唯一指定的"中国（国际）清真食品安全检验检测机构"。二是开启清真食品专项检验检测新业务。利用在清真食品检测方面掌握的技术和积累的经验，以动物源性（肉类）基因鉴定技术为手段，先行对清真食品中禁忌成分开展了专项技术的甄别，受到了清真食品生产企业的欢迎，引起了各级政府职能部门的重视。目前已与临夏州八个县食品药品监督管理局所属检测中心签署了清真食品检测专项合作协议。三是建设标准化专业清真食品检验检测中心，为清真食品质量安全提供独立检验平台。先期在"兰州九州主食厨房食品生产园区"建成1500m²的大型实验室，用于开展清真食品检验检测工作。该项目建设期间与中国（国际）清真产业联盟共同组织召开了"中国（国际）清真产业联盟清真食品定点检测机构筹建工作座谈会"，兰州市政协副主席、兰州市伊斯兰教协会会长苏广林、兰州西关清真大寺教长马忠等兰州、临夏、内蒙古、新疆共60余清真寺教长及各界关心清真产业发展的相关人士100余人参加了座谈，座谈会圆满成功，获得与会宗教界人士的一致赞同和认可。目前该项目已完全具备启动运营条件，开展了试运营。2015年11月，甘肃省民族事务委员会下发了《关于甘肃省商业科技研究所开展清真食品检验检测工作的批复》，同意商科所"按照相关法律法规，依法开展清真食品检验检测工作，面向社会提供清真食品检验检测服务"。2016年，兰州市民族宗教事务委员会与商科所签署了战略合作协议，授权商科所成为"兰州清真食品检验检测机构"，为今后加快设立甘肃省清真食品检验检测中心奠定了坚实基础。通过以上工作基础，初步形成了以参与建设"中国-马来西亚清真食品国家联合实验室"为基础，以建成区域性"国家级清真食品检验检测机构"为根本，以实现"两个平台对接相融合"为目标，最终建立起清真食品质量安全认证体系和清真食品检验检测技术服务体系的发展思路。

（四）以产业化为导向，以需求引导技术研发

通过深入市场和企业开展多种形式调研活动，商科所坚持以市场为导向，以需求引导研发、以需求开展攻关，将创新发展的突破点放在了的产业化上。继成功研制出"酪蛋白环保胶""复方痤疮净乳膏"等能够产业化的成熟技术制品后，又应企业要求成功研制"药食同源纯中药减肥保健饮食片""一种增强人体免疫力的滋补组方及滋补汤料生产方法"和"具有补肾壮阳祛风除湿作用的茶组方及速溶茶生产方法"3项成果，取得了两项发明专利。目前"复方痤疮净乳膏"技术成果已进入产业化论证阶段，甘肃兰亚药业有限公司对此产生浓厚兴趣，双方合作一旦达成，将成为商科所首个成功实现产业化的项目；"一

种增强人体免疫力的滋补组方及滋补汤料生产方法"和"具有补肾壮阳祛风除湿作用的茶组方及速溶茶生产方法"也已通过甘肃省天容堂药业有限公司验收，小规模生产达到了企业要求。正是在这一思路的引导下，商科所与省内多家企业形成了常态化互动机制，不断催生出既立足当地资源，又符合企业发展需要的技术项目。其中，与山丹好佳食品公司合作进行黄参（野胡萝卜）保健醋、保健酒系列产品开发项目，部分产品小样已成功上市；与甘肃兴康农牧产业有限责任公司合作进行马铃薯废渣膳食纤维生产技术项目，相关产品所含成分正在通过测定和稳定性放大实验；与临夏占林清真食品有限公司合作解决发酵醋出品率低的项目受到了企业好评。由于服务思路的彻底改变，项目研发更加贴近实际需求，项目成长有了市场需求作保证，研究工作更加务实可靠，所企关系水乳交融。

四、以贯彻落实全国科技创新大会精神为契机，适时推进二次改革

落实创新驱动发展战略，人才是关键。随着管理体制机制的全面深化，商科所创业时期形成的一些优势条件也逐渐失去了原有的竞争力和吸引力。如何吸引高端人才，留住现有优秀技术人员，已经成为现阶段困扰发展的难题。按照中共中央印发的《关于深化人才发展体制机制改革的意见》中推进人才管理体制改革的具体要求，根据市场发展变化的需要，商科所创新思维，提出了利用资本市场，实现"技术服务主体+资本价值运营"转型上市，对商科所技术主体进行全方位改造和提升的新思路。目前，主要是发挥用人主体责任，畅通人才成长渠道，在坚持效率优先兼顾公平、坚持按劳分配与按生产要素分配相结合、坚持共享改革成果三原则的基础上，从股权激励机制和股权出让机制的建立入手，把人才权益保障作为企业持续发展壮大的根本需要，及早规划新的股权框架，优化股权结构。特别是在《意见》精神的支持下，依据历史贡献、现有职位与未来经营团队的互补需要等因素，允许和鼓励管理层利用杠杆融资的方式在一定程度上对新增资产、出让股份进行收购，达到相对合理的股权控制。同时，对有贡献、有才能的科技人员和技术业务骨干采取股权奖励的方式，引导他们直接或间接股权改造，完成由单纯职工身份到企业主人的转变，形成员工与所有者之间的身份转换。

实践证明，对于处于企业化转制和股份制改造阶段的科研院所，面临国家政策的巨大变化以及市场激烈竞争环境的双重压力，无论是当前科研院所企业化转制或改制成功的需要，还是科研院所今后向知识型组织转化的需要，均要求科研院所必须实施变革，变革的越早，收益也越早。可以说，改革是科研院所成功转型，建立符合自身人才发展体制机制需要的唯一有效手段，是未来科研院所向创新型组织转化的必要途径。

研究篇

强化科技引领 坚持创新驱动
激发甘肃经济社会转型跨越发展新动能

李文卿

甘肃省科学技术厅 厅长

党的十八大明确提出实施创新驱动发展战略，指出科技创新是提高社会生产力和综合国力的战略支撑，必须摆在国家发展全局的核心位置。"十二五"以来，在省委、省政府的坚强领导下，全省科技工作紧紧围绕经济社会发展大局，贯彻落实习总书记视察甘肃省时提出的"着力推动科技进步和创新，增强经济整体素质和竞争力"的指示要求，坚定不移实施创新驱动发展战略，深入推进科技体制机制改革，为甘肃省经济社会发展提供了有力的支撑和保障。2015年，甘肃省综合科技进步水平上升到全国第18位，科技对经济增长的贡献率达50.3%，技术市场合同交易额达到130.31亿元，研发经费投入达到82.72亿元，万人口发明专利拥有量1.59件。

一、盘点"十二五"：创新驱动激活经济社会全面发展

（一）科技支撑能力明显增强，区域创新体系逐步健全

科技支撑引领经济社会发展取得明显成效。2011~2015年，甘肃省投入财政科技经费56.9亿元，实施国家及省级科技计划项目9343项，围绕新能源及设备、新材料、先进装备制造、节能及清洁生产关键技术、动植物高产高效养殖种植技术、农产品精深加工与现代储运技术、人口健康及新药创制、生态建设与环境保护技术集成、民用核技术与装备、公共安全关键技术10个领域实施科技重大专项188项，投入经费3.87亿元，37项重大科技成果获得国家科技进步奖，省部级科技进步奖1000多项，实现重大科技成果转化近1000项。全省R&D经费投入从2011年的48.53亿元增长到2015年的82.72亿元。2015年技术市场合同交易额达到130.31亿元。突出企业技术创新主体地位，实施"六个一百"企业技术培育工程，编制战略性新兴产业骨干企业技术路线图，创新平台逐步完善，截至2015年，省内各类研发平台达到575个，拥有国家实验室1个、国家重点实验室10个、部级重点实验室29个、省级重点实验室101个、国家工程技术研究中心5个、省工程技术研究中心150个、行业技术创新平台16个、中试基地8个、国家农业科技园区8个、省级农业科技园区23个、可持续发展实验区13个。

（二）体制机制改革不断深入，创新创业环境持续优化

系统推进科技创新组织模式、科技项目组织方式和管理模式、科技奖励制度、人才评价等重点领域改革。紧紧围绕产业链的优化升级，建立科学合理的项目形成机制和储备机制。转变科技计划管理方式，项目承担方式上鼓励以企业为主体的产学研结合，突出科技奖励导向作用，修订科学技术奖评审细则，增加专利奖、企业技术创新示范奖和优秀科技创新企业家奖，设立省科技创业投资引导资金，制定

科技保险保费补贴政策。完善科技创新评价机制，对计划内项目全部取消鉴定，全面推行以科技成果转化、效益产出、对经济社会贡献度等作为科技创新成效的重要评价指标。改革完善人才发展机制，突出科研能力、创新成果等指标，淡化将论文和职称晋升挂钩评价人才的做法。建立科技报告制度，率先在西部地区开展了市级科技项目报告呈交工作。积极推广创客空间、创业咖啡、创新工场等新型孵化模式，构建一批综合性创业服务平台，建立形成"创业苗圃+孵化器+加速器+产业园"的全产业链孵化链条。建成生产力促进中心98家，国家科技企业孵化器5家，国家技术转移示范机构9家，在孵科技型中小微企业978家，认定高新技术企业320家，省级众创空间发展到61个，进入种子企业和团队近500家。

（三）科技惠民进程步伐加快，知识产权战略成效突出

"十二五"期间，甘肃省进入了国家首批14个科技惠民计划试点省行列，组织实施兰州市城关区数字化社会管理与服务平台示范、武威市恶性肿瘤高发区防控模式示范、敦煌市洪水资源利用和生态农业综合技术示范推广、重离子治疗肿瘤技术等重大科技民生项目。积极探索科技支撑贫困地区现代农业发展模式，整合1亿元资金，在58个贫困县（市、区）和17个插花型贫困县组织实施"一县一项目一产业"科技惠民示范工程项目，在基层示范应用了一批综合集成技术和先进实用技术，有效带动了贫困地区农民致富和财政增收。培育了40个省级科技特派员创新创业团队和创业链，建立科技特派员示范基地234个、科技特派员产业链4个，近万名科技特派员遍布86个县（市、区）。积极提升知识产权服务水平，新增2家国家级知识产权服务机构，2011~2015年，甘肃省专利申请受理量从5287件增长到14 584件，年均增长28.87%，万人口发明专利拥有量从0.61件增长到2015年的1.59件，知识产权综合效能全面提升。

（四）创新驱动试验突破进展，创新政策体系日趋完善

科技部、甘肃省政府、上海张江国家自主创新示范区管委会组建兰白试验区三方会商制度。完善工作体系，由甘肃省委、省政府主要负责同志担任兰白试验区工作推进领导小组组长，设立省创新办，设置政策财经工作组、产业工作组、科技工作组、人才工作组四个工作小组。制定《兰白科技创新改革试验区发展规划（2015~2020年）》。省政府设立20亿元兰白试验区技术创新驱动基金，组建基金管理公司，实行政府引导、市场运作、专业管理、开放运行。制订《兰白科技创新改革试验区条例》，明确试验区管理运行的法律主体，赋予试验区责任主体及各职能部门法定职责和权益，为兰白试验区的创新改革和先行先试提供法律支撑。修订了《甘肃省专利条例》《甘肃省科学技术进步条例》《甘肃省促进科技成果转化条例》《甘肃省科学技术奖励办法》，出台实施了《中共甘肃省委甘肃省人民政府关于深化科技体制改革加快区域创新体系建设的意见》《中共甘肃省委甘肃省人民政府关于深化体制机制改革加快实施创新驱动发展战略的实施意见》等一批鼓励科技创新的具体措施。

（五）人才队伍建设结构优化，科技合作交流深层拓展

设立"陇原企业杰出人才奖"，建立甘肃省企业人才库，促进企业人才队伍建设。2011~2015年全省R&D人员年均增长8.63%，2015年达到40 787人。向全省58个贫困县和2个片外县选派科技人员1080名，培养本土科技人才138名。目前，甘肃省各类专家达到5972人，其中两院院士19人，享受国务院政

府特殊津贴专家1986人，国家有突出贡献中青年专家42人，"百千万人才工程"国家级人选20人，领军人才1008人。引进国外专家及项目负责人200多人次，柔性引进两院院士12人，海外高层次人才9名，形成了38个省属科研院所科技创新团队。甘肃牵头的"中国-马来西亚清真食品国家联合实验室"项目，成立中国清真食品产业技术创新联盟，建立我国与"一带一路"沿线伊斯兰国家技术合作大平台。积极参与"丝绸之路经济带"甘肃段建设，在新能源、高能物理、沙漠化防治等领域举办国际学术会议，为巴基斯坦、阿富汗、印度等29个中亚、西亚、南亚、东南亚国家培训技术和管理人员，促进了与沿线国家的国际交流与合作。11家机构被科技部认定为国际科技合作基地，在西部地区名列前茅。部省会商继续深化，一批科技项目得到科技部的支持。

二、梳理"症结"：深度剖析创新驱动发展壁障

（一）科技创新与经济发展融合度不高

甘肃省高技术产业增加值占工业增加值的比重为4.2%，低于全国平均水平，全省高技术产业发展不均衡甚至存在空白地区。科技创新与经济社会发展紧密结合度不够，在关系区域发展的战略必争领域、科技发展前沿缺乏重大突破，创新推动产业向价值链中高端跃进能力不够，科技创新提升经济整体质量水平能力不足。

（二）研发机构与产业需求融合度不高

甘肃省企业与科研机构耦合度为26.2%，与高校耦合度仅为7.2%，51%的企业没有设立专门的研发机构，53%的企业没有具有自主知识产权的新产品。跨领域跨行业协同创新机制不完善，政府、高校、科研院所、企业、投融资机构的会商机制不健全，作为贯通科技需求侧、技术研发侧和成果转化侧重要载体的产业技术联盟较为缺乏，未形成符合产业发展方向的大科研机制。

（三）研发活动与成果转化融合度不高

甘肃省每年省级登记成果超过千项，其中40%左右由高校和科研机构完成，能真正实现产业化和规模效益的成果不足一成，53%的高校和科研院所不具备成果转化和交易的能力，39%的高校和科研院所缺乏成果转化意识。实验研究、中间试验到产品生产的全过程科技创新融资模式缺乏，科技成果未形成资本化和产业化。亟待构建以技术创新为核心，原始创新、制度创新等相融合的大创新生态系统。

（四）科技人员与激励机制融合度不高

甘肃省54%的企业缺乏高层次人才和学术技术带头人，科研与综合技术服务业人均工资比全国平均水平低2.7万元。科技人员双向流动机制不健全，人力资本配置尚待优化，人才横向和纵向流动性有待提高。人才评价激励机制和服务保障体系不完善，人才脱颖而出的创新环境营造不够。

（五）创新驱动与市场发展融合度不高

甘肃企业数量少、规模小、创新能力弱，企业尚未真正成为创新决策、研发投入、科研组织和成果应用的主体，制约企业创新的体制机制障碍仍然存在。高技术企业仅占全国总数的0.34%，全省有研发活

动的规模以上企业 177 家，只占全部企业总数的 10.2%。企业研发投入占主营业务收入比例为 0.13%，远低于国家要求的 1.5%。规模以下工业企业虽占工业企业总数的 83.1%，但生产总值仅占 7%。许多产品关键技术、大型成套设备和核心元器件依赖进口，市场对技术研发方向、路线选择和创新资源配置的导向机制仍需健全。

三、前瞻思路：拓展创新驱动发展战略维度

"十三五"时期，是落实"四个全面"战略布局的关键期，是实施创新驱动转型发展和建设创新型省份的攻坚期，也是甘肃省与全国一道全面建成小康社会的决胜期。我们将全面贯彻党的十八大和十八届三中、四中、五中全会精神，按照创新、协调、绿色、开放、共享的五大发展理念，充分调动和激活创新要素，在供给侧、需求侧、转化侧三个方向同时发力，促进甘肃省产业升级，激发全社会创新活力，实现"十三五"的各项目标任务。结合全省科技创新发展需求，以问题为导向，综合研判，提出"十三五"甘肃省科技创新工作的总体思路重点从"完善创新体系、搭建创新平台、推动成果转化、培养创新人才" 4 个方面实现突破。

（一）加快建立以企业为主体、市场为导向、产学研紧密结合的技术创新管理体制和运行机制，努力在完善创新体系上实现突破

深入实施"六个一百"技术创新工程，建立以企业为主导的产学研用协同创新机制，鼓励企业建立技术研究开发机构和中试基地，加快培育高新技术企业，启动实施企业技术创新培育工程，加快组建以企业为主体的协同创新战略联盟。

（二）加快建立以资源整合共享为核心，对区域技术创新体系提供高效服务的公共科技平台，努力在搭建创新平台上实现突破

加快兰白试验区建设；在重点企业提高研发能力，加强重点实验室、工程技术研究中心建设；健全新型农村科技服务组织；充分发挥科技园区和产业带的技术创新载体作用，着力发展科技服务业，改善各类园区科技创新基础条件；深入实施创新创业试点城市建设。

（三）加快建立以应用为导向、以技术转移与成果转化为核心的科技成果产业化机制，努力在推动成果转化上实现突破

建立健全多元化的科技成果评价体系和成果发布机制，促进科技成果转化、推广、应用。同时，加强技术市场管理，发展壮大兰州科技大市场；加强知识产权保护，开展技术产权交易试点，建立完善技术股权激励机制。

（四）加快建立以人为本、事业留人、柔性流动，鼓励创新创业的人才保障机制，努力在培养创新人才上实现突破

重点建立健全鼓励科技人才柔性流动的激励机制，完善人才培养、人才评价、人才选拔和人才创业

机制，激发科技人员创新创业的积极性。

四、集聚要素：全力推进创新驱动发展重点

"十三五"期间，甘肃省将进入创新驱动发展战略的窗口期、科技体制改革的攻坚期、创新要素聚集的发力期，面临着由加快经济发展速度向加快发展方式转变、由规模快速扩张向提高发展质量和效益转变的重要机遇期，经济社会发展对科技的依赖日益加深，迫切需要以科技创新为核心的全面创新，助推经济社会转型跨越发展，形成经济转型、生态保护和民生改善协同推进、良性互动的可持续发展格局。

（一）以科技体制改革为突破口，贯彻落实五大发展理念

围绕影响和制约创新驱动发展的全局性、根本性、关键性重大问题，突破束缚创新的制度藩篱，建立以提升自主创新能力为核心的科技计划体系，在创新组织方式、评估评价模式、企业创新机制、科技投入机制、创新治理机制等5方面推进重点领域科技重大改革。发挥科技创新在全面创新中的引领作用，深化科技体制改革，积极适应和引领经济发展新常态，围绕国家建设"丝绸之路经济带"总体部署，培育国际创新竞争合作新优势，推动创新发展、协调发展、绿色发展、开放发展、共享发展。以提高发展质量和效益为中心，促进科技经济有机结合，加快企业技术升级改造，在供给侧和需求侧两端发力，促进产业迈向中高端。推动大众创业、万众创新，扶持创新型企业和新兴产业成长，形成竞争新优势。聚集创新资源和人才资源，促进科技成果转移转化，进一步完善区域创新体系建设，让科技创新成为引导经济发展新常态和确保全面建成小康社会的重要支撑。

（二）以兰白试验区建设为突破口，探索创新发展新路径

立足甘肃、服务全国、辐射"一带一路"，重点实施"三大计划"和"五大工程"，全面提升兰白试验区集聚、示范、辐射和带动功能，建成统领区域其他战略平台的高位平台，向西开放、黄河上游城市群、陇海兰新经济带的重要产业引擎和创新创业中心，协同京津冀一体化、长江经济带区域发展战略的内陆示范区和创新共同体。完善兰白试验区政策支持体系，实施《兰白科技创新改革试验区发展规划（2015~2020年）》。加大兰白试验区技术创新驱动基金投入力度，发挥财政资金的引导和放大效应，撬动社会资金跟进投入试验区。积极推动兰白试验区产业创新，推动高校、科研院所依托自身优势与试验区内企业开展交流合作，加强与上海张江等国家自主创新示范区的创新合作。

（三）以"六个一百"技术创新工程为突破口，深入推进科技供给侧改革

"六个一百"技术创新工程提出"每年开发100个以上新产品、转化100项以上重大成果、培育100家以上高新技术企业、建设100个以上创新平台、培育和引进100个以上创新团队、科技创新投入达到100亿元以上。"通过市场和企业的选择，倒逼科技研发与服务供给侧结构性改革。今后，科技工作要围绕提升产品的技术含量，生产出试销或者是能够引领消费的新产品，来提高科技的贡献率。要从以下三个方面深化科技体制改革，提高供给层次和效益。一是推进技术研发侧结构改革，重点是推进研发组织结构、项目评价制度、创新治理结构等方面的改革，打造行业技术平台，实现企业技术结构优化。二是推进技术需求侧管理改革，以科技计划管理改革为重点，改革科研项目的组织方式，实现技术需求与技术

供给相匹配。三是推动科技成果转化侧改革，重点是解决企业成果转化能力弱、院所高校转化效率低、产学研耦合度较低的问题。

（四）以精准扶贫为突破口，深入支撑和改善民生

围绕科技扶贫、医疗保健、生态环境和公共安全等重大需求。持续开展科技特派员服务精准扶贫行动、"三区"人才支持计划科技人员专项计划、科技扶贫产业培育行动和贫困地区精准科技培训行动。实施"一县一项目一产业"科技惠民示范工程，建立一批民生科技综合试验示范基地，突破一批核心关键技术，推广普及一批实用技术成果，培育发展一批农村科技新兴产业。到2020年，每个贫困村至少有1名科技特派员和2个科技示范户，每个贫困县培育2个科技扶贫示范村。在人口健康、生态环境、公共安全等领域，大力开展科技研发与成果转化，服务社会管理和社会发展，强化食品安全、防灾减灾等领域先进适用技术的应用示范，努力解决广大人民群众最关心、最直接、最现实的利益需求。

科技创新全方位助力精准脱贫

胡熳华，刘 勇

科技部中国农村技术开发中心 副研究员

一、全国科技扶贫工作主要做法及成效

"十二五"期间，科技部认真落实中央扶贫工作部署，科技部认真贯彻落实习近平总书记系列讲话和党的十八大精神，积极落实国务院扶贫开发领导小组各项部署，紧密围绕贫困地区的科技需求，扎实开展了行业扶贫、定点扶贫和集中连片特殊困难地区扶贫工作，以提高贫困地区内生发展动力为目标，以深化科技体制改革为动力，以政策、资金、人才支持为抓手，加大科技扶贫工作力度，依靠创新驱动，突出创业扶贫，营造双创环境，构建长效机制，为打赢脱贫攻坚战提供强有力的科技支撑和引领，科技扶贫已经成为扶贫工作的新亮点和重要组成部分。

（一）深入推行科技特派员制度，促进贫困地区创新创业

2002年科技部在宁夏、陕西、甘肃、新疆、青海等西北五省区开展试点，之后在全国推广。党中央、国务院高度重视，2012~2016年，科技特派员工作连续5年写入中央1号文件。自2009年科技部等9部门启动科技特派员农村科技创业行动以来，科技特派员工作覆盖了全国90%的县（市、区），有72.9万名科技特派员长期活跃在农村基层，在中西部地区先后认定了36个科技特派员创业链和31个创业培训基

地，辐射带动农民约6000多万人。为促进农民脱贫致富、农业转型升级和新农村建设发展做出了积极贡献。

（二）实施科技计划项目，促进贫困地区特色产业培育和农民增收

统筹安排星火计划、火炬计划、农业科技成果转化计划、中小企业创新基金、科技富民强县计划等科技计划，加强集成创新和引进消化吸收再创新，加快成熟适用技术在贫困地区特色产业发展中推广应用，突破一批农业技术瓶颈，在良种培育、新型肥药、加工贮存、疫病防控、农村民生等方面取得一批重大实用技术成果，形成一批贫困地区急需适用的"技术成果包"、"产品成果包"、"装备成果包"，保障农村科技成果的有效供给，提高贫困地区创新创业能力和内生发展动力。

（三）加快构建新型农业社会化科技服务体系

将发展特色产业作为服务体系的核心，加强科技信息服务能力和统筹使用各种科技资源，努力解决贫困地区科技服务"最后一公里"问题。以"12396"公益电话号码作为全国统一农业科技服务热线接入号码，构建全国统一的农村科技信息服务平台。在中西部地区先后认定了19家高校新农村发展研究院，并成立了协同创新战略联盟，发挥高等学校在科技扶贫中的的示范推广作用。积极鼓励有条件地区成立科技特派员协会，有效地促进了农业科技成果的转化。

（四）加强贫困地区国家农业科技园区建设

立足贫困地区的优势和特色，加快指导中西部地区建设175家国家农业科技园区，发挥国家农业科技园区在扶贫开发中的技术集成、要素聚集、应用示范、辐射带动作用，在贫困地区建立农业科技创新与成果转化孵化基地、促进农民增收的科技创业服务基地、培育现代农业企业的产业发展基地，促进贫困地区农业产业化进程和农民脱贫致富。

（五）实施"三区"人才支持计划科技人员专项计划，加强贫困地区人才队伍建设

2014年，科技部联合中共中央组织部、财政部、人力资源社会保障部和国务院扶贫办公室，组织实施边远贫困地区、边疆民族地区和革命老区（"三区"）人才支持计划科技人员专项计划，至2016年共落实中央财政投入5.4亿元，支持中西部省份选派"三区"科技人员34 437名，培养"三区"本土人才5558名，深受"三区"地方党委政府和老百姓欢迎。

（六）加强科技示范，促进社会主义新农村建设

依托村镇建设综合技术集成示范等科技计划项目，在贫困地区组织开展科技扶贫示范乡村建设示范试点，在定点帮扶县形成"县有科技示范园，乡有科技示范村，村有科技示范户"的三级科技示范体系，建立了40多个科技扶贫示范基地，如井冈山市山陂楼村、安塞县侯沟门村、英山县东冲河村、光山县胡楼村、永新县樟槐村、佳县打火店村等典型示范村，有效带动了当地经济建设和社会事业发展。

（七）建立挂职制度，实施团队扶贫

自20世纪80年代开始共选派科技扶贫团28届，累计477人次，2015年启动了向重点贫困村选派"第一书记"的工作。扶贫团岗前有培训、新老有交接、工作常交流、总结加考核，而且各项管理都制定详细工作程序和规定。大别山、井冈山和陕北三个分团分别安排一名司局级领导作为团长，对两位团员进行传帮带，既保证定点扶贫工作的顺利落实，又有效培养了年轻干部。

（八）加强部门联合，认真做好片区扶贫攻坚联系工作

作为秦巴山片区牵头联系单位，积极与国家铁路局、中国铁路总公司等有关部门协同配合，共同推进《秦巴山片区区域发展与扶贫攻坚规划》的实施。组织开展"秦巴山片区科技创业扶贫专题调研"，围绕片区创新创业能力、政策环境，以及创业案例、经验等进行全面、深入的了解，提出了加强"一县一品"特色产业发展的工作思路。定期组织召开秦巴山片区区域发展与扶贫攻坚工作推进会，协调相关行业部门共同推进秦巴山片区的扶贫攻坚与区域发展。同时，积极配合相关部门，做好其余13个集中连片特困地区的扶贫工作。

二、全国科技扶贫工作模式与经验

（一）顶层设计，四级联动

科技部将科技扶贫工作摆在科技创新工作重中之重位置。由科技部牵头协调，建立了部、省、市、县四级科技管理部门抓科技扶贫工作的联动机制，形成合力。成立了由主要领导任组长、分管领导任副组长，有关司局为成员的科技扶贫领导小组，全面负责科技扶贫工作的规划指导、统筹协调、工作推进、督导检查。省、市科技管理部门也成立了相应组织机构，切实承担起了本地区的科技扶贫工作的组织协调。

（二）找准需求，项目带动

在充分考虑贫困地区和革命老区扶贫攻坚中的科技需求的同时，将依靠创新驱动促进贫困地区、革命老区经济社会发展作为科技创新发展的重要任务。同时，科技管理部门多次深入调研，与贫困地区科技扶贫需求精准对接，找准着力点和切入点，编制领域科技扶贫规划，并与贫困地区精准扶贫规划有效衔接。加强省级科技管理部门实施"一县一策"，地市级科技管理部门推动实施"一乡一品"的措施。将地区科技扶贫规划转化成年度工作计划，将年度工作计划转化为具体科技项目，以项目实施全方位推动工作落实。

（三）加大力度，政策倾斜

科技部结合中央财政科技计划（基金、专项等）管理改革，通过重点研发计划、技术创新引导专项（基金）等加大对科技扶贫的支持力度，涉及贫困地区的重点研发计划项目优先立项，项目成果优先在贫困地区转移转化。继续实施"三区"人才支持计划科技人员专项计划，为贫困地区、革命老区发展提供人才和技术支撑。动员号召经济发达地区科技部门对口帮扶科技部定点扶贫县、秦巴山片区和革命老区，加速其脱贫步伐。加大对贫困地区、革命老区科技管理部门的支持，提高其管理能力和服务

水平。

（四）创新方法，完善机制

各地结合科技发展规划和扶贫实际，创新科技扶贫工作方式方法，建立健全领导责任、工作联系、考核评估、监督检查、信息报送、宣传报道等科技扶贫工作机制。强化对科技扶贫工作的考评，主要围绕建档立卡贫困户精准扶贫、精准脱贫效果进行科学评估，建立奖惩制度，加强督导检查，确保取得实效。加强对科技扶贫项目的执行和经费使用的监督和评估，对于截留私分、贪污挪用等违法违规问题从严惩处。

（五）加强宣传，营造氛围

利用各种媒体，采取多种方式，做好正面宣传和舆论引导工作，宣传科技扶贫工作取得的进展和成效，总结推广好经验、好做法、好典型，营造科技扶贫的良好环境氛围。在科技日报、《中国农村科技》等媒体开设"科技扶贫"专栏，大力弘扬"情系老区、扎根基层、求真务实、创新创业"的科技扶贫精神。依托中国科技网建立科技扶贫信息共享暨成果交易平台，加强扶贫政策、典型经验、先进事迹宣传，交易展示先进适用技术成果，为贫困地区、革命老区提供科技服务。对做出突出贡献的科技扶贫个人和单位予以表彰，树立科技扶贫典型榜样。

三、"十三五"全国科技扶贫工作的部署

"十三五"时期，我国已进入全面建设小康社会的关键时期，深化改革开放、加快转变经济发展方式的攻坚时期，2016年，国家相继出台了《国家创新驱动发展战略纲要》《国务院办公厅关于深入推行科技特派员制度的若干意见》《促进科技成果转移转化行动方案》《关于科技扶贫精准脱贫的实施意见》等重要文件，对贫困地区提高创新能力，激发创新创业活力都做出重要的战略部署。

（一）工作目标

组织动员20万名以上科技人员大军深入脱贫攻坚第一线，做给农民看，领着农民干，带着农民赚，开展科技服务和创业式扶贫。围绕贫困地区、革命老区特色支柱产业、生态农业，转化推广5万项以上先进适用技术成果，形成"一县一业"、"一乡一品"。在贫困地区、革命老区、少数民族地区建设3000~5000个"星创天地"，有条件的贫困县至少建设一个科技园区。

（二）工作重点

1. 开展智力扶贫，增强贫困地区发展内生动力

推进贫困地区科技人才队伍建设。认真落实《国务院办公厅关于深入推行科技特派员制度的若干意见》，推进实施边远贫困地区、边疆民族地区和革命老区人才支持计划科技人员专项计划。加大对乡土人才和创业队伍培养力度，在定点扶贫县探索建立科技人才创新驱动中心。强化贫困地区新型职业农民培训。加强对贫困地区返乡农民工、本土科技人员、大学生村官、乡土人才、科技示范户等的培训。鼓励和支持高等学校、科研院所发挥人才、成果、基地等方面的优势，为贫困地区培养懂技术、会经营、善

管理的新型职业农民，造就一批具有科技意识、创新精神的企业家。加强贫困地区科普工作。继续开展科技列车行、流动科技馆进基层、文化科技卫生"三下乡"、科普大篷车万里行、科技之光青年专家服务团活动等，向定点扶贫县基层党支部赠送科技报刊。继续做好全国党员干部现代远程教育课件的制播工作，在贫困地区、革命老区电视台推广"星火科技30分"电视节目。选派科技干部和科技人员到贫困地区挂职锻炼。鼓励和引导各级科技管理部门和各类科研单位的优秀年轻科技管理干部和科研人员到贫困地区挂职锻炼。

2. 开展创业扶贫，提升贫困地区产业发展水平

培育贫困地区创业主体。深入推行科技特派员制度，实施"三区"人才计划，带动人才、技术、管理、信息以及资本等现代生产要素向贫困地区逆向流动。扎实开展贫困地区创业扶贫带头人培训。打造贫困地区创业载体。建设一批"星创天地"、科技园区，发挥星火科技12396、农技110、专家大院、科技特派员服务站等作用，构建线上线下相结合的一站式开放性综合服务平台，支持科技特派员、大学生、返乡农民工、职业农民等开展创新创业，推动"大众创业、万众创新"。壮大贫困地区特色支柱产业。征集、凝炼、发布一批贫困地区、革命老区急需适用的"技术成果包"、"农村科技口袋书"。鼓励贫困地区、革命老区建立完善技术中介机构，发展技术市场，推动产学研合作。发展农产品加工业，延长产业链，推动一二三产业融合发展。发展电子商务，引导建设贫困地区农产品网上销售平台，加强贫困地区、革命老区农村电商人才培训。发展光伏农业，加强技术研发和示范应用，推动光伏扶贫。加强中药材、经济林果等规范化种植技术普及推广。发挥科技成果转化引导基金的带动作用，促进科技和金融结合，支持龙头企业提高创新创业能力，推动贫困地区、革命老区特色支柱产业发展。

3. 加强与贫困地区对接帮扶

鼓励国家高新技术产业开发区、国家农业科技园区与贫困地区对接，帮助筹建科技园区、产业园区，实现贫困地区人员转移就业。鼓励支持国家重点实验室、工程技术研究中心与贫困地区对接。鼓励支持国家高新技术企业到贫困地区投资兴业。发挥高等学校新农村发展研究院作用，建立专家储备和后台支持机制。"十三五"期间，科技部将持续加强4个定点帮扶县科技创新体系建设，认真落实秦巴山片区牵头单位职责，重点推进相关工作，全面探索可复制、可推广的贫困地区创新驱动发展模式。到2020年，将科技部定点扶贫县建设成为创新驱动精准脱贫的试验田和示范点，推动秦巴山片区成为"科技扶贫示范区"。

四、"十三五"甘肃省科技脱贫的工作重点

（一）精准设置科技脱贫目标

1. 实施"一县一项目一产业"科技惠民示范工程。建立一批民生科技综合试验示范基地，突破一批核心关键技术，推广普及一批先进适用技术成果，培育发展一批农村科技新兴产业。到2020年，每个贫困村至少有1名科技特派员和2户科技示范户，每个贫困县培育2个科技扶贫示范村。

2. 发展规模化、专业化的"星创天地"。围绕科技特派员、农村中小微企业、返乡农民工、大学生等农村创新主体，建设创业创意空间、创业实训基地，构建百家科技咨询、质量检测、科技金融、创业

培训辅导等新型科技服务体系，建设一批省级农业科技园区，打造创新要素高度集聚的现代农业科技示范基地、农业科技成果转化基地、农村科技创新创业基地和农村人才培养基地。

3. 鼓励科技人员深入农村流通领域开展科技创业。以科技特派员为依托建立一批特色农产品电商平台，建立科技特派员创新创业基地和培训基地，发展全省各种类型的科技特派员1万名，为每个贫困县建立1~2个科技特派员精准扶贫团。

4. 加快建设"三区"（边远贫困地区、民族地区和革命老区）科技人才和农村科技创新人才队伍，每年选派960名科技人员到"三区"提供科技服务、开展农村科技创新创业，每年为"三区"培养120名科技服务人员和农村科技创新创业人员。

5. 延伸12316、12396服务体系，开发建设信息进村入户综合服务平台。加快利用信息技术传播和转化最新农业科技成果，开发以掌上智能终端为主的信息技术。构建电商平台和物流网络，将电子商务平台与线下农产品产地市场结合，创新农产品营销。

（二）强力推动智力扶贫和创业扶贫

深入推进"三区"科技人员专项计划，引导和支持大专院校、科研院所的科技人员深入扶贫开发一线，与建档立卡贫困户结成利益共同体，实施创新创业。培养本土科技人才和创业队伍，为贫困地区打造"永久牌"科技服务队伍。加强新农村发展研究院建设，发挥高等学校、科研院所在人才、成果、基地等方面的优势，为贫困地区培养懂技术、会经营、善管理的新型职业农民。加大科技三下乡力度，组织优质科普资源到贫困县开展群众喜闻乐见的科普宣传活动。针对性地选派科技干部与科技人员到定点联系县开展工作，为贫困地区带去新资源、新理念、新动能。

深入推进科技特派员制度建设，带动人才、技术、管理、信息等要素向贫困地区流动，形成一批急需适用的提升贫困地区生产生活水平的成套关键技术，解决贫困地区特色产业发展和生态建设中的技术瓶颈问题。鼓励贫困县建立和完善技术中介机构，规范技术市场，开展多种形式的技术交易活动。发挥科技成果转化引导基金的放大作用，引导社会力量和地方政府促进贫困地区科技金融发展。引进和孵化一批科技型企业，推进新型农业社会化科技服务。营造有利于贫困地区创新创业的环境氛围，促进贫困地区传统农业经营方式向产业化、品牌化和全链条增值方式转变。

（三）基地示范带动，打造科技扶贫样板

充分发挥高新技术开发区、农业科技园区在扶贫开发中的技术集成、要素聚集、应用示范、辐射带动作用，探索"园区+贫困村+贫困户"的方式带动贫困村建档立卡贫困户的整体发展。形成"县有科技示范园、乡有科技示范村、村有科技示范户"的三级科技示范服务体系，辐射带动特色产业基地建设。科技全面支撑六盘山片区甘肃片、四省藏区甘肃片、秦巴山片区甘肃片的发展，重点打造甘肃省陇南市康县、武威市古浪县和庆阳市正宁县3县9村的科技创新驱动扶贫样板，探索可复制、可推广的贫困地区创新驱动发展模式。

（四）创新工作机制，优化科技扶贫环境

结合贫困地区科技发展规划和扶贫发展实际，创新科技扶贫工作方法，构建有利于科技扶贫的机制

和环境，推动贫困地区走上创新驱动发展的轨道。充分利用市场在配置科技资源方面的基础性作用，建立有利于贫困地区吸引人才、使用人才、留住人才的新机制和新政策，鼓励科技人员到贫困地区建功立业。深化改革，在组织机构、激励机制、政策保障、资金投入等方面大胆创新，创造有利于更多的社会力量服务于贫困地区科技事业的外部环境。加大对贫困地区科技主管部门的支持，逐步改善工作环境和管理手段，提升其对科技创新创业资源的组织动员能力，提高管理水平和服务县域经济的质量和能力。

甘肃省科技人才政策、成效与对策建议

甘肃省科技发展战略研究院

治政兴业，人才为先。随着科技全球化进程的不断加快，科技人才作用日益突显，成为区域经济发展的重要战略资源，甘肃省要实现经济社会健康可持续发展，必须坚定不移地实施科教兴省、人才强省战略。新形势下，系统梳理甘肃科技创新人才现状，对进一步加强科技人才队伍建设、推动人才队伍的发展壮大具有重要意义。

一、科技人才相关政策措施及进展

（一）科技人才发展规划

1.《甘肃省中长期人才发展规划（2010~2020年）》

规划提出，到2015年，甘肃专业技术人才总量达到66万人；到2020年，专业技术人才总量达到80万人，全省研发人员总量达到5万人年，高层次创新型科技人才总量达到1000人。截至目前，甘肃省各类专业技术人才总量达到56.92万人，全省研发人员折合全时当量为25 860人年。"高层次人才创新创业扶持行动"引进人才23名。遴选出1008名领军人才，培养"西部之光"访问学者214人，46人获得国家杰出青年基金，40人次获得省杰出青年基金及创新研究群体。

2.《甘肃省"十二五"人力资源发展规划》

规划提出，到2015年，高、中、初级专业技术人才结构达到1:3:6，高技能人才总量达到33万人，科技进步贡献率达到60%以上，建设14个左右省级示范性高技能人才公共实训基地，100个左右市、县级技能人才实训基地。截至目前，甘肃省高、中、初级专业技术人才结构达到1:4:7，基本趋于合理，科技进步贡献率达到50.3%。2011年启动高技能人才培训基地建设工作，建成8个国家级高技能人才培训基地和9个国家级技能大师工作室，全省高技能人才达到33万人。

3.《甘肃省"十二五"科学技术发展规划》

规划提出，在"十二五"期间引进100名海内外高层次人才，选拔科技领军人才1000人，建设50个具有自主知识产权和持续创新能力的科技创新团队。截至2015年，甘肃省引进国外专家及项目负责人200多人次，海外高层次人才9人，选拔科技领军人才1008人，形成了38个省属科研院所科技创新团队，40个省杰出青年基金及创新研究群体，有10个团队得到了高层次人才创新创业项目，6个团队获得基础研究创新群体资助。

（二）人才支撑政策与办法

《甘肃省专业技术人才支撑体系建设纲要》于2008年制定出台，提出15个人才开发配置计划，18条专业技术人才支撑体系建设保障措施。2012年，《甘肃省专业技术人才支撑体系建设专项人才开发配置计划实施方案》作为《甘肃省专业技术人才支撑体系建设纲要》实施的核心制定下发，标志着全省专项人才开发配置计划进入全面实施阶段。《实施方案》突出了人才开发配置的针对性，强调了对全省经济社会重点发展领域、优势产业和重大项目及中央高度关注的社会民生问题的人才支撑。

《关于加快引进急需紧缺人才的意见》和7个配套办法，于2011年制定出台。在"1+7"文件的引领下，各市州和企事业单位研究出台各项优惠政策，形成了全面发力引才的态势。在人才认定、项目扶持、财税金融扶持、配偶就业安置、住房保障、子女入学、"服务绿卡"等方面初步形成了引进人才的政策体系。据不完全统计，截至2013年，全省共引进各类急需紧缺人才14 235人，其中国外引进人才139人，省外引进人才4451人；博士416人，硕士1330人；副高以上职称的751人。

《甘肃省领军人才考核办法》于2013年制定出台。突出激励导向，鼓励领军人才创新，提倡基础研究与实践应用并重，个人发展与团队建设互动。考核办法紧密结合不同行业人才发展的实际，定量与定性相结合，历史贡献与发展潜力相结合，其中工业、农业领域领军人才考核指标突出"成果转化"，强调了对经济发展的直接贡献；医药卫生、教育领域的考核指标突出"临床实践"和"教学成果"，强调了社会效益；文学艺术领域人才的成果业绩按照创作类、实践类两大类分别考核。此外，还制定了分类考核的指标体系，打破了以往定性评价的评价方法。

（三）改革优化人才政策，鼓励人才创新创业

一是针对高层次人才培育引进制定政策。为促进省属科研院所自主创新能力提升，先后制定了《关于培养省属科研院所学科带头人的实施意见》《甘肃省省属科研院所科技创新团队建设实施办法》，培育省属科研院所创新团队38个。围绕吸纳海内外高层次人才来甘创新创业，起草《关于实施高层次人才科技创新创业扶持行动的意见》，并制订了配套项目管理和资金管理办法，截至目前，实施两期，投资4000万元，引进高层次人才（团队）23个。

二是创新科技人才激励机制。2013年修订《甘肃省科学技术奖励办法》以来，鼓励原始创新、自主创新和集成创新，先后评选出4名"甘肃省科技功臣"，1285项"甘肃省科学技术奖"。2014年以来，科技功臣候选人均为六零后，且提交评审项目主持人中45岁以下人员达42%，首次在科学技术奖励评审中对企业技术创新示范奖和优秀科技创新企业家奖进行了评审。同时，通过奖励这个杠杆，逐步改变了甘肃省科技人才"重论文、轻成果"的不好导向，促使"成果多、结果少"、"盆景多、风景少"的科研局面有所扭转。2016年4月，省人大常委会正式修订通过《甘肃省促进科技成果转化条例》，6月1日正式施行。新修订的条例对中央《意见》关于加大对创新人才激励力度，关于鼓励和支持人才创新创业，提出了一些具体落实举措。

二、科技人才工作现状与成效

（一）人才队伍现状

1. 研究与试验发展（R&D）人员情况

一是R&D人员规模不断扩大。截至2015年底，甘肃省R&D人员总量达40 787人，较2011年增加了8968人，较2011年增长了28.18%，甘肃省科研人力资源总量得到了大幅度提升。2011~2015年，甘肃省R&D人员折合全时当量保持适度增长，2015年R&D人员折合全时当量为25 860人年，较2011年增长了18.55%。二是R&D人员主要集中在企业。2015年，企业拥有R&D人员20 068人，占49.2%；其次为高等院校，拥有R&D人员9564人，占23.4%；科研机构拥有R&D人员7370人，占18.1%；其他3785人，占9.3%。三是R&D人员集中分布在兰州市。2015年兰州R&D人员达到22 348人，占全省54.8%；其次为天水2765人，占6.8%；第三是金昌2351人，占5.8%。除白银外，其他市州R&D人员均较2012年有不同程度的增长。四是R&D人员主要集中在试验发展领域。2015年甘肃省从事试验发展研究的R&D人员全时当量为15 980人年，占61.8%；应用研究人员全时当量为5570人年，占21.5%；基础研究人员全时当量为4309人年，占16.7%，基础研究相对薄弱。

2. 专业技术人员发展情况

2015年，甘肃省企事业单位各类专业技术人员达56.92万人，较2011年增加了4.23万人，增长了8.03%。2014年，事业单位高级职称41 956人，占8.59%；中级职称157 480人，占32.25%；初级职称276 894人，占56.7%；其他12 008人，占2.46%。企业单位从事工程技术、卫生技术、农业技术、教学人员和科学研究人员分别为40 687人、3290人、1002人、806人和164人，分别占88.55%、7.16%、2.18%、1.75%和0.36%。

3. 高层次科技人才发展情况

一是人才总量稳步增长。目前，全省拥有两院院士19人，享受国务院政府特殊津贴专家1986人，国家有突出贡献中青年专家42人，领军人才1008人。引进国外专家及项目负责人200多人次，柔性引进两院院士12人，海外高层次人才9名。二是人才分布渐趋合理。以石油化工、有色金属新材料、核技术应用、马铃薯业、制种业、草业、荒漠化治理、干旱农业、重离子物理、冰川冻土、高原气象等领域为代表的技术创新和知识创新，在全国居领先或先进地位，科技活动人员在第一、二、三产业的占比分别为0.6%、47.7%和51.7%，逐步趋于合理。三是人才培养载体初具规模。截至2015年，拥有国家实验室1个、国家重点实验室10个、部级重点实验室29个、省部共建国家重点实验室培育基地2个、省级重点实验室101个，国家工程技术研究中心5个、省工程技术研究中心150个，行业技术创新平台16个，中试基地8个、省级农业科技园区23家、可持续发展实验区13个。

（二）科技人才工程实施进展与成效

1."西部之光"访问学者

2003年以来，甘肃省已选派214名"西部之光"访问学者外出进修，专业方向涉及生态环境、资源能源、生物技术、农业、医药、工业、材料工程、经济管理、党的建设等领域。2013年8月，向第八批"西部之光"访问学者颁发证书，对第九批"西部之光"访问学者工作进行总结，对赴外研修深造的第十批20名"西部之光"访问学者进行动员培训。

2.省属科研院所创新团队建设计划

截至2012年，在省属科研院所已培养了一批学科带头人和青年骨干，第一、二批共26个团队外聘专家40名，其中，中国工程院院士1名、国外行业专家1名、兰外专家18名。自主培养博、硕士151人，引进博、硕士82人，建设了19个研究生联合培养基地。创新团队在提高原始创新能力和自主知识产权方面发挥了重要作用，提升了省属院所的整体创新能力和科研水平，共发表科技论文595篇；出版专著21部；申请专利55件，已授权专利39件；3项科技成果获得国家级科技奖励，39项科技成果获得省级科技奖励；取得软件著作权登记3项，新药证书1项，制定各类标准20项。在成果转化方面，已建成生产线9条、生产基地16个；开发新产品33个，新产品销售收入达2000万元，成果转让额达到600万元，其他收入700万元，综合经济收益3500万元。

3.千名领军人才工程

实施以来，遴选甘肃省领军人才人选1008名，涵盖了甘肃省重点学科建设和重点发展领域。稳定了甘肃省高层次人才队伍，1008名领军人才中流向省外的仅有9人，是甘肃省改革开放以来人才流失最少的几年。该工程通过核心人才的强磁场作用，盘活了现有人才资源。据不完全统计，千名领军人才及其团队近年来主持完成各类项目2100多项，直接经济效益1300亿元。

4.社会主义新农村建设人才保障工程

该项工程先后投入9000万元，实施120多个农业特色产业人才开发项目，建立6个省级农村人才培训基地，选派3批110名省属高校、科研院所的专业技术人才挂任科技副县长。

5.科技人员服务企业"百团千人"行动

2009年选派100个企业科技特派团（科技创新团队）和1000名企业科技特派员去企业，协助企业进行技术难题攻关，制定技术发展战略，解决企业自主创新方面的疑难问题。

6.陇原青年创新人才扶持计划

2008年，甘肃省委组织部启动实施"陇原青年创新人才扶持计划"，主要通过经费资助等方式，每年择优扶持一批有发展潜力的青年学术技术骨干，围绕重大项目、重点工程和重点产业开展科研攻关，推动团队建设，从而培养一大批高层次青年科技创新人才和学术技术带头人。据统计，截至2012年，"陇原青年创新人才扶持计划"每年安排专项资金200万元，先后资助和扶持5批共192名青年学术技术骨干。

7. 高层次人才科技创新创业扶持行动

省科技厅2012年对2010年启动的13个项目进行了摸底调查，均按期完成阶段性目标，项目资金配套到位率均在90%以上，引导项目承担单位投入配套资金共计2.8亿元，引导金融机构贷款投资2000万元，部分项目已产生科研成果。

8. 杰出青年基金及创新研究群体

2011年，甘肃省首次设立杰出青年基金10个资助项目，每项资助20万元，支持在基础研究、应用基础研究方面已取得突出成绩的青年学者自主选择研究方向，开展创新研究，促进青年科学技术人才的成长，为甘肃经济社会又好又快发展提供人才储备和科技支撑。

9. 兰州新区"333"人才引育计划

兰州新区设立不低于年度财政收入5%的人才发展专项资金。到2015年，引进国家"千人计划"、"新世纪百千万人才工程"、领军人才30名以上；引进和培育掌握关键技术、引领产业发展创新创业人才300名以上，引进和培育高技能人才3000名以上，着力构筑人才发展高地。

（三）科技活动人力投入综合评价

1. 全省科技活动人力投入波动上升

《中国区域科技进步评价报告（2015）》显示，河南、广东、浙江等12个省市科技活动人力投入高于全国平均水平（91.21%）。甘肃省科技活动人力投入指数由2014年的第21位上升至2015年的第18位。主要原因是企业R&D研究人员所占比重比上年提高6.85个百分点，万人R&D研究人员数比上年提高6.99个百分点。纵观"十二五"，甘肃省科技活动人力投入取得了长足进步，在全国和西部的排位在波动中上升，在全国的排位由第20位上升至第18位，前进2位；在西部12个省市排位居第4位，与"十一五"末持平。

2. 各市州科技活动人力投入稳步提升

根据《甘肃省科技进步统计监测报告2015》，科技人力资源嘉峪关、金昌、兰州、酒泉4市排在全省前4位，高于全省平均水平（60.28%）。武威市科技活动人力投入指数由2014年的第10位上升至2015年的第8位，位次变动相对较大。科技活动人力投入方面，金昌、兰州和嘉峪关排在全省前3位，高于全省平均水平（89.24%）。与上年比较，天水市排名位次变动相对较大，由2014年的第8位上升至2015年的第6位，上升1位；酒泉由2014年的第5位下降至2015年的第7位，下降2位，其他市州变动不大。纵观"十二五"，甘肃省科技活动人力投入稳中有升，科技活动人力投入指数由80.74上升至89.24；金昌、兰州、嘉峪关5年来稳居前3位；庆阳市科技活动人力投入指数由2011年的35.26上升至55.20，在全省的排名由2011年的倒数第1位升至2015年的第9位，上升幅度较大。

三、科技人才发展存在的问题

（一）人才数量不足，重点产业缺口较大

高层次创新人才严重匮乏，企业和基层创新人才短缺，科技人才供给与经济发展需求脱节、创新结

合点错位。据省委组织部调查，2011~2015年全省紧缺人才需求数为76 485人，其中：专业技术人才51 553人，企业经营管理人才7433人，高技能人才14 704人；在新能源、装备制造、煤电化工、有色冶金、生物医药、金融财会、城市规划等重点产业领域方面，人才需求占全部需求人数的64%。

（二）人才分布不均，基层、企业人才匮乏

一是人才分布结构失衡。77%以上人才主要集中在省会城市和中心城市，基层地区和少数民族地区高层次创新型人才匮乏；行业分布不合理，国有企事业单位人才比较集中，其他行业部门不同程度地存在短缺现象。二是人才队伍的年龄结构失衡。甘肃省国有单位中具有高级专业技术职务的人员45岁以下的中青年仅占32.68%。高层次专家中，56岁以上的占近60%，老化与稚嫩并存，缺乏中坚力量。全省管理人才、技术人才只有1/3在生产经营性企业就业，且初、中级人员居多，高级技工以上的高技能人才偏少，技术工人队伍出现断档。

（三）人才评价制度不明确，激励保障不健全

一是非创新导向，在以课题制资助为主的条件下，争取到科研项目往往成为科研单位评价科研人员的重要指标，而不是创新，重量不重质，片面的将论文、成果与人才评价、待遇和晋升直接挂钩，考核周期短，任务重，在一定程度上影响了高层次人才的深入研究。二是不能宽容失败，课题的过度竞争以及政府对不成功的科研项目不再支持的作法，在一定程度上影响到科研项目验收上只许成功不许失败。

（四）创新人才发展环境不完善，人才流失严重

由于甘肃省自然环境差、经济发展水平落后以及创业环境不完善等原因，高层次人才流失状况依然严重。据不完全统计，20年来，全省至少有4000多名高级科技人才"孔雀东南飞"；近10年，全省调出高级职称技术人才上千人，调入不足百人，仅中科院兰州分院、兰州大学等重点科研单位、高等院校跨省调出的高层次人才近500人，而同期从外省调入人才数量不足调出的50%，且层次较低，特别是高层次科技人才流失严重，引进人才难度大。

四、对策建议

（一）建立人才流动机制，盘活人才资源

一是建立人才流动激励机制。利用利益驱动的原则，加大吸引人才、筑巢引凤的资金投入，大力推行技术入股、专利入股、持股经营等新的分配手段，吸引人才向急需的领域、地区流动。二是建立事业激励机制。为人才提供良好的创业环境、优良的工作条件、和谐的工作氛围和灵活多样的用人制度。三是建立人才柔性流动机制。打破传统的人事制度瓶颈约束，在不改变人才与其原单位的隶属关系的前提下，采取引智合作、兼职招聘、智力咨询、交换使用、人才租赁、人才派遣等方式，实现人才的柔性流动。四是建立开放的用人机制。破除人才"近亲繁殖"、"矮个子中选高个子"等弊端，冲破地域、所有制、身份等束缚，建立公开、平等、竞争的用人制度，促进人才合理流动，既让外地人才进得来、留得住、用得活，也允许本地人才出得去、回得来。

（二）加快推进兰白试验区"人才池"建设

建立由政府引导的、园区自主的、企业使用的"人才池"，推进兰白试验区内科技人才、技术等创新要素向企业集聚，打通科技成果转化创新链、资金链、产业链、服务链通道，"倒逼"和激励引导自主创新科技成果就地转化，有利于把科技优势转化为经济优势、产业优势。一是组建创新研究院，负责"人才池"中人员的配备、组织协调工作，推动试验区人事管理体制的全面改革。二是搭建信息化沟通平台，有效提高"人才池"的科技管理与服务能力。三是政府充分发挥统筹协调职能，为打造企业外部人才供应链提供人力资源支撑。四是实时跟踪评价，编制企业紧缺人才目录，使人才像"活水"一样在"人才池"中流动起来。

（三）强化创新人才和创新团队建设力度

一是依托科技交流与合作项目，大力培养和引进科技、教育发展急需的各类人才，特别是技术创新的拔尖人才和领军人才。二是进一步破除科学研究中的论资排辈和急功近利现象，培养选拔一批高层次创新人才，充实在省级工程技术研究中心或重点实验室设立的特聘科技专家岗位；三是鼓励和引导在甘两院院士带头参与创新团队建设，培养创新人才，与企业联合开展项目攻关等工作。四是在省属科研院所继续实施选聘学科带头人和青年科研骨干人才的基础上，分步骤、分层次在企业选拔组建培养一批科技创新团队。五是加强重点产业创新团队建设，重点扶持企业与高校、科研院所联合组建创新团队。

（四）优化高层次创新型科技人才创新创业的良好政策环境

贯彻实施《甘肃省发展众创空间推进大众创新创业实施方案》，加强财政资金引导和税收优惠、完善创业投融资机制、积极发展电子商务、建立完善的创新创业服务体系，加快建立创新孵化人才队伍。一是完善鼓励创新创业的激励机制，鼓励技术要素以股权等形式参与分配，加速科技成果向现实生产力的转化。二是参照"武汉十条"的成功经验，结合甘肃省中医药大学成果转化方面的有益尝试，尽快研究出台甘肃省下放科技成果转让处置收益权的相关政策。三是鼓励科技人员、高校学生开展多种形式的科技创业，允许事业单位科技人员带着科研项目和成果、保留基本待遇到企业开展创新工作，或领办、创办企业。四是健全科技创新的表彰奖励制度，形成以政府奖励为引导、用人单位奖励为主体、社会力量奖励为补充的多元化人才奖励机制。五是制定引进高层次创业创新人才个税返还或补贴政策。六是建立高层次科技人才跟踪调查体系，省市联动、分层管理，对高层次人才创新创业情况进行动态跟踪服务。

甘肃省"十二五"战略性新兴产业发展回顾及"十三五"发展思路

妙旭刚

甘肃省发改委高技术产业处　副处长

一、"十二五"战略性新兴产业发展情况

"十二五"以来，甘肃省深入贯彻落实党的十七届六中全会、党的十八大、十八届三中全会精神，围绕产业转型升级，把培育和发展战略性新兴产业作为转型跨越发展的重要途径，战略性新兴产业保持了良好的增长势头。2015年，全省战略性新兴产业实现增加值821.6亿元，较2010年增加551.2亿元，年均增长15.58%，全省战略性新兴产业增加值占全省生产总值的比重由2010年的6.56%提升到2015年的12.1%，增加了5.54个百分点，对经济增长的贡献率达到17.4%，日益成为甘肃省产业结构优化升级和经济转型跨越发展的重要支撑。

（一）加快培育和发展战略性新兴产业的举措

1. 强化产业发展顶层设计

2010年，国务院出台《关于加快培育和发展战略性新兴产业的决定》后，甘肃省委省政府高度重视战略性新兴产业的培育和发展，印发了《关于贯彻落实<国务院关于加快培育和发展战略性新兴产业的决定>的意见》（甘政发〔2010〕112号），明确将新材料、新能源、生物产业、信息技术和先进装备制造等5大领域作为重点进行培育和发展，提出按照"前五年建基地、促集群、扩规模，后五年抓支柱、促先导、大提升"的两步走发展思路，力争实现战略性新兴产业增加值占生产总值比重2015年达到12%、2020年提高到16%，成为推动经济社会发展的重要力量；2011年，围绕甘肃省工业经济跨越发展的要求，省政府印发了《培育发展战略性新兴产业行动计划》，进一步明确了战略性新兴产业各领域的发展目标和路径；2014年，为积极适应经济发展新常态，深化产业结构调整，转变经济发展方式，提升战略性新兴产业在经济发展中的地位，省委省政府决定在原5大领域的基础上，将节能环保、新型煤化工、现代服务业纳入甘肃省扶持发展的战略性新兴产业范围，打一场战略性新兴产业发展的总体攻坚战，通过强化政策支持、做强优势行业、做优骨干企业、打造创新平台、强化项目建设、促进产业聚集，推进战略性新兴产业健康快速发展。

2. 完善产业扶持配套政策

2012年，省政府出台了《甘肃省人民政府关于促进战略性新兴产业加快发展若干政策措施的意见》，从建立支持产业发展的工作机制、发挥政策引导扶持作用、积极拓宽投融资渠道、加强人才培育和技术

服务、提升企业自主创新能力、推进科技创新成果产业化、加大市场培育力度、扶持产业园区建设等8个方面，提出了28条扶持战略性新兴产业发展的政策措施。制定了《关于加强战略性新兴产业自主创新能力建设的意见》，积极推进产业创新能力建设、创新主体能力建设、区域创新能力建设、创新服务能力建设、创新人才队伍建设等5个方面的重点工作。同时，科技、税务、金融、环保、知识产权等相关部门，相继出台了《关于依靠科技创新培育战略性新兴产业的意见》《关于加快推进民营企业研发机构建设的实施意见》《关于税收支持战略新兴产业发展总体攻坚战的有关工作措施》《金融支持战略性新产业加快发展的指导意见》《关于加强骨干企业动态管理大力推进战略性新兴产业发展的通知》《甘肃省战略性新兴产业发展总体攻坚战知识产权工作方案》等政策文件，为促进甘肃省创新资源合理配置、增强创新主体活力和动力、构建产学研用创新体系、优化产业创新发展环境、全面提升战略性新兴产业创新能力和核心竞争力提供了政策支撑。

3. 建立健全协调工作机制

2012年12月14日，省政府办公厅印发《关于建立甘肃省促进战略性新兴产业发展部门协调会议制度的通知》（甘政办发〔2012〕273号），建立了甘肃省促进战略性新兴产业发展部门协调会议制度。协调会议由省发展改革委、省教育厅、省科技厅、省工信委、省财政厅、省人社厅、省统计局等18个省直有关部门组成，负责研究部署和指导全省促进战略性新兴产业发展的各项工作；制定甘肃省促进战略性新兴产业发展的政策措施，协调解决产业发展中遇到的重大问题；明确各成员单位职责分工，部署年度工作计划；督促和检查各成员单位、各市州工作及政策配套落实情况，组织对相关工作的考核评价。2014年，建立了战略性新兴产业骨干企业月度统计报送制度，进一步强化对骨干企业的跟踪调度，及时掌握企业发展动态，分析企业发展中存在的重大问题、苗头性问题和主要制约因素。同时，时任省长刘伟平多次带领促进战略性新兴产业发展部门协调会议成员，亲赴企业开展实地调研，问政问计于企业，为企业提供政策指导和服务，帮助企业解决实际困难和问题。目前，已经形成省政府高位推动、牵头部门认真履职、相关部门密切配合、骨干企业和投资平台市场化运行、全社会广泛参与的工作机制，为产业发展提供了有力支撑。

4. 强化基础研究和产业预测分析

"十二五"以来，围绕战略性新兴产业的培育和发展，省发改委会同省统计局等有关部门，重点开展了国家战略性新兴产业统计调查方法研究、高技术产业引领资源型地区转型发展的对策研究、提高科技经费效率对策研究等国家级重大课题。按照国家发改委和国家统计局的统一安排，参与制定了国家《战略性新兴产业重点产品和服务指导目录》和《战略性新兴产业行业分类统计目录》，在对甘肃省战略性新兴产业进行统计分析的基础上，完成了《甘肃省战略性新兴产业试分析报告》。同时，为了进一步掌握战略性新兴产业的发展动态，建立了骨干企业月度统计跟踪和重大事项协调制度，启动了重点企业跟踪和季度形势分析工作，通过对58户骨干企业和20户重点监测企业的跟踪调度，分析产业发展趋势，及时发现倾向性和苗头性问题，按照"一企一策"制定工作推进台账，切实解决企业生产经营中的问题和困难。

（二）推进战略性新兴产业发展的重点工作及成效

1. 培育壮大骨干企业

按照全省战略性新兴产业发展总体攻坚战的要求和部署，省促进战略性新兴产业发展部门协调会议办公室在广泛征求意见的基础上，制定了《甘肃省战略性新兴产业发展总体攻坚战骨干企业认定和动态培育办法》，从行业规模、行业增长潜力、创新要素聚集、可持续发展指标和企业管理、经营业绩、行业地位、创新能力等方面，对骨干企业的认定做出了规定。采用"企业自报、部门推荐、专家评审、数据指标核查、企业比选、现场核查、专题会议讨论、网上公示相结合"的方式，共遴选认定了58户行业领先、竞争优势明显的骨干企业。2014年11月3日，省政府办公厅印发了《甘肃省战略性新兴产业省级财政资金投资管理办法》，提出改革财政资金投入方式，每年整合省发展改革委、省工信委、省科技厅、省商务厅等部门的专项资金约10亿元，以股权投资方式扶持战略性新兴产业骨干企业发展，通过政府资金的注入为企业增信，向社会释放积极信号吸引金融机构和社会力量跟进投资。"十二五"期间累计为骨干企业投入股权投资资金5亿元，吸引社会投资约15亿元，优化了企业股权结构，加快了企业上市步伐，促进了企业规模扩张，提升了企业盈利能力。

2. 做强重点优势行业

为了突破战略性新兴产业发展的瓶颈，甘肃省依托重点优势行业的骨干企业和创新资源，加快推进创新链与产业链的融通，组织实施了新材料、智能装备、集成电路、新型电力电子、现代中药、创新药物、物联网技术研发、互联网信息安全、生物育种制种、微生物制造、创新能力建设等20个产业化示范和应用推广专项230多个重点项目，总投资达到170亿元。重点推进了金川集团1万t羰基镍、郝氏炭纤维公司450 t/a碳纤维至碳/碳复合材料、稀土公司500 t/a高性能钕铁硼永磁材料、扶正药业3亿粒/年中药新药海桂胶囊、兰州生物制品研究所生物反应器微载体培养技术平台、天水华天科技股份有限公司MOSFET新型电力电子器件封装、天水电传所高端石油装备海洋钻井平台电传动系统装置、酒泉奥凯种子加工成套装备等技术研发和产业化项目建设，提升了相关产业的核心竞争力，为战略性新兴产业发展提供了重要支撑。从重点领域看，到2015年底，新一代信息技术产业实现增加值198.7亿元，较2010年增加83亿元；新材料产业实现增加值178.7亿元，较2010年增加77.5亿元；生物产业实现增加值82.7亿元，较2010年增加49.1亿元，生物医药产业年均增长超过20%，成为全省增长最快的行业之一；新能源产业取得突破性进展，光电、风电并网装机容量分别达到6×10^6 kW和1.26×10^7 kW，较2010年分别增加5.98×10^6 kW和1.11×10^7 kW，目前排名分居全国第一、第二位。

3. 提升自主创新能力

（1）加快产业创新平台建设。为了优化配置创新资源，甘肃省引导一批基础条件好、技术水平高、人才队伍强的优势企业和研究单位，积极组建国家和省级创新平台，扩大和提升创新平台总体规模和水平，已初步形成以企业为主体、市场为导向、产学研用相结合的区域创新体系。到2015年底，全省共设立国家级重点创新平台53家，较2010年底增加25家，认定各类省级创新平台605家，较2010年底增加398家。其中：设立国家级工程研究中心1家、国家实验室1家、国家工程技术研究中心5家、国家重点实验室10家、国家认定企业技术中心21家、国家地方联合工程研究中心（工程实验室）19家；拥有省级工程研究院5家、省级工程研究中心（工程实验室）145家、省级重点实验室101家、省级工程技术研究中心150家、省级企业技术中心200家。这些平台凝聚了一支近2万人的高水平人才队伍，在2.5亿元国家和省专项资金的支持下，已经获得专利授权4000多件，国家、省部级科技进步奖1000多项，实现重大科技成果转化近1000项。一些科技创新成果已达到国内领先水平，部分接近国际先进水平，对增强甘肃省战略性新兴产业的创新能力和核心竞争力发挥了重要作用。

（2）探索市场化创新机制。为了切实改变企业技术研发力量分散、实力不强、任务不明、责任主体不到位的现状，引导企业创新从大分散小集中向大集中小分散转变，着力提升企业自主研发能力和内生发展动力，以重点骨干企业为主体，聚集创新资源，推动企业化经营，组建了甘肃省能源装备、微电子、电工电器、中药现代制药、农产品干燥装备等5个省级工程研究院。目前，5个工程研究院已全部完成工商注册，共安排省级专项资金4260万元。其中，能源装备工程研究院已组建了8个研究中心和青岛、上海、西安3个分院，人员超过300人，硕士占到3成以上，承担企业技术创新项目39项，获得国家和省级机械行业科技奖5项；微电子工程研究院整合了企业创新资源，有力提升了集成电路封装测试的综合研发验证能力，完成了《甘肃省集成电路产业分析报告》等行业分析报告，为集成电路产业发展提供了有力支撑；中药现代制药工程研究院是甘肃省第一家股份制合作的中药研究院，围绕中药新制剂、绿色中药材种植加工技术、道地中药材配方颗粒等中药全产业链的发展需求和关键共性问题开展重点研究，启动了10个新药的开发研究；农产品干燥装备工程研究院下设种子干燥装备、粮食烘储技术装备、特色农副产品干燥装备、中药材干燥装备和农业工程规划等5个研究中心，开展了组装式钢结构玉米果穗干燥装备、谷物干燥机、厢式干燥机的研发，形成了《农产品干燥装备现状与发展调研报告》。这些产业创新平台的建设实现了创新服务平台的管理企业化、研发团队化、技术集成化、应用工程化，在企业创新机制向市场化转变方面进行了有益探索。

（3）实施重人科技创新工程。甘肃省围绕战略性新兴产业关键核心技术的研发和系统集成，依托骨干企业和科研院所，积极组织实施国家、省级重点领域创新能力建设和战略性新兴产业创新支撑工程专项，通过加强科技基础设施和条件平台建设，以创新促进科技进步，以科技促进产业发展。"十二五"以来，共争取国家补助资金7000万元，安排省级专项资金1.7亿元，支持了天水华天科技股份有限公司国家认定企业技术中心、矿用浮选药剂国家地方联合工程实验室、聚光太阳能关键组件和技术国家地方联合工程研究中心、生物工程材料工程研究中心等64个国家和省级产业技术创新平台的能力建设；安排省级专项资金1.2亿元，支持了生物反应器微载体培养技术平台的建立和应用、中药制剂和新技术研发、线性菲涅尔式聚光太阳能蒸汽锅炉应用示范等54个创新支撑工程项目建设，重点推进了产业共性关键技术研发、关键工艺试验研究、重大装备样机及其关键部件的研制。2014年，省科技厅实施了"六个一百"企业技术创新培育工程，安排资金3.8亿元支持企业科技研发，占当年可用于支持企业科技资金的73.13%。安排资金1.01亿元，组织实施对全省经济社会发展具有战略性、关键性、前瞻性的10大重大科技专项工程。通过各类重大技术创新工程的实施，从过去仅仅满足于点上的突破向形成系统性的创新突破转变，多项制约甘肃省产业发展的共性技术和重大技术装备取得突破。

4. 促进新兴产业聚集发展

（1）加快推进新兴产业基地建设。围绕金昌国家新材料高技术产业基地和兰州国家生物产业基地建设，甘肃省组织实施了宇恒镍网公司150万只圆筒印花镍网、镍都实业公司金昌新材料国家高技术产业基地中试平台、兰州生物所生物相似药的研究开发、陇神戎发年产100亿粒现代中药生产线扩能改造等69个国家和省级专项项目，投入财政资金约2亿元，有力推进了新材料和生物领域关键共性技术的突破，扩大了基地产业规模。2014年，金昌新材料基地的新材料产品从2005年的几十种增加到目前的几百种，产品综合市场占全国的35%以上，成为我国最大的镍基新材料、印花镍网、钴基新材料、铂族贵金属新材料基地。兰州生物产业基地在生物制药、现代中（藏）药、生物医学工程、生物育种、兽医生物制品等重点领域，形成了具有市场竞争力的产品群和产业链，初步形成了特色鲜明、创新能力强的专业化生物产业集聚区。为全面推动战略性新兴产业快速聚集，2014年，争取国家发改委、财政部批准实施金昌有色金属新材料国家战略性新兴产业区域聚集发展试点，按照国家批准的试点方案，将组织实施15个重点项目，预计获得国家补助资金3亿元。目前已安排国家补助资金6000万元。到2016年，金昌预计将实现有色金属新材料就地加工率60%，产值360亿元。

（2）开拓产业聚集发展新模式。2012年，省发改委出台《关于推进省级战略性新兴产业创新创业示范园建设的实施意见》，以骨干龙头企业为主体，以特色产业园区为平台，以产业链核心项目和主导产品为重点，以科技创新能力建设为支撑，以产业聚集发展为目标，认定了二次电池及电池材料、太阳能热利用、生物质基材、微电子及有色金属新材料等5个战略性新兴产业创新创业示范园，通过专项资金扶持，加快推进自主创新能力、科技成果转化、产业化示范、科技孵化设施等建设。目前，5个示范园累计投入资金16亿元，省级专项资金支持1.28亿元。示范园基础设施不断完善，产业链条不断延伸，聚集效益初步显现。其中：微电子示范园在集成电路封装测试领域的研发能力达到国际一流水平，示范园内各类集成电路封装产能达到30亿只，天水华天科技股份有限公司已经与天水华洋电子科技股份有限公司、天水隆博科技有限公司等形成了产业上下游配套合作关系；生物质基材示范园已形成8万t变性淀粉、1万t生物质涂料、6000t生物质黏合剂的生产能力，依托示范园成立了甘肃省变性淀粉工艺与应用重点实验室培育基地和甘肃省马铃薯及其制品监督检验检测中心；兰州大成公司聚光太阳能热利用示范园突破了太阳能光热利用共性关键技术，我国第一个槽式与线性菲尼尔式聚光太阳能光热发电试验示范系统在示范园内成功并网发电，拉萨柳梧新区1MW线性菲尼尔太阳能热发电项目成功与大电网并网，平凉红峰公司2蒸吨太阳能工业热利用示范项目已投入运行；二次电池及电池材料示范园具备了锂电正极相关材料的产业化能力，通过引进兰州金里能源公司入驻，形成了产业紧密配套；有色金属新材料示范园已建成 $1.5 \times 10^5 m^2$ 标准化厂房，已经有12家科技创新企业入驻，引进科技创新人才20多人。

5. 加强人才引进培养

近两年，甘肃省大力实施领军人才队伍建设、科技创新团队建设、高层次人才科技创新创业扶持行动、科研院所学科带头人培养和科技人员服务企业行动等计划，引进了20名高层次科技人才到甘肃挂职，为破除重大发展瓶颈提供智力支撑。为贯彻落实全省战略性新兴产业发展总体攻坚战引进人才财税扶持政策，积极开展骨干企业人才奖励试点工作，按照先行试点的原则，省委组织部、省促进战略性新兴产业发展协调会议办公室、省人社厅联合对天水华天科技股份有限公司电子集团具有突出贡献的李六军、徐冬梅等5位人才给予85万元奖励。省人社厅在企业建立"特聘科技专家"岗位，省财政每人每月补贴津贴4000元，直至用人合同终止。对于企业急需长期使用的紧缺人才，省人社厅按"一人一事一议"的原则及时审核，向省委省政府申报审批，使引进人才尽早享受甘肃省项目扶持、住房保障、财税金融、配偶子女安置等各项优惠政策。近两年，甘肃省申请获批国家科技特派员创业培训基地2家、国家科技特派员创业链4家、国家科技特派员创业基地5家，目前全省共有12 733名科技特派员服务于基层一线。推荐国家创新人才推进计划17项，青年拔尖人才支持计划5项。推荐2014年享受政府特殊津贴人员3名，国家百千万人才工程人选1名，"西部之光"访问学者2名，"陇原青年创新人才扶持计划"4名。

6. 改革财政资金投入方式

（1）积极推进国家新兴产业创投计划。近年来，甘肃省积极推进社会资本与优势产业的结合，组建了国家和地方财政参股的生物产业、生物医药、现代农业和新材料4只创业投资基金，基金首期总规模达到11亿元，为处于初创期、中早期的创新型企业和高成长性企业提供资本支持和管理增值服务。目前，累计完成对甘肃陇神戎发药业股份有限公司、甘肃敬业农业科技有限公司、甘肃圣大方舟马铃薯变性淀粉有限公司、武威金苹果农业股份有限公司、甘肃中天药业有限责任公司等26家企业的股权投资，累计投资6.64亿元，带动社会投资约40亿元。新兴产业创投基金的介入，有效加快了企业的股份化进程，其中：甘肃陇神戎发药业股份有限公司已通过中国证监会初审并进入预披露阶段；甘肃敬业农业科技有限公司、甘肃圣大方舟马铃薯变性淀粉有限公司和甘肃杰康诺酵母科技有限公司全面完成股改并陆续开展首发上市工作；武威金苹果农业科技股份有限公司成为武威地区首家在新三板成功挂牌的企业；甘肃中天羊业股份有限公司、甘肃华协农业生物科技股份有限公司、甘肃巨鹏清真食品股份有限公司已在新三板挂牌；酒泉大得利制药有限公司、甘肃正阳食品有限公司、兰州百源基因技术有限公司、轴承制造、甘肃天谷生物科技有限责任公司和甘肃凯凯农业科技发展股份有限公司等已启动新三板挂牌。

（2）设立省级战略性新兴产业引导基金。甘肃省参照国家新兴产业创业投资基金设立的有关要求和方式，利用省级财政资金设立了甘肃省战略性新兴产业创业投资引导基金，目前已到位财政资金3亿元。为了规范省战略性新兴产业创业投资引导基金参股创业投资基金的设立和运作，省财政厅和省发改委联合制定了《甘肃省战略性新兴产业创业投资引导基金管理办法》《甘肃省战略性新兴产业创业投资引导基金参股创业投资基金管理办法》，对参股创业投资基金的申请条件、申报程序、激励机制和监督管理等方面做出了明确规定。根据2015年度战略性新兴产业创业投资引导基金申请参股投资指南和参股创业投资基金管理办法，甘肃省积极推进参股创业投资基金的设立工作。目前，已批复了节能环保、现代服务业、先进装备制造、有色金属新材料、生物医药、高技术服务业等6只战略性新兴产业参股创业投资基金方案，6只基金总规模16亿元。

（三）战略性新兴产业发展过程中存在的主要问题

在全社会的共同努力下，甘肃省战略性新兴产业发展取得了显著成绩，产业规模逐步壮大，特色优势愈加突出，空间布局日趋完善，创新能力不断提升，对转变经济发展方式、推动经济社会跨越式发展的作用正在凸显。但是，由于多种因素的约束，甘肃省战略性新兴产业发展仍然面临诸多瓶颈因素的制约，主要表现在：产业总体规模较小，中小企业参与战略性新兴产业发展的实力严重不足，对经济增长的引领作用有待增强；对传统产业和资源性产业的依赖性较强，总体上仍处于产业链的低端环节，产业竞争力相对薄弱；产业创新资源不足，高层次专业技术人才和高技能人才比较缺乏，特别是高层次创新创业人才和团队紧缺；产业创新链条不够完善，没有形成完善的产学研用相结合的科技创新体系，大量的科技成果没有实现转化；产业核心技术存在瓶颈，大多数企业缺乏拥有自主知识产权的、处于领先水平的关键核心技术；体制不顺、机制不活、政策缺失，也是影响甘肃省战略性新兴产业发展的重要因素。

二、"十三五"战略性新兴产业发展思路

（一）总体思路

全面贯彻党的十八大和十八届三中、四中、五中全会精神，积极适应和把握经济发展新常态，深入贯彻习近平总书记系列重要讲话精神和"四个全面"战略布局要求，牢固树立创新、协调、绿色、开放、共享的发展理念，以创新驱动发展战略为引领，以推进大众创业万众创新、中国制造2025、互联网+、大数据为抓手，以新能源、新材料、先进装备和智能制造、生物医药、信息技术、节能环保、新型煤化工、现代服务业、公共安全等领域为重点，坚持市场主导、创新驱动、重点突破、引领发展，深入实施战略性新兴产业发展总体攻坚战，积极推进优势产业链培育行动，不断提高创新能力，大力培育骨干企业，聚焦创新经济新业态，培育发展新动能，引领产业向高端化、规模化、集群化发展，形成一批新的支柱产业和新的增长点，促进产业结构调整和发展方式转变。

（二）发展目标

"十三五"时期，力争培育一批具有核心竞争能力、带动作用强的骨干企业，创建一批产学研用相结合的创新平台，形成一批具有区域竞争力和引领产业升级的新兴产业集群。到2020年，培育发展100户骨干企业，力争打造50条百亿元产业链，战略性新兴产业增加值占生产总值的比重达到16%，使战略性新兴产业成为甘肃省经济发展的重要支撑，引领产业高端化规模化集群化发展。

——打造创新平台。以企业为主体，产学研用相结合，创建10个国家或国家地方联合工程（技术）研究中心（工程实验室），10个国家企业技术中心，100个省级企业技术创新平台、公共技术服务平台和检测验证服务平台，10个以企业为主导的产业技术创新联盟；结合大众创业万众创新，重点依托骨干企业、高校和科研机构创建300家众创空间。

——做强优势产业。在战略性新兴产业领域优势行业打造50条掌握关键核心技术、市场需求前景广、带动系数大、综合效益好的百亿元产业链。到2020年，新能源、新材料、先进装备和智能制造成为全省支柱产业，生物医药和信息技术产业成为全省先导产业，节能环保、新型煤化工和现代服务业成为全省经济新的增长点。

——壮大骨干企业。整合资源，动态扶持，培育100家技术先进、行业领先、竞争优势明显的骨干企业，促使其尽快进入国内同行业优势企业的行列，带动一批配套协作、具有发展潜力的科技型中小企业，壮大战略性新兴产业的总体发展规模。

——促进产业聚集。加快金昌国家有色金属新材料战略性新兴产业区域集聚发展试点和兰州国家生物产业基地建设，积极推进兰白试验区建设，打造15个特色鲜明、产业链完善、引领带动作用强的国家级和省级产业聚集区，推动战略性新兴产业创新聚集发展。

（三）主要任务

1. 提升产业创新能力

充分发挥科技创新在全面创新中的引领作用，以兰白试验区为重点，积极推进科技体制改革，建立

完善技术市场导向机制，不断强化企业技术创新主体地位，着力加强技术创新平台建设和关键核心技术攻关，构建以企业为主体、以市场为导向、政产学研用相结合的协同创新体系，促进创新链与产业链有机融合。

2. 加速科技成果转化

围绕产业发展的共性和关键技术，聚合人才、资金等创新要素，进行联合攻关和技术突破。充分发挥政府在科技成果转移转化中的引导、激励、服务和规范作用，健全科技市场体系，建设一批科技成果转移转化中心，促进科技成果快速转化。

3. 培育壮大骨干企业

结合实施战略性新兴产业发展总体攻坚战，聚焦重点领域和重点区域，瞄准关键技术和市场需求，按照"产业先进、行业领先、竞争优势明显"的要求，筛选培育一批主业突出、关联度大、创新能力强、市场潜力大的骨干企业，引导创新资源向骨干企业集聚、扶持政策向骨干企业倾斜，部分骨干企业成为国内或区域内具有竞争优势的龙头企业，发挥骨干企业引领带动作用，培育一批上下游紧密配套的中小企业，形成骨干企业引领、产业配套关联的企业集群。

4. 促进产业聚集发展

依托现有产业园区和产业聚集区，优化战略性新兴产业布局，围绕产业发展潜力和新模式、新业态，发挥区位和资源优势，合理布局新生产业聚集区，按照产业关联和产业链发展需求，推动创新要素、骨干和配套企业向产业园区集聚，形成各具特色、优势互补的产业集群和产业聚集区，增强战略性新兴产业的整体竞争力。

"互联网+"兰州科技大市场发展模式研究

于 民

甘肃省科技发展投资有限责任公司 副总经理

2014 年，我国出台《国务院关于加快科技服务业发展的若干意见（国发〔2014〕49 号）》，大力推动第三产业中科技服务业的发展；2015 年 7 月 4 日，国务院印发《关于积极推进"互联网+"行动的指导意见（国发〔2015〕40 号）》，推动互联网由消费领域向各个领域拓展。在经济发展步入新常态的背景下，国家"互联网+"战略的提出使科技服务业的发展呈现出了新业态，急需从战略高度推动科技服务业与互联网的融合发展，加强顶层设计，突破共性关键技术，推动新业态新模式发展，并通过试点示范工程的实施带动科技服务业的发展。兰州科技大市场是为深入贯彻落实党的十八届三中全会"发展技术市场，健全技术转移机制"的精神，发挥市场配置科技资源的决定性作用，由甘肃省科学技术厅和兰州市政府共同建设的科技服务综合平台，为甘肃省促进科技服务业的发展发挥了积极作用。

一、"互联网+科技服务"发展现状

科技服务业是在当今产业不断细化分工和产业不断融合生长的趋势下形成的新的产业分类，是现代服务业的重要组成部分，具有人才智力密集、科技含量高、产业附加值大、辐射带动作用强等特点。科技服务业是以技术和知识向社会提供服务的产业，其服务手段是技术和知识，服务对象是社会各行业。科技服务的提供方式有多种，传统的科技服务往往是以专业人员为主体的现场服务或点对点的专业化服务。随着"互联网+"战略的提出和不断演变，科技服务业与互联网的融合被越来越多的人认为是科技服务业发展的一个重要的新趋势、新契机，"互联网+科技服务"将成为创业、创新和技术变革的有力推动者，也是新常态下落实创新驱动发展战略、实现经济发展提质增效的关键环节和重要抓手。因此，借助互联网思维探索科技服务业发展的新业态和新模式并加以推广应用已经迫在眉睫。

随着网络环境的成熟和现代信息技术的不断发展，全球各地都在通过自动化、网络化和数字化的技术，不断促进科技资源共享，从而满足社会对科技服务的需求，促进科技资源的有效利用，推动科技创新。科技资源是开展科技服务的基础，主要包括专家资源、信息资源、成果资源等，大多数的科技资源通过政府、科技服务机构等部门向企业流动，而使科技资源充分利用的最佳手段就是互联网，因此"互联网+科技服务"，是当下与未来科技服务的发展方向与重点。

（一）发达国家基于互联网的科技服务情况

发达国家科技服务业起步较早，进入 21 世纪后，伴随信息技术的快速发展，与互联网技术融合更为紧密，"互联网+科技服务"以其快速、便捷的特点，已占据第三产业中的高端位置，带动经济增长效果越来越明显。

（二）国内基于互联网的科技服务发展情况

近年来，以信息技术为主导的"互联网+"伴随着移动互联网、云计算、大数据、物联网等新一代网络技术与服务业的深度交融，在我国出现了许多科技服务新业态。《中国制造2025》提出：加快发展研发设计、技术转移、创业孵化、知识产权、科技咨询等科技服务业，发展壮大第三方物流、节能环保、检验检测认证、电子商务、服务外包、融资租赁、人力资源服务、售后服务、品牌建设等生产性服务业，提高对制造业转型升级的支撑能力。

（三）"互联网+科技服务"的平台模式

1. 科易网模式

科易网创立于 2007 年 5 月，由厦门中开信息技术有限公司策划、开发和运营。科易网的科技服务模式是通过促进线上科技成果交流与转化，为技术转移提供全流程的科技服务。其特点是：首创线上展会系统，解决传统展会成本高效率低对接难的问题；首创技术交易价格评估系统，解决技术交易定价难问题；首创技术交易服务保障体系（科易宝），解决技术交易过程中不信任、纠纷多、款难收等问题；首创统计分析与终端展示系统，解决主管部门对区域技术交易了解不足、办法不多的问题；首倡中介队伍培育与发展机制，解决国内技术中介服务发展滞后、生存困难的问题。

2. 中国工业淘堡网模式

中国工业淘堡网是我国首家专注于服务工业企业、以实现"淘产品、淘技术、淘人才"功能的网站。网站创办者是沈阳格微软件有限公司，网站设有制造业云服务公共平台，集成了与企业主导产品相关的信息服务，特色是工业大数据服务、双创服务、翻译服务，同时提供专利、标准、文献、知识分析等服务。

3. 航天云网模式

航天云网由中国航天科工集团打造，是服务于我国企业全产业链、全生产过程的生产性服务业平台。网站通过互联网在线服务为基础，为制造业企业提供云制造、创新创业、工业品商城、金融服务和高效物流等产业服务。这是中国航天科工适应经济发展新常态，主动落实《中国制造2025》，对接国家"互联网+"行动计划，促进传统制造业转型升级，为我国制造业企业提供在线科技服务的有益尝试，并取得了较好的效果。

三、"互联网+兰州科技大市场"运营模式

（一）兰州科技大市场基本情况

兰州科技大市场秉承"创新机制、集聚资源、立足兰州、辐射全省"的理念，通过构建"一厅一网两中心八平台"，以线上线下相结合的模式，集聚创新资源，畅通供需渠道，服务兰白科技创新改革试验区和"一带一路"建设，激发创新主体活力，助力创新型甘肃建设。围绕"我要资金"、"我要创业"、"我要技术"等市场需求导向，以科技金融服务、创客创业服务、技术交易转移服务为工作主线，兰州科技大市场一期已建成1100m²的科技创新服务大厅，开发的兰州科技大市场网络平台、微信平台已投入使用，已与张江国家自主创新示范区、国家技术转移东部中心、北京大学、中国科学技术大学共建4个技术转移中心，搭建科技金融、创客创业、技术转移、技术交易、大仪共享、碳权交易、科技服务、项目申报等8个功能服务平台，与甘肃省轻工研究院等院所共设立专业技术分市场14个。联合1898文化传媒公司等23家创客机构成立省内首家创客联盟。2016年将在兰州新区、白银市、张掖市、金昌市建成4个区域分市场并建成科技之光成果展示厅，主要包括甘肃科技发展历程、甘肃省八大战略性新兴产业展示、科技成果交易展示和众创空间等内容。

（二）运营模式及成效

兰州科技大市场建设采用"整体规划、分步实施、稳步发展"的建设思路，充分利用现有基础，整合现有科技资源，建立八平台线上线下互相依存、互相融合、互相促进的统一体。

1. 科技金融服务平台

兰州科技大市场科技金融平台通过集聚金融机构，通过兰白试验区技术创新驱动基金为科技企业提

供债券融资和股权融资。目前已集聚银行8家、担保公司3家、创投机构8家，设立了科技金融服务窗口，开展投融资咨询与培训、金融产品推介、商业计划书指导等服务。

2. 技术转移及技术交易服务平台

张江兰白科技创新改革试验区技术转移中心、北京大学技术转移甘肃分中心和中国科学技术大学技术转移中心甘肃分中心先后落户兰州科技大市场；与清华大学共建技术转移中心，目前双方已形成合作共识，将于近期组建完成，重点在工业机器人、环境、航空航天等领域开展合作。目前，兰州科技大市场已入驻技术中介机构、高等院校、科研院所21家，技术交易服务平台在线收集和发布各类技术成果信息8085条，技术需求信息533条；已举行大型成果发布、技术转移对接活动20场，推介科技成果及专利技术435项；组织企业前往上海产业技术研究院等机构开展合作洽谈，引进和转移非标准件3D打印、无人机器件电镀、窑炉尾气治理、锂离子正极材料等技术11项；对接上海产业技术研究院、清华大学、兰州大学在白银市设立技术研发中心。

3. 创客创业服务平台

兰州科技大市场通过与甘肃省创业服务中心、兰州交通大学、西北师范大学、白银科技企业孵化器等单位合作，联合科脉创新工厂、船说创业咖啡等23家创客机构发起成立了兰州创客联盟，集成各类创业服务资源，开展专业化的创客辅导、创业培训、融资策划等服务，自成立以来举办各类创客创业活动22次，培育孵化创业团队12个，催生创业企业4家并推荐入驻企业孵化器孵化。

4. 碳排放权交易平台

在巴黎全球气候大会上，我国政府承诺到2017年启动全国碳交易体系，并计划2016年出台《碳排放权交易管理条例》。甘肃省是2002年全国最早开展碳交易的省份之一，碳市场发展基础较好，"十三五"期间全省碳市场规模可达150亿元。围绕碳排放权交易，通过集聚碳市场要素资源，主要开展委托交易、平台管理、排放核查、市场跟踪、碳金融和基础能力建设一体化服务。协助甘肃省发改委开展碳排放权初始分配工作，编制完成全省温室气体排放清单，投入运行"甘肃省重点企事业单位温室气体排放信息报送平台"，开办《甘肃省应对气候变化工作通讯》内部期刊，完成3期全省能力建设培训，累计培训1000人次。

5. 大仪共享服务平台

兰州科技大市场与省商业科技研究所、省分析测试中心等院所、高校建立合作关系，线上线下协同开展分析测试、检验检测等大仪共享服务，网上发布仪器设备774台套、专业服务机构412家，线上征集大仪共享服务需求159项，线下对接服务133项。甘肃省科技厅发行了1000万元的"科技创新券"，将对通过该平台实现检验、检测服务的企业进行补助。

6. 科技服务与项目申报服务平台

针对省内中小企业科技需求，兰州科技大市场聚集省内外科研院所、高等院校、科技服务机构、中介机构共计70家单位协同开展科技综合服务，开展技术咨询、孵化孵育、政务代理、法律财税等科技综合服务150余次。项目申报平台汇集了科技、发改、工信等各级政府部门和各类商业计划书项目申报信息，在兰白试验区技术创新驱动基金孵化器专项申报过程中，科技大市场为24家企业和机构提供了项目申报咨询和指导服务。

7. 网络服务平台

网络服务是科技大市场"永不闭市"的现代服务手段，与线下"八平台"相对应，运用"互联网+"的思维实现科技服务O2O模式，服务科技需求和供给两端。开发建设了服务需求信息库、成果信息库、技术交易信息库、专家库、科技项目库、创业项目库，采用大数据统计分析技术，对网络平台用户实时追踪记录，实现网络平台各项服务精准推送。

平台现已汇集省内外金融、创投、技术转移交易、孵化器、院所、高校、专业技术、中介服务等单位机构500余家，已注册企业和创业团队超过2000家（个），已在网上开展投融资、技术交易、大仪共享、创客创业等供需服务，在线征集储备具有投融资服务、技术交易服务、大仪共享、创业服务等供给和需求信息2300多项（条），完成匹配对接300余项；汇集国家及地方各类政策、行业资讯动态信息1000多条，收录行业专家3477名、科技成果8547项、科技项目388项，实时发布更新全省科技金融、技术交易合同登记认定信息，并实现按行业领域、合同种类、地区和年份分类的图形统计分析。

（三）"互联网+兰州科技大市场"服务模式特点

兰州科技大市场自2015年9月建成投运以来，初步形成了线上线下相结合的综合服务模式，在提供科技金融服务、集聚创新资源、服务科技成果转化、推动大众创业万众创新等方面进行了有益探索，取得了较好成效。服务模式特点主要为：

1. 集成化

将企业、科研院所、高校、科技服务机构等科技创新及服务资源进行整合，通过资源集成、主体集成、服务集成和技术集成等，实现科技服务机构在线开店、客户在线发布需求和购买服务、客户个性化服务需求定制、在线提供参考咨询、信息资源和服务统计及时更新等服务功能的集成化和多样化。

2. 便捷化

互联网的优势在于融合，可以有效打通线上线下，形成一个开放、共生、合作、供应的互联平台。兰州科技大市场将一部分通用型服务模块化，依托大数据、云计算、移动互联等技术，将互联网应用贯穿于研发设计、技术转移、创业孵化等科技创新全链条中，促进服务需求者与提供者之间的实时信息交互，使服务过程变得更加便捷、高效。

3. 高端化

由于科技创新服务需求更多元、更精细，出现了一批能够提供技术成果价值评估、品牌建设服务、创业团队评估和管理服务、商业模式创新、竞争性情报等高端增值服务机构，能够带动制造业能级提升，推动科技服务业与互联网的融合创新，实现市场需求智能化感知和动态响应。

四、"互联网+兰州科技大市场"发展新模式存在的问题

在经济发展步入新常态的背景下，甘肃省科技服务业发展势头迅猛。"大众创业、万众创新"战略的实施，推动新一波创新创业浪潮，随着科技型中小微企业的大量涌现，科技服务需求呈现爆炸式增长。互联网、移动互联、大数据、云计算等新一代信息技术的应用，极大丰富了科技服务的形式和手段，一批新型第三方服务机构、新兴科技服务模式和业态不断涌现并获得快速发展，服务效率得到稳步提升。但总体上，甘肃省科技服务业仍处于发展初期，以兰州科技大市场为代表的新型科技服务机构科技服务中存在着一些问题。一是科技创新资源整合度不高，科技服务机构的能力未得到充分发挥，彼此之间协作效率低；二是科技服务市场不完善，欠缺科技服务供需对接平台，不能有效满足供需各方的个性化需求，缺乏系统的科学要素支撑；三是基于互联网的科技服务业新机制、新模式、新业态还未得到全面的推广。

因此，必须进一步借助新一代信息技术，加快以兰州科技大市场为代表的甘肃省科技服务机构与互联网的融合发展，使科技服务业成为新的经济增长点，为大众创业、万众创新营造更好的生态环境。

五、"互联网+兰州科技大市场"进一步发展的措施

（一）做好科技服务业发展顶层设计

兰州科技大市场将继续开展科技服务业与互联网融合发展的战略研究，围绕产业发展需求和区域特色，统筹规划、合理布局，明确发展目标，细化政策措施，强化配套衔接，探索形成一系列具有示范意义的体制机制和政策措施，带动科技服务市场化、集成化、专业化、高端化、国际化水平进一步提高。根据《国家科技服务业统计分类（2015）》，兰州科技大市场将逐步开展科技服务业统计体系建设研究和试点工作，加强科技服务业统计监测分析和数据开发利用，定期发布科技服务业统计信息和报告，推动科技服务业发展成效纳入科技进步考核评价指标体系，强化支持科技服务业发展的工作导向。

（二）开展共性关键技术联合攻关

针对互联网新形势下科技服务业发展新需求，兰州科技大市场将继续组织高校、科研院所、企业、产业联盟、中介机构、投融资机构等各方力量开展产学研用联合攻关，围绕研究开发、创业孵化、技术转移等服务领域，重点开展研发概念验证、企业创新生态圈、检验检测大数据挖掘、大型检测设备虚拟共享与自服务、技术价值评估、前沿技术发展预测、互联网金融信用与认证、开放环境下的知识产权服务关键支撑技术、基于大数据的全量咨询方法与知识管理、分布式资源巨空间构建与服务关键核心技术等一批共性关键技术攻关，为科技服务业的服务模式创新提供技术支撑，逐步形成以兰州科技大市场为核心的甘肃省科技服务技术体系。

（三）培育"互联网+科技服务业"新业态新模式

兰州科技大市场将继续推动互联网技术在科技服务业各领域的应用，借助云计算、大数据、移动互联等信息技术与研究开发、技术转移、检验检测、创业孵化、科技金融等科技服务业融合创新，培育科技服务业新业态新模式，进一步发展兰州科技大市场线上线下相结合的科技服务发展格局。利用互联网

技术整合政府、企业、协会、院所等优势资源，形成高效的研发创新网络，开展集成化科技服务；发展推广兰州科技大市场网络技术交易市场平台、技术中试平台，推动技术转移服务的发展；鼓励发展在线检验检测，为企业提供分析、测试、检验、标准、认证等一站式全程化服务，打造市场化、基于B2B电子商务的第三方检验检测服务交易平台；推广促进产业研究院、创业咖啡、创客平台等新型服务组织的集群化发展，完善兰州科技大市场线上线下结合的产品首发和项目众筹平台、展示体验中心。

（四）实施科技服务业试点示范工程

依托产业技术创新战略联盟等行业组织开展面向新材料、新一代信息技术、生物医药等产业集群的科技服务业试点工作，加快新一代信息技术与传统产业的深度融合，支持和引导兰白试验区和省内辐射区结合区域科技服务特色开展区域试点工作，通过建设区域分市场，充分发挥试点示范在技术创新和模式创新等方面的带动作用。推进科技大数据平台建设，打造智能化科技信息收集、加工分析、共享应用的综合科技服务平台；在研发服务、检验检测、创业孵化、科技金融等领域，实施研究开发服务应用、重点领域一站式协同检验检测服务、面向创新创业的全链条集成式科技服务、基于大型互联网平台的在线孵化、互联网金融新业态平台应用等一批应用示范工程，并对培育的科技服务业品牌、典型的科技服务机构和发展模式、产生重大影响的科技服务案例进行全方位宣传报道，营造科技服务业发展良好氛围。

甘肃省环保科技现状与"十三五"科技创新思路

胡晓明[1]，何乐萍[2]

1.甘肃省环境科学设计研究院　院长；2.甘肃省环境科学设计研究院环境规划所　所长

"十二五"时期，甘肃省环境保护科技创新领域取得了较大的发展，省内学者在环境科学技术各领域开展了大量的研究和开发，通过加强原始创新、集成创新和引进消化吸收再创新，取得了许多成果，发挥了重要的环境保护科技支撑作用。面对"十三五"环境保护的新形势和新要求，环境保护科技工作需要不断强劲动力、加大马力，创新发展思路。

一、甘肃省"十二五"环保科技现状及取得的重大成就

（一）污染防治与生态环境保护研究取得较多成果

1.污染防治技术研究与应用发展迅速

"十二五"期间，甘肃省加大环境保护污染防治关键技术的研发，取得了以下成果：

（1）水污染防治研发取得长足的发展。开展了"污水氮磷回收技术研究"、"石化尾水处理技术"、"太阳能光催化反应器处理含酚废水研究"、"黄河甘肃段水污染评估和水安全研究"等科研项目，研发推广了含镍、铜、铅等重金属废水及马铃薯淀粉生产、医药、化工、制革等行业高浓度难降解有机工业废水处理技术和设备，示范污泥生物法消减、移动式应急水处理技术与装备，重点推广高效节能精确曝气控制系统、集成式污水处理设备、重金属污染水下固定与水体修复和农村饮用水除氟砷等技术。

（2）大气污染防治研发取得较大的进步。开展了"LTWXJ炉内喷添加剂及尾气水循环脱硫技术"、"大气微生物污染分布特征与监测方法研究"、"关于推荐沙尘暴和气溶胶水溶胶物对环境背景值污染研究"、"兰州市PM2.5和PM10中化学成分特征研究"等大气污染机理分析、防治领域的基础研究。

（3）固体废物处置与资源化利用领域研究有所提升。开展了"资源化建筑垃圾、保护环境、节能减排、发展循环经济研究"、"废旧干电池污染控制指标体系及技术规范研究"、"餐厨垃圾检测指标体系与综合处置模式研究"、"西北干旱半干旱地区典型POPs污染指示性生物筛选研究"、"甘肃省环保用微生物菌剂使用与环境安全管理指导规范研究"等课题研究。

（4）核与辐射防治领域研究有所突破。开展了"甘肃省非医用射线装置应用现状调查及辐射环境保护管理对策研究"、"兰州市西固区电磁辐射分频谱调查与研究"、"核技术利用辐射安全管理模式研究"等课题研究。

（5）环境管理领域研究实用性增强。开展了"我国欠发达地区清洁生产审核促进机制研究——以甘肃省为例"、"甘肃省工业企业环境保护标准化建设评定指标体系"、"基于GIS和大气污染模式的环境空气质量评估"、"甘肃省生产化学品环境管理现状及对策"等多项课题的研究，这些成果为甘肃省环境管理决策提供了有效的支撑。

（6）环境风险评价与环境健康领域研究有较大突破。针对甘肃省典型区域、典型行业开展了"甘肃省尾矿库环境现状调查及环境风险预警研究"、"兰州市大气污染特性及其对人群呼吸系统疾病发病率和肺功能的影响"等课题研究，为甘肃省今后环境风险的防控和环境健康的监管打下良好的基础。

此外，在农村环境保护、土壤污染防治、振动防治等方面也开展了一些相关的基础研究。

2. 环境保护技术推广示范取得突破性的进展

通过生态环境领域惠民科技创新技术的研发及成果的推广示范，大大促进了实施区生态环境建设与产业的协调、可持续发展。结合甘肃省国家生态安全屏障综合实验区建设的科技需求，开展了黄土高原西部水土保持遥感监测、甘肃中西部地区人工湿地污水处理、河西走廊荒漠化防治、黄河源区高寒草原湿地生态系统安全监控与保护等技术的应用研究。在武威民勤、敦煌等地形成了生态修复、荒漠化综合防治、沙产药材种植与生态产业相结合模式，建立起集古文化遗迹保护-洪水资源利用-生态产业等系列生态治理体系，建立了生态修复与灾害防治等技术研究和综合示范区。

3. 科技创新平台逐步形成

整合甘肃省环境科学的优势科技资源，产学研用不断深化结合，持续建立了甘肃省水处理及水资源领域工程技术中心、西北内陆河流域生态水文工程技术研究中心、黑河流域生态水文与流域科学重点实验室、兰白经济圈大气-生态环境监测体系等平台，促进了省级创新技术平台及创新联盟的建设，有力地促进甘肃省污染防治技术的研发及成果的推广转化，发挥科技在甘肃省"转型跨越、富民兴陇"的支撑引领作用。

（二）科技创新对循环经济的引领和支持作用凸显

为贯彻落实《甘肃省循环经济总体规划》和《甘肃省循环经济促进条例》，推广甘肃省先进技术、工艺和设备，提升甘肃省循环经济发展技术支撑能力和装备水平。通过对"甘肃省城镇污水处理回用技术应用示范"和"餐厨垃圾检测指标体系与综合处置模式研究"等循环经济类科研项目的研究与推广，在甘肃省乃至全国取得了良好的示范效果。此外，"金川集团股份有限公司环境污染防治与资源化技术研发及应用"、"铬渣无害化处理及资源再利用技术研究与示范"等多项课题荣获省部级奖励，科技创新引领作用显现。

（三）节能环保产业得到一定的发展

"十二五"末，甘肃省环境保护及相关产业单位达到126个，产业以小、微型企业居多。甘肃省环境保护及相关产业年销售收入44.09亿元。其中，环境保护产品销售收入3.99亿元，环境友好产品销售收入13.47亿元，资源综合利用产品销售收入23.71亿元，环境服务业收入总额2.92亿元。生产类型分为水污染治理产品、大气污染治理产品及噪声振动与控制产品、环境友好产品、环境标志产品、有机产品、资源综合利用产品生产及环境服务业。"十二五"期间，甘肃省通过持续加大对重点节能环保企业政策、资金、信息方面的支持和服务，通过引进、消化、吸收和再创新研发出一批具有本土特色的高科技新技术、新装备，初步培育了一批具有自主产权和核心技术的企业，这些企业带动了甘肃省节能环保产业的发展，为甘肃省完成节能降耗任务、减轻大气环境压力，做出了积极贡献。

（四）环境管理研究与运用取得较大突破

"十二五"期间，甘肃省在脱硫脱硝电价政策、健全完善生活污水处理费收费标准、调整城镇污水处理厂电价、垃圾收费政策、排污权交易试点、环境信用等级评价制度、环境污染责任保险试点、生态补偿制度建设等方面开展了环境相关政策的研究与运用。通过深入开展研究完成了《兰州市锅炉大气污染排放标准》、《甘肃省事业单位取水定额》、《甘肃省工业企业环境保护标准化建设基本规范》（DB 62/T 2309-2013）、《甘肃省建设项目环境监理技术规范》（DB 62/T 2444-2014）、《在用压燃式发动机汽车排气烟度测量方法及排放限值》（DB 62/T 2576-2015）和《在用点燃式发动机汽车排气烟度测量方法及排放限值》（DB 62/T 2575-2015）等一批环境保护地方标准和管理规范。此外，在环境科学技术相关科研成果的支持下，环境管理的科学化与现代化水平不断提高。兰州市通过精细化的环境管理稳定退出"全国十大污染城市"。通过兰州国际马拉松、丝绸之路（敦煌）国际文化博览会等重大活动的空气质量保障工作，为甘肃省大气污染防治积累了宝贵的经验。

二、甘肃省"十二五"环境保护科技创新问题

（一）环保科技创新能力不足，领域发展不均衡

甘肃省正处于全面建设小康社会的关键时期和深化改革开放、加快转变经济发展方式的攻坚时期，面对新形势新要求，环保科技整体创新能力尚显不足，对新型环境问题探究还不够深入。"十二五"期

间，甘肃省水污染治理和自然生态环境治理方面研究居多，在大气污染防治、农村环境保护、辐射防护和土壤污染治理等关键技术稍显薄弱，污染减排、环境风险防范预警、应急处置、环境修复的科技贡献不够，整装成套的环保技术及装备研究应用较缺乏，解决实际问题的能力不强，科技成果实际转化应用率较低。已经完成或正在进行的相关研究尚不足以全面支撑甘肃省环境质量持续改善和生态文明建设的需求，急需以基础研究的重大突破引领防治技术研发的方向，以坚实的科技体系支撑污染综合治理和环境管理决策能力的提升。

（二）科技成果水平总体落后

近年来，甘肃省环境保护科学技术研究取得一定的进步，但与全国发达省份及全国平均水平相比，总体上仍处于落后阶段，仅有个别研究领域达到或接近全国或者国际先进水平。甘肃省在过去5年间发表论文数呈逐年上升趋势，但省内各主要研究机构的环境保护类相关论文影响因子与国内外先进水平相比仍存在较大的差距，论文质量不高，影响力较低。2014年甘肃省环保装备制造企业仅有14家，以生产废污水和废气处理装备为主，固体废弃物处理装备、监测设备、噪声治理装备、生态修复设备生产企业较少。

（三）环保领域创新培育机制尚不完善

新兴环保产业培育机制尚不健全，环保科技研发能力和进度远远不能满足环境管理战略转型的迫切需求。此外，环保科技资源的配置效率有待进一步提高，项目管理、经费使用、技术研发和成果转化方面的体制机制还不完善，环保科技评价导向、环保科研诚信和创新文化建设活力不足，科技人员的积极性和创造性受到一定的影响。

三、甘肃省"十三五"环境保护科技创新发展思路

党的十八届五中全会提出坚持绿色发展，这对我国推进生态环境保护、加大环境治理、提高环境质量提出了新的更高要求。"十三五"时期是甘肃省全面建成小康社会的决胜阶段，全面改善环境质量是甘肃省"十三五"期间绿色发展的重要内容，环境科技创新是解决甘肃省生态环境问题的重要手段，也是驱动助力绿色循环低碳发展的战略需要。强化创新驱动和科技支撑，激活环保活力，是环保科技工作的重要发力点。因此，要以《甘肃省"十三五"环境保护规划》目标和重点任务的需求为导向，要以问题为导向，以能力为导向，围绕甘肃省生态环境质量改善与可持续发展，发挥环境科技创新在生态环境质量改善、绿色转型中的应用与实践作用。聚焦突出问题，加强科技支撑，重点实施好大气、水、土壤污染防治等科技重大专项，大力研发解决制约区域可持续发展的污染控制、生态保护和环境风险防范的高新技术、关键技术、共性技术。研发氮氧化物、重金属、持久性有机污染物、危险化学品等控制技术和适合国情、省情的土壤修复、农业面源污染治理等技术。大力推动多污染物协同控制等综合控制技术研发，开展环境调查评估、环境风险评价与环境健康、风险防范、环境应急处置、环境监测预警等方面的基础研究与应用，夯实环境基准、标准制订的科学基础，完善环境管理技术体系；推进国家、省级环境保护重点实验室、工程技术中心、野外观测研究站等建设；强化先进技术示范与推广，发布一批新技术成果、推出一批新产品装备，促进一批新项目合作，推动环保技术、工艺、产品、装备和服务的升级与进步。

四、甘肃省"十三五"环境保护科技创新发展方向和任务

（一）创新发展污染防治技术，落实"三大行动计划"

1. 大气污染防治技术与创新

（1）能源资源消耗管控方面。开展煤炭清洁高效利用技术研发，构建以煤炭洗选为源头、以煤炭高效洁净燃烧为先导、以煤炭气化为核心、以煤炭转化和污染控制为重要内容的技术体系。涂装行业推进非溶剂型涂料产品技术创新，减少生产和使用过程中挥发性有机物排放。推广使用天然气、电等清洁能源，研制新型高效油烟净化设施。发展低碳城镇规划、绿色建筑设计、建筑节能等技术，加强城市生态居住环境质量保障技术研发。加强清洁生产技术的研究、集成与推广，着力提升企业节能环保技术集成能力和水平。大力发展风能、太阳能等新能源的发展与创新等。

（2）大气污染防治技术方面。加强城市大气污染防治、重点工业、企业污染治理等关键技术开发。针对工业源、移动源、面源等主要大气污染源，开展全过程、多种污染物系统协同控制、从污染物达标排放向深度治理实现超低排放方面的研究，逐步构建源头削减-过程控制-末端治理的全过程大气污染治理技术体系。重点开展城市及区域大气污染治理及重污染预警、防控技术研发、集成与示范应用。开展区域大气复合污染、联防联控措施研究与实践、大气颗粒物污染控制技术创新与应用。

（3）大气环境质量管理技术与实践方面。利用我国在大气污染预报预警与过程分析、大气污染多维效应综合评估等方面已取得的成果，结合在结构减排、工程减排的研究基础上，通过精准管理和深度治理，研究在经济发展的新常态下，实现大气污染排放量的最小化和控制途径的最优化；为提升大气污染防控措施的有效性及公众健康保障能力，开展有效环境监控方面技术的研究；开展符合甘肃省实际的大气污染综合防控技术体系的构建研究，使环境管理真正由总量减排向空气质量达标管理及风险防控的模式发展。

2. 水环境保护领域

（1）饮用水源地保护方面。主要针对城镇集中式饮用水水源地污染防治和饮用水水源地安全保障技术的研究，重点加大对农村集中式饮用水源地保护以及水源地生态环境修复技术研究。

（2）良好水体的保护方面。以重要湖泊、水库、湿地、江河源头地区为重点开展水生态环境安全评估和水体保护研究。

（3）水污染防治方面。主要开展对工业、城镇生活、农业农村等水体污染物排放控制技术研发与实践；强化城镇水污染防治，开展提高城镇污水处理厂提标改造技术的研究与应用；研发重点行业的废水深度处理、生活污水低成本高标准处理、工业高盐废水脱盐、饮用水微量有毒污染物处理、地下水污染修复、危险化学品事故及应急处置等前瞻技术。开展适合甘肃省农村地区特点的污水处理技术研究与应用。

（4）黑臭水体的防治。针对地级城市建成区开展黑臭水体污染治理的研究与示范推广。

（5）地下水污染防治。开展地下水污染防治与修复技术、地下水重金属污染检测新技术、新设备的研发与应用。

（6）污水资源再生利用。加强水资源高效利用，提高工业节水与再生水利用率，探索开展污水资源

再生利用新理论、新方法与实践，污水资源再生利用前沿技术以及污水深度处理技术、难降解废水处理技术、中水回用等研究。

3. 土壤污染防治

（1）土壤污染防治与修复方面。推进土壤污染诊断、风险管控、治理与修复等共性关键技术研究。综合土壤污染类型、程度和区域代表性，比选形成一批易推广、成本低、效果好的适用技术。重点开展针对典型受污染农用地、污染地块的土壤污染治理与修复技术的研发和应用。加强土壤重金属污染生物修复技术、土壤重金属污染检测新技术、新设备的研发与应用。

（2）土壤污染防治基础方面。开展土壤环境基准、土壤环境容量与承载能力、污染物迁移转化规律、污染生态效应、重金属低累积作物和修复植物筛选等方面基础研究。

（3）土壤污染环境管理方面。加强国内外合作研究与技术交流，引进消化土壤污染风险识别、土壤污染物快速检测、土壤污染等风险管控先进技术和管理经验，研究创新土壤污染分级管控模式和技术。

（二）创新发展生态保护技术，促进生态环境恢复

1. 生态空间管控

（1）生态红线的划定和空间管控。加强生态红线的科学划定技术方面的研究与生态空间管控落地研究。结合主体功能区规划，落实环境功能区生态保护、修复及补偿关键技术研究与示范，荒漠化及绿洲退化区生态系统等生态敏感区、脆弱区及重要生态功能区保护恢复技术及模式研究。

（2）生物多样性保护与自然生态的保护。开展荒漠化治理与恢复、草地与湿地生态恢复、自然保护区保护等技术的研发和转化应用；试点开展兰州新区等生态城市体系及区域生态安全技术研究。

2. 农村环境保护

加强规模化禽畜养殖污染防治技术的研究，创新研究低毒低害的新型农药和实用的配方施肥技术，全力控制和防治农村面源污染；开展甘肃省受污染农田土壤修复、农村饮水安全、农业节水新技术及设备、农村污水、生活垃圾处理等技术研究；强化农资废弃包装物、废旧农膜、秸秆、畜禽粪便、蔬菜尾菜等农业废弃物资源化回收处置利用技术及农村清洁能源利用技术与设备的研究。

（三）创新发展风险防控技术，把握全过程风险防控

1. 创新绿色生产和绿色经济新模式

主要从清洁生产技术、工业园区生态化、绿色低碳循环发展、工业园区环境管理供给侧改革、工业园区自然资产负债表编制、生态设计、生命周期评价、绿色供应链管理。在绿色管理、绿色经济的政策与措施，达标排放和绿色转型等方面开展研究；开展适用于改造能耗高、重污染传统产业的环保高新技术与清洁生产技术以及绿色、低碳、节能建筑新材料及新技术的研发。

2. 固体废物污染控制技术与创新

加强生产活动过程的废物减量化、资源化和无害化的技术研发，重点开展有色采选矿产资源综合利用及节能降耗关键技术研究开发与产业化；加强共伴生矿产资源、尾矿、煤层气、脱硫石膏、建筑废弃物、污泥等资源化利用。强化危险废物、医疗废物安全处置方面的技术研究。开展废弃资源再生利用规模化发展的科技创新，加强再生金属、塑料、玻璃、皮革综合利用技术研发以及废旧电子产品的再生资源无害化处理与高附加值回收利用技术研发。发展垃圾资源化利用、有毒有害原材料替换、生态材料回收处理等技术。

加强生活垃圾填埋场渗滤液处理处置、焚烧飞灰处理、填埋场甲烷利用和恶臭处理技术的引进、吸收与再创新，重点研究适合省情的垃圾分拣和预处理工艺技术，以及提高填埋场防渗能力和渗滤液处理比例，有效防止填埋工艺对地下水造成二次污染的关键技术。加大垃圾焚烧工艺污染物控制技术的开发，确保烟气、废水等达标排放。研究解决堆肥恶臭和垃圾肥料的质量问题，最大限度降低垃圾肥料中有毒、有害成分。

3. 重金属污染防治技术

重点开展重金属污染治理与生态修复技术研究。加大对重金属污染监测技术、重金属高排放行业污染控制及清洁生产技术、含重金属废物处置与综合利用技术、重金属污染综合防治政策研究以及推广应用。

4. 环境风险处置、评价及环境与健康

（1）环境风险评估方法创新与应用。开展生态风险评估与应用、环境多介质污染健康风险评估研究。

（2）环境与健康。在大气污染与健康方面，逐步加强大气污染对人体健康影响的研究，针对不同的健康效应（急性健康效应、慢性健康效应和干预效应），开展大气污染毒理学和流行病学研究，开展大气PM2.5对心肺系统、免疫系统、代谢系统甚至皮肤和中枢神经系统等毒性研究。对大气污染与健康危害之间因果关系以及对大气污染对人体致病机制应开展深入研究。开展饮用水质量与健康、水污染对人体健康影响、水环境损害评估前瞻性技术理论研究。在土壤质量与健康方面开展土壤污染与农产品质量、人体健康关系等方面的基础研究。此外，探索开展持久性有机物污染与健康、环境流行病学研究方法和生物标志物应用研究以及环境毒理学研究方法和毒理检测新技术研究与运用。

（3）突发环境污染事件及其应急处理。水源地突发环境事件应急处置与供水安全保障、环境突发事件应急处置以及科学化应对技术的研究。

（四）创新发展环境管理技术，提升环境管理能力现代化

1. 环境监测与预警

开展生态环境质量监测和卫星遥感等信息技术在环境监测领域的应用与实践研究。开展区域污染源自动预警、超排告警以及追踪定位研究，以及开展大气环境的科学预警、环境监测网络建设、环境监测数据质量有效管控方面的研究。

2. 环境信息化研究与运用

开展环境信息化建设理论和政策研究、环境信息采集与管理、分析与处理、模型与算法研究及其应

用；开展大数据、云计算、物联网、移动互联等新技术在环境保护领域的研发与应用。

3. 环境工程技术创新与应用

开展环境服务管理模式创新、环境工程节能与实践、环境污染治理第三方PPP模式研究与探索以及环境科技创新在工程建设中的应用与实践，经济新常态下环境工程面临的挑战与对策研究等。

五、环境保护科技创新发展政策建议

（一）加大环保科技创新发展指导

鼓励甘肃省科研院所、大专院校与企业深入合作开展科技创新，加强环境科研自主创新能力建设。加大环保科技投入，设立环保科技创新专项资金和建立人才引进及培养新机制，在政策、人才和资金方面扶持重大环境科研项目，推动环境科技成果的应用转化和推广。

（二）加快环保产业发展，提升传统产业

大力培育节能环保产业，积极支持大气、水、土壤污染治理技术、装备、产品、服务企业的发展，有效推动节能环保、新能源等战略性新兴产业发展。加大财税政策支持力度，培育具有社会竞争力、能够提供高质量环保服务产品的大型企业。持续加大对具有自主产权和核心技术企业的培育，通过企业带动甘肃省节能环保产业发展。

（三）加强科技合作与交流

发挥甘肃省环保协会、行业协会、产业协会等组织作用，举办环保新技术、新产品与新仪器成果推介展示活动，推广优秀环保技术和成功经验。强化国内外环保科技合作基地建设，围绕污染防治、生态保护、应对气候变化等前沿领域开展多领域、多层次的科技创新合作。

科技大事记

1月5日

甘肃省部共建国家重点实验室培育基地——甘肃省干旱生境作物学重点实验室学术委员会会议在兰州召开。省科技厅厅长李文卿出席会议并讲话。湖南农业大学官春云院士、华中农业大学傅廷栋院士、兰州大学南志标院士等9名学术委员会委员、相关研究人员及研究生共40余人参加会议。

1月7日

甘肃省出台《关于进一步加强高校知识产权工作的意见》,旨在健全高校知识产权管理体系,建立激励机制推进知识产权运用转化,加强知识产权保护,发挥知识产权人才培养及理论研究方面的引领作用。

1月8日

新西兰草业科学家菲尔•罗尔斯顿博士获2014年度国际科学技术合作奖,兰州大学为国内第一合作单位,这是与甘肃省合作的国外专家第一次获此殊荣。

1月9日

甘肃省省长刘伟平主持召开省政府常务会议,审议通过《甘肃省专利奖励办法》。

1月12日

甘肃省轻工研究院、甘肃省建材科研设计院获科技部批复成为第六批国家技术转移示范机构。目前甘肃省共有9家单位具备国家技术转移示范机构资质。

1月14日

甘肃省科技厅牵头全省非公经济第六考核组,对省农村信用联社等21个领导小组成员单位进行年度工作考核。

1月20日

兰州空间技术物理研究所(510所)与意大利ALTA公司联合举行"中意电推进联合实验室"中方揭牌仪式和双方代表合作协议签约仪式。

1月25日

甘肃省委、省政府在兰州隆重召开2014年度全省科学技术奖励大会。省委书记、省人大常委会主任王三运出席大会并为2014年度甘肃省科技功臣奖获得者王栋颁奖,省委副书记、省长刘伟平在大会上做了重要讲话。省委副书记欧阳坚主持大会。省领导吴德刚、咸辉、李慧、郝远出席大会。

全省科技工作会议在兰州召开。副省长郝远出席会议并讲话，省政府副秘书长俞建宁主持会议，省科技厅厅长李文卿向大会报告2014年全省科技工作情况，就2015年全省科技重点工作进行了安排部署。

1月27日

甘肃省高新技术创业服务中心入选科技部第二批开展"创业苗圃+孵化器+加速器"科技创业孵化链条建设示范单位，是继2006年成为国家级科技企业孵化器后的又一次提升，并成为甘肃省第一家获此荣誉的单位。

兰州科技大市场启动签约仪式在兰州国资委隆重举行。甘肃省科技发展投资有限责任公司、兰州市国资委主任兼兰州投资（控股）有限公司负责人及相关业务负责同志参加了签约仪式，并签订了《关于建设兰州科技大市场的战略合作框架协议》。

2月3日

甘肃省副省长郝远在上海与上海市副市长、张江高新区管委会主任周波进行工作会谈，研究沟通推动推进兰白试验区的建设。省政府副秘书长俞建宁、省科技厅厅长李文卿、副厅长巨有谦等参加会谈，省科学院、省科技发展投资有限公司、张江高新区管委会、上海杨浦科技创业中心等单位负责同志出席。

中石油兰州化工研究中心和兰州石化公司面向海外的系列低焦炭重油催化裂化催化剂技术取得突破，进一步提升了我国催化裂化催化剂的国际竞争力，对催化裂化催化剂国际市场（尤其是亚太及欧美高端市场）开拓具有重要的示范和推动作用。

2月5日

由甘肃省委宣传部组织，省文化厅、省科技厅、省卫计委、省文明办、省妇联、省教育厅、省司法厅、省农牧厅、团省委等17个部门联合主办的2015年甘肃省文化科技卫生"三下乡"集中示范活动在兰州新区启动，省委常委、宣传部长连辑参加启动仪式。省科技厅相关处室参加了"三下乡"集中活动。

2月9日

国家星火计划支持的"马铃薯脱毒种薯快速高效选育技术与应用"项目，经过甘肃凯凯农业科技发展股份有限公司3年科研攻关和试验，技术成果进入成熟应用阶段。

2月11日

中科院兰州分院与甘肃省科技厅2015年科技合作工作联席会召开。会议由中科院兰州分院院长王涛主持，省科技厅厅长李文卿、中科院兰州分院党组书记、副院长谢铭、省科技厅副厅长王彬、中科院兰州分院副院长杨青春出席会议。

天华化工机械及自动化研究设计院有限公司省科技重大专项项目"煤气化工程褐煤蒸汽管回转圆筒预干燥技术研究与工程化应用"通过省科技厅组织的验收。项目解决了褐煤干燥能耗高、粉尘污染严重、大型化难等技术难题，研发的国内首套褐煤蒸汽管回转干燥工艺及装备达到了国际先进水平。

2月12~14日

省纪委驻省科技厅纪检组组长杨关义带领政策法规处、省高新技术创业服务中心、省机械院负责同志，前往正宁县山河镇董庄村开展春节期间双联工作。

2月15日

甘肃省科技厅办公室、机关党委、农村处、基础处、培训中心和省农垦农业研究院的有关负责同志赴古浪县新堡乡开展双联行动春节送温暖慰问活动。

2月16日

酒泉、张掖农业科技园区被科技部批准为第六批国家级农业科技园区。

2月17日

甘肃省委副书记、省长、兰白试验区工作推进领导小组组长刘伟平主持召开兰白试验区工作推进领导小组第一次会议，听取兰白试验区建设工作进展汇报，审议相关文件，研究部署2015年重点任务。副省长、领导小组副组长郝远、领导小组全体成员出席会议。省政府督查室、省政府法制办、兰州高新区、兰州经济区、白银高新区主要负责人及厅各处室、省科技发展投资有限责任公司、省科技发展战略院负责人列席了会议。

2月28日

甘肃省科技厅副厅长王彬带领计划处、兰州市科技局、省科技发展投资有限责任公司负责人实地调研兰州科技大市场建设工作。

3月4日

"西北低碳城镇支撑技术协同创新中心"建设方案研讨会在兰州理工大学召开。中科院院士胡文瑞、兰州理工大学党委书记李贵富、校长王晓明等出席了会议。

3月8日

甘肃省政府副秘书长俞建宁带领省工信委、省科技厅、兰州新区负责人在北京大学与北大先进技术研究院就北大"众志中国芯"落地甘肃项目合作框架协议举行工作对接会议。会议由北京大学先进技术研究院执行院长刘新元主持。省科技厅副厅长王彬、科技厅直属相关单位参加了工作对接会议。

3月9日

甘肃省与北京大学就建立北京大学技术转移甘肃中心事宜在北京进行了工作对接，形成了《甘肃省政府 北京大学在甘肃建立北大技术转移甘肃中心合作协议》。省政府副秘书长俞建宁、省科技厅副厅长王彬、北京大学产业技术研究院院长陈东敏等参加了会议。北大产业技术研究院常务副院长姚卫浩主持会议。

3月9~10日

甘肃省科技厅、省工信委及省机械研究院对武威市甜高粱产业发展情况进行实地调研。着重了解了武威市甜高粱全程化机械加工情况及农机产业发展情况、武威市《甜高粱工业化开发和循环利用规划》编制情况、甜高粱育种、饲料加工、生物发酵的生产及技术需求等情况。

3月10日

甘肃省政府法制办、省科技厅组织召开兰白试验区条例立法启动会。省人大教科文卫办副主任刘士华、省政府法制办副主任曾施霖、省科技厅副厅长巨有谦出席会议，会议由曾施霖副主任主持。兰州市政府、白银市政府，兰州新区、兰州高新技术产业开发区、白银高新技术产业开发区、兰州经济技术开发区管委会负责人及省人大教科文卫办、省政府法制办、省科技厅有关处室负责人等参加。

3月13日

中科院与甘肃省科技合作座谈会在北京举行，甘肃省副省长郝远出席座谈会并讲话。中科院副院长施尔畏、省科技厅厅长李文卿、副厅长王彬、中科院兰州分院副院长杨青春、白银市委书记张智全、副市长贾汝昌等参加会议。

甘肃省副省长郝远与科技部副部长曹健林在北京举行会谈，就甘肃省申报中国-马来西亚清真食品国家联合实验室以及丝绸之路经济带建设工作交换意见。省科技厅厅长李文卿、副厅长王彬等参加会议。

3月18~19日

甘肃省科技厅召开科技特派员工作座谈会，副厅长郑华平主持座谈会。科技部农村中心、省科技厅相关部门、以及来自兰州市、白银市、武威市、定西市、临夏州的市、县两级科技管理部门负责人、科技特派员代表、部分中央在甘院所、省属农业院校科研处负责人共40余人参加会议。

3月24日

甘肃省4人入选国家创新人才推进计划。兰州交通大学闫浩文和中科院寒区旱区环境与工程研究所李新入选中青年科技创新领军人才，甘肃中天羊业股份有限公司陈耀祥和甘肃中远能源动力工程有限公司张周卫入选科技创新创业人才。

3月31日

甘肃省副省长夏红民带领省编办、省质监局、省科技厅、省国资委等有关部门负责人赴天水就科研检验检测认证机构改革工作进行专题调研，省科技厅厅长李文卿陪同调研。

兰州科技大市场网络平台在甘肃省计算中心正式开通试运行。

4月1日

甘肃省科技奖励评审专家新推荐系统正式开通，开始面向全省征集各行业、各学科领域的专家。通过此次征集，进一步提升甘肃省科技成果管理和科技奖励评审咨询工作的能力，进一步健全和完善科技奖励评价体系。

4月2日

甘肃省委书记、省人大常委会主任王三运在庆阳主持召开六盘山片区扶贫攻坚座谈会，省科技厅厅长李文卿参加会议。

国家973项目"牛羊重要寄生虫致病机制的分子基础"启动实施会在兰州召开。会议由中国农业科学院兰州兽医研究所殷宏研究员主持。科技部基础研究管理中心处长李霄、中国农业科学院副院长雷茂良、省科技厅副厅长王彬出席会议。项目跟踪专家及项目各课题负责人约60余人参加会议。

4月7日

中科院地质与地球物理研究所兰州油气资源研究中心公共技术服务平台网站正式开通运行，标志着兰州油气资源研究中心实验技术平台信息化建设又上新台阶。

甘肃省生物电化学与环境分析重点实验室（西北师范大学）主任卢小泉教授入选国家百千万人才工程，并被授予"有突出贡献中青年专家"荣誉称号。

张掖市、天水市列入国家智慧城市2014年度新增试点城市。

4月8日

甘肃省知识产权局荣获2014年全国专利事业发展战略工作绩效考核先进集体。

兰州高新区、白银高新区获批列入科技部首批25家科技服务业试点区域。

4月9日

科技部批复甘肃省牵头建设中国-马来西亚清真食品国家联合实验室。这是甘肃省首次代表国家牵头建立国际联合实验室合作平台，将成为甘肃省实施好创新驱动发展战略和"一带一路"战略构想提供重要抓手。

4月13日

甘肃省科技厅荣获全省依法行政工作先进单位。

4月15日

甘肃省科技厅邀请省发改委、兰州大学、兰州交通大学、省科学院、甘肃中医学院、中国农科院兰州兽医研究所、金川集团等企业、高校、院所及政府相关部门的专家，召开甘肃"十三五"科技创新发展规划重大科技问题专家专题论证会，对前期开展的15个专项研究课题进行论证。会议由省科技厅计划处组织，省科技厅相关处室、省科技发展战略研究院、课题组成员参加会议。

4月21日

甘肃省委副书记、省陇药产业发展协调领导小组组长欧阳坚在北京主持召开会议，对《甘肃省建设国家中医药产业发展综合试验区总体方案》进行了研讨论证。全国人大常委会副委员长、中科院院士陈竺、全国人大教科文卫委员会副主任委员吴恒、国家卫计委副主任、国家中医药管理局局长王国强、国家发改委、科技部等相关部委负责同志以及有关专家学者应邀出席会议并发言。省上领导李慧、黄强、栗震亚和省直有关部门负责人参加会议。

4月22日

兰州大学与华中科技大学联合申报"十三五"国家科技计划重大专项"大气水资源开发与国家水安全（天水工程）"项目合作对接座谈会在兰州举行。兰州大学校长王乘、华中科技大学校长丁烈云、省科技厅厅长李文卿出席座谈会并致辞，兰州大学副校长潘保田主持会议。省直有关部门负责人、兰州大学、华中科技大学、省科技厅相关负责同志20余人参加座谈会。

4月23日

2015年甘肃省知识产权宣传周活动在兰州启动。参加启动仪式的有银行、企业、担保公司、中介服务机构及省市知识产权系统代表共计100余人。省知识产权局局长朱晓力致辞并宣布2015年甘肃省知识产权宣传周活动启动。

4月24日

北京大学技术转移甘肃中心签约暨揭牌仪式在兰州举行。该中心致力于对甘肃经济社会发展科技急需和重大核心技术进行联合攻关、开发，加快甘肃产学研一体化的自主创新体系建设进程。甘肃省副省长郝远与北京大学科技开发部部长、产业技术研究院院长陈东敏共同为中心揭牌。省科技厅厅长李文卿与陈东敏院长签署合作协议。省政府副秘书长俞建宁主持签约暨揭牌仪式。

4月27日

全国"2015年地质灾害与防治战略学术论坛"在兰州市举办。论坛由中国地质学会地质灾害研究分会、兰州大学、甘肃省国土资源厅、兰州市政府和甘肃省地质矿产勘查开发局主办。来自全国72家高校、科研院所和政府相关部门的230余人参加。中国工程院王思敬、汤中立等5位院士及多位从事地质灾害与防治的知名专家学者参加论坛。

4月29日

甘肃省委副书记、省长、兰白试验区工作推进领导小组组长刘伟平主持召开领导小组第二次会议，副省长、领导小组副组长郝远出席会议。会议传达了科技部主要领导对兰白试验区推动工作的要求，听取了领导小组办公室近期建设进展汇报，研究解决推进过程中存在的问题并形成共识。会议审议了兰白试验区技术创新驱动基金相关管理文件。

中国-巴基斯坦农业生物质能源技术研发与示范联合中心获得科技部立项支持。

5月4日

甘肃省科技厅在"甘肃科技创新公共服务平台"网络系统基础上推出全新科研服务模式的"科聚网"上线运行，该网络建设的核心是围绕"O2O"电子商务模式和"G2C"电子政务模式开展科研服务工作，成为甘肃省首个由政府主办的科技电商平台。

5月8日

甘肃省委宣传部、省科技厅、省科协共同召开全省科技活动周启动仪式方案协调会，研究确定科技活动周工作方案，省科技厅副厅长郑华平主持会议。省委宣传部、省科技厅、省科协以及定西市相关领导和负责人参加协调会。

5月16日

甘肃省委宣传部、省科技厅、省科协、定西市人民政府主办的"甘肃省2015年科技活动周（定西）启动仪式"在定西举行。启动仪式由省科技厅副厅长郑华平主持。副省长郝远、省政府副秘书长俞建宁、省科协副主席陈富荣、省委宣传部处长王国强、定西市长唐晓明等领导出席了启动仪式。省、市、区有关部门负责同志、科普志愿者以及广大市民参加启动仪式。

兰州大学营养团队在第十二届全国营养科学大会上获得奖励。王玉教授获营养科学传播奖，张格祥副教授获百名英才奖，张印红教授获全国营养行业先进工作者称号，甘肃省营养学会获优秀团队奖。

5月18日

国家发展改革委等十一部委批复临夏州、陇南市康县、庆阳市环县、武威市民勤县为"生态保护与建设示范区"。

兰州大学物理科学与技术学院彭勇教授研究小组在纳米尺度条形码系统研究取得新进展。研究论文《Phase transformation of Sn-based nanowires under electron beam irradiation》作为封面文章发表在英国皇家化学会的期刊《材料化学C》，并在英国皇家化学会化学世界网站上进行专题报道。

5月20~21日

科技部科技评估中心副主任毛建军带领调研组到甘肃省专题调研科技创新政策落实情况，深入了解科技创新政策制定、落实及有关评估工作情况。

21日上午在省科技厅召开科技创新政策落实情况座谈会。省科技厅副巡视员赵一凡主持座谈会，厅相关处室负责人参加了座谈会。部分高等学校、科研院所、企业负责人参加了座谈。

5月26日

"2015中国天水•武山蔬菜博览会"在武山县蔬菜科技示范园区开幕，省科技厅厅长李文卿出席开幕式。此次博览会围绕"绿色、科技、安全、高效",以"提升产业水平、推进现代农业、提高农民素质、增加农民收入"为主题。省直各部门、14个市州有关部门负责人、各界客商代表、武山县干部群众代表共2000余人参加。

5月30日

《甘肃省人民政府关于重大科研基础设施和大型科研仪器向社会开放共享的实施意见》经省政府常务会议审议,印发实施。

6月

中国工程院院士、兰州大学教授任继周主编的《中国农业伦理学史料汇编》出版。

6月4日

科技部创新发展司副司长余健到甘肃省调研科技工作。余健副司长参观调研了甘肃农业大学甘肃省干旱生境作物重点实验室省部共建重点实验室培育基地、农业工程实验教学示范中心。

6月8日

2015年全省知识产权局局长座谈会在张掖市召开。省科技厅厅长李文卿、张掖市副市长余锋、赵学忠出席会议。会议由省科技厅副厅长、省知识产权局局长朱晓力主持。来自全省14个市州知识产权局主要负责人和相关工作人员,中国(甘肃)知识产权维权援助中心负责同志,以及张掖市有关市直单位,各县区从事科技和知识产权工作的代表参加了会议。

6月9日

甘肃省科技厅、省人大教科文卫办公室、省政府法制办在兰州召开《甘肃省促进科技成果转化条例》立法修订工作座谈会,对条例修订稿初稿进行了研究讨论。

6月10日

张掖市入围国家首批小微企业创业创新基地城市示范。

6月15日

甘肃省科技厅行政权力清单和责任清单在"甘肃政务服务网"阳光政务栏目正式公布。服务对象可登陆甘肃政务服务网查看了解省科技厅31项行政权力事项和责任事项内容。

6月16日

甘肃省组织开展的"定西市科技活动周科普宣传活动"获2015年全国科技活动周优秀科普活动,并给予优秀科普活动项目实施单位5万元经费补贴。

6月17~19日

甘肃省科技厅组团参加第九届中国企业国际融资洽谈会——科技国际融资洽谈会。代表团由省科技发展投资有限责任公司、兰州交通大学科技园、省高科技创业服务中心、兰州科技大市场、白银科技企业孵化器有限公司等单位组成。

6月18日

甘肃省科技厅在康县组织召开2015年第二次双联行动协调推进会。省直联系康县的8家双联单位、陇南市委双联办相关领导、康县县委、县政府、县人大、县政协及县直部门和有关乡镇的主要负责同志参加会议。联系康县的省级领导、省政协副主席李沛文出席会议并讲话，省科技厅厅长李文卿主持会议并代表组长单位讲话。

"兰州银行杯"首届"丝绸之路"国际大学生创新创业大赛暨甘肃省第六届大学生创新创业大赛在兰州大学正式启动。科技部高新司巡视员耿战修、省政府副秘书长俞建宁、兰州大学校长王乘、大赛主办单位、承办单位和协办单位的负责同志、支持大赛的金融单位和专业投资机构的负责同志、在兰高校的校领导、大学科技园、教学、科研、就业、团委和国际合作与交流方面的负责同志及学生代表共计200余人参加了启动仪式。仪式由大赛组委会主任、省科技厅副厅长巨有谦主持。

6月20日

甘肃省科技厅、兰州市政府联合主办的2015兰州科技成果交易会的主题活动"首届兰州青少年科技嘉年华"在甘肃国际会展中心举行开幕。活动以"科技春蕾创新梦想"为主题，在甘10多家高校和企业的优秀科普互动展项参展。

6月23日

甘肃省科技厅落实省委省政府精准扶贫工作意见，制定《康县长坝镇精准扶贫实施方案》，做到目标明确、任务明确、责任明确、举措明确，分类施策、精准发力，把有限的资金用到刀刃上，真正发挥科技扶贫拔穷根的作用。

6月26日

甘肃省科技厅和兰州市政府主办的2015兰州科技成果交易会在兰州大学开幕。省科技厅副厅长毛曼君出席开幕会并致辞。本次成果交易会以"集聚创新创业，促进产业升级"为主题。兰州大学、中国农科院兰州畜牧与兽药研究所、兰州科近泰基新技术公司等40个单位签约，签约项目108项，签约金额1.36亿元。

2015年甘肃省农业科技园区协调领导小组联席会暨省级农业科技园区评审会在兰州召开。会议由甘肃省农业科技园区协调领导小组副组长、省科技厅副厅长郑华平主持。甘肃省农业科技园区协调领导小组副组长杨祁峰、张肃斌及成员单位相关负责人出席会议，各市州（县区）科技局主管领导、园区建设所在市（县区）人民政府主管领导、园区负责人及相关工作人员近百人参会。

6月29日

2014年度甘肃省科技功臣奖获得者、甘肃大禹节水集团股份有限公司党委书记、董事长王栋将甘肃省科技功臣奖80万元奖金和酒泉市奖励的20万元奖金全部捐出，为所在企业设立科技创新基金。

6月30日

"科学中国人（2014）年度人物"颁奖典礼在北京举行，146位科学家荣膺科学中国人（2014）年度人物。兰州大学第一医院副院长周永宁、甘肃省电力公司风电技术中心主任汪宁渤获此殊荣。

7月1~6日

"全国专利代理人资格考试考前培训班"在兰州举办，来自甘肃省企业、高校、科研院所和知识产权服务机构的120多位学员参加培训。

7月3日

省市会商项目"兰州科技大市场"管理公司组建发起仪式在兰州高新区科庆科技园举行，省科技发展投资有限责任公司与兰州科技发展有限公司签署了兰州科技大市场管理公司组建协议。兰州市政府、兰州市科技局、兰州市国资委、省科技厅、省科技发展投资有限责任公司等相关部门负责人出席了签约仪式。

7月6日

甘肃省科技厅主办、甘肃省生产力促进中心承办、兰州大学协办、中国科技交流中心支持的丝绸之路经济带发展中国家创新合作座谈会在兰州大学召开。兰州大学校长王乘、省科技厅厅长李文卿、中国科学技术交流中心主任孙洪出席座谈会并致辞。

7月8日

甘肃省纪委双联行动督导组对省科技厅古浪县双联行动联系点2015年上半年帮扶工作进行了督查。

7月9日

甘肃省科技厅组织召开了2015年甘肃省科技基础条件资源调查工作动员与培训会。省属高校、科研院所及相关企业共50多家单位90余人参加会议。

甘肃省科技厅组织省内部分科研院所和高校面向社会全面开放大型科研仪器设备、设施。首批面向社会开放科研仪器设备和设施的单位共有23家，单价20万元以上的科学仪器设备共计1183台（套），设备原值已超过2.3亿元。

7月10日

甘肃省政府办公厅转发省科技厅《关于加快建立甘肃省科技报告制度的实施意见》，部署加快建立全省统一的科技报告制度，推动科技成果的完整保存、持续积累、开放共享和转化应用。

7月17日

甘肃省科技厅、省纪委共同组织召开《古浪县实施精准扶贫精准脱贫三年规划（2015～2017年）》专家论证会。会议由省科技厅副厅长郑华平主持，省纪委办公厅、双联办主任马志英，古浪县政府副县长张树庚、古浪县扶贫办、古浪县科技局、厅直属机关党委、培训中心和农村处的有关同志参加了会议。

7月21日

由中科院寒区旱区环境与工程研究所牵头承担的"十二五"国家科技支撑计划项目"祁连山地区生态治理技术研究及示范"通过科技部社发司组织的专家验收。项目研发了8项技术；建立试验示范基地和示范区20个，总面积7869hm²；建立种苗繁育基地4个，面积106.67 hm²。申请国际、中国发明专利各1项，申请中国实用新型专利16项，拟定地方标准及行业标准15项。培养研究生57名，为祁连山区培养专业技术人才68名。

7月22日

甘肃省新增3名全国专利信息领军人才和师资人才，其中1人为全国专利信息领军人才，2人为全国专利信息师资人才。

7月23日

甘肃省科技厅联合省教育厅、省工信委、省财政厅、省人社厅、省地税局、共青团甘肃省委出台了《关于扎实推进众创空间建设工作的意见》。《意见》分为总体思路、基本要求、政策支持、认定管理四个部分。

7月29日

甘肃省科技发展投资有限责任公司主办的《兰白科技创新改革试验区技术创新驱动基金申报指南》发布媒体见面会召开。兰白试验区工作推进领导小组办公室副主任、省科技厅副厅长巨有谦主持发布会。

8月13日

科技服务业区域试点工作座谈会在兰州科技大市场举行，省科技厅副厅长巨有谦出席会议并讲话。科技服务业区域试点市州科技局和试点园区负责人员参加了座谈会。

兰州大学张浩力教授和中科院近代物理研究所何源研究员获2015年度国家杰出青年科学基金，分别获资助经费400万元。

8月13～14日

科技部高新司副司长曹国英一行调研兰白试验区建设工作。对兰白试验区建设工作进行了检查督导。省科技厅副厅长巨有谦、厅相关处室负责人陪同调研。

8月19日

甘肃省科技厅厅长李文卿就定西市创新驱动发展战略实施情况进行专题调研。定西市市长唐晓明、副市长苗树群等陪同调研。

甘肃股权交易中心科技创新板正式开板，省科技厅副厅长巨有谦出席开板仪式并致辞。

甘肃省科技厅举办2015年全省技术市场培训班，副厅长毛曼君参加会议并讲话。培训会采取视频会议的形式，在兰州设主会场，各市州设分会场，来自各市州及所属县区科技局分管领导、技术市场管理人员、高新技术企业、科技型中小企业、国家技术转移示范机构、申请办理《甘肃省技术贸易证》的单位技术市场负责人和财务人员、省科学院及厅属有关单位相关人员共560余人参加培训。

8月20日

甘肃省科技厅联合省统计局在省科技情报研究所举办2015年统计从业资格考试培训。统计从业资格考试培训主要针对甘肃省从事科技统计工作的人员，各市州科技局、省属科研院所及高新技术企业等近50人报名参加了培训。

8月21日

甘肃省直机关工委副书记张建荣一行对省科技厅精准扶贫、精准脱贫工作情况进行督导检查。省科技厅副厅长郑华平出席座谈会，副巡视员、农村处处长张学斌代表省科技厅进行了专题汇报，机关相关处室和部分厅属单位负责人参加座谈交流。

8月24～25日

甘肃省纪委在古浪县组织召开古浪县双联行动推进会。甘肃省委常委、省纪委书记张晓兰出席会议并作了重要讲话。省科技厅副厅长郑华平及厅直属机关党委、厅培训中心负责人参加了会议。

8月26日

"国家藏医药产业技术创新服务平台"公共服务体系建设实施方案协商对接会在兰州举行。甘肃省省科技厅副厅长、省知识产权局局长朱晓力、厅社发处、青海省科技厅副厅长张旭、政策法规和基础研究处、以及青海金诃藏医药集团、甘肃中医药大学、甘肃奇正藏药集团、甘肃省藏医药研究院等单位的代表参加会议。

8月28日

甘肃省科技厅厅长、省创新办常务副主任、科技工作组组长李文卿主持召开甘肃省创新办公室科技工作组第一次会议暨兰白试验区规划征求意见专题会。省创新办科技工作组成员和兰州市、白银市相关部门的负责同志参加会议。

9月1日

甘肃省科技厅、兰州市政府共同出资1亿元建设的公共创新服务平台——兰州科技大市场正式开业。

副省长郝远、省科技厅厅长李文卿、省政府国资委副主任蒲培文、兰州市副市长戈银生、兰州高新区管委会主任李虎林、兰州理工大学副校长芮执元等出席。

9月1～2日

甘肃省科技厅邀请甘肃日报社、省广电总台、科技日报社、省科技电视网等主要媒体记者前往渭源县，对渭源县科技特派员助推全县特色优势产业转型升级和科技服务精准扶贫精准脱贫工作涌现出的先进典型和好的做法进行了联合采访。

9月6～10日

中国科学技术发展战略研究院副院长杨起全到甘肃开展科技发展战略及兰白试验区建设如何深度融入国家"一带一路"战略布局和大力实施创新驱动发展战略的咨询服务活动。

9月10～11日

甘肃省科技厅副厅长、省知识产权局局长朱晓力率队参加阿拉伯国家技术转移暨创新合作大会。省科技厅国际合作处、省生产力促进中心、省轻工院、省商科所的相关人员参加了大会及相关活动。

9月11日

甘肃省科技厅、省人大教科文卫办公室、省政府法制办在兰州召开《甘肃省促进科技成果转化条例》立法修订工作座谈会，对《甘肃省促进科技成果转化条例（修订草案）》进行了研究讨论。

9月16日

科技部高新司综合与计划处处长薛强一行2人到兰州高新区调研。省科技厅副厅长巨有谦、兰州高新区管委会主任李虎林等相关部门负责人陪同。

甘肃省效能风暴行动协调推进领导小组第三巡查组到省科技厅巡查效能风暴行动开展情况，并就民主评议政风行风机关作风工作提出要求。省科技厅副厅长郑华平、驻厅纪检组副地级纪律检查员闵玉贵和相关处室负责同志参加了巡查工作会议。

9月17日

科技部农村司、农村中心在北京召开"三区"科技人员专项计划综合信息服务平台试运行启动会。甘肃省被列为试点区域，"三区"科技人员专项计划综合信息服务平台将在甘肃省选取试点试运行。

由中国科技交流中心和日本科学技术振兴机构（JST）主办、甘肃省科技厅与中科院近代物理研究所协办的"樱花科技计划"推介会在兰州召开。日本科学技术振兴机构特别顾问、前理事长冲村宪树先生、JST中国综合研究交流中心部长米山春子女士、中国科技交流中心日本处处长秦洪明参加推介会，来自省内高等院校、科研院所、部分高级中学等100余人参加了会议。

9月18日

兰州新区获科技部批复建设创建国家可持续发展实验区。

9月19日

甘肃省科协、省教育厅、省科技厅、省工信委、中科院兰州分院在武威市凉州区雷台汉文化博物馆举行2015年"全国科普日"甘肃省（武威）主场活动暨"中国流动科技馆"凉州区巡展启动仪式。省委常委、省委宣传部部长连辑出席启动仪式并宣布活动启动，省政府副省长、省科协主席夏红民出席启动仪式并讲话，省科协党组书记、第一副主席杨新科主持启动仪式。省科技厅副巡视员何维华参加启动仪式。

9月22日

甘肃省政府和中国有色金属工业协会主办、省科技厅和金川集团股份有限公司承办的第二十一次金川科技攻关大会在金昌隆重召开。第十届全国人大常委会副委员长、中国关心下一代工作委员会主任顾秀莲、甘肃省省长刘伟平、国务院参事、中国有色金属工业协会会长陈全训、中国科协副主席、中国工程院院士黄伯云、以及中国工程院院士汤中立、张国成、于润沧、张文海、蔡美峰等出席大会。省直有关部门负责人以及有关高等院校、科研院所、企业和国外研究机构的专家学者350余人参加大会。

9月24日

中国科技大学技术转移甘肃中心签约暨揭牌仪式在兰州举行，省政府副秘书长俞建宁主持仪式，副省长郝远出席会议。省科技厅副厅长郑华平与中国科技大学科研部部长罗喜胜签署合作协议。

甘肃省科技厅委托省科技情报研究所在全省14个市（州）开展科技报告培训工作，累计培训1200余人。

甘肃省科技发展投资有限责任公司、甘肃省高新技术创业服务中心组织兰州市内二十多家创客空间建设单位、企业共同发起成立兰州创客联盟。

9月26日

甘肃省科技厅厅长李文卿在京对接《兰白科技创新改革试验区发展规划（2015～2020）》编制工作。中国科学技术发展战略研究院班子成员全体、省科技厅副厅长巨有谦、省科技发展战略研究院规划编制组以及省创新办同志参加了对接活动。

9月28日

科技部科技人才交流中心丁颖一行来兰调研兰白试验区创新人才队伍建设工作，并与省科技厅、省人社厅、兰州市政府、白银市政府、兰州高新区、白银高新区进行交流座谈。

9月29日

甘肃省科技厅与省人大、省政府法制办在兰州组织召开了甘肃省学习贯彻促进科技成果转化法座谈会。省科技厅副厅长郑华平主持座谈会，省人大教科文卫委员会主任委员庞波、省政府法制办副主任曾施霖等领导出席会议并讲话。省直有关部门科技处负责人、省内有关高校、科研院所、企业负责人和省科技厅机关各处室、厅直属单位负责人等60余人参加了座谈会。

甘肃省科协、省科技厅、省教育厅、省文化厅、省农牧厅共同主办的2015年甘肃省学术年会在西北师范大学新校区召开。省政府副省长、省科协主席夏红民出席会议并讲话。中国工程院院士、第二炮兵后勤科学技术研究所所长侯立安，中国工程院院士、中科院近代物理研究所副所长夏佳文分别作了主题报告。省科协党组书记、第一副主席杨新科主持会议，西北师范大学校长刘仲奎致辞。省科技厅、省教育厅、省文化厅、省农牧厅、省科协等部门负责同志，省级学会、协会、研究会和市州科协负责同志，省内部分专家学者、西北师范大学师生代表共500余人参加会议。

10月12日

中科院近代物理研究所利用兰州重离子加速器上的充气反冲核谱仪，首次在国际上成功鉴别铀215（215U）和铀216（216U）两个铀最年轻的新同位素，向认识铀同位素存在的极限又前进了一步。

10月14日

科技部批准依托金川集团股份有限公司建设"镍钴资源综合利用国家重点实验室"、依托天水电气传动研究所有限责任公司建设"大型电气传动系统与装备技术国家重点实验室"。

10月19～22日

甘肃省科技厅、省粮食局、省妇联组成的第二宣传组在陇南康县开展"兴粮惠农进万家"为主题的宣传活动。

10月20日

甘肃省外办纪检组长唐晓玲一行调研省科技厅科技外事工作。省纪委驻省科技厅纪检组组长杨关义出席座谈会。

10月22日

甘肃省省长、兰白试验区领导小组组长刘伟平主持召开兰白试验区领导小组第六次会议。省委书记、兰白试验区领导小组组长王三运出席会议并讲话，省委秘书长李建华，副省长、兰白试验区领导小组副组长郝远及科技部创新发展司副司长刘敏、上海张江高新区管委会常务副主任、兰白试验区领导小组副组长曹振全出席会议。

10月23日

上海张江高新区管委会常务副主任曹振全一行实地调研上海张江高新区管委会支持兰白试验区建设工作。省政府副秘书长俞建宁、省科技厅副厅长巨有谦等领导，省科技厅相关处室，兰州市、白银市、兰州高新区、白银高新区及省科学院自然能源所相关部门负责同志陪同调研。

10月26日

科技部政策法规与监督司主办、甘肃省科技厅、省创新办承办的兰白试验区创新能力建设专题培训班在兰州开班。

10月27～29日

甘肃省科技厅副厅长巨有谦带领厅条财处、国际合作处、成果处、后勤服务中心及省分析测试中心负责同志赴陇南康县开展双联行动。

10月31日

由甘肃、青海、宁夏三省（区）生产力促进中心牵头组建的"甘青宁生产力促进服务联盟"在兰州成立。

11月5日

甘肃省副省长郝远带领省教育厅厅长王嘉毅、省科技厅副厅长郑华平一行访问西安交通大学。

甘肃省副省长郝远率甘肃代表团出席第二十二届中国杨凌农业高新科技成果博览会，省科技厅副厅长郑华平等陪同参加。甘肃代表团获得优秀组织奖，天水神舟绿鹏农业科技有限公司获得优秀展示奖，兰州世创生物科技有限公司"世创植丰宁"牌纯植物源生物农药香芹酚荣获博览会"后稷奖"。

11月5～7日

甘肃省科技厅组织省轻工院、省生产力促进中心和开展科技服务业区域试点的酒泉经开区、天水经开区、天水农业园区、临夏经开区、张掖工业园区负责同志赴江西省学习科技服务入园工作情况。

11月9日

科技部批复甘肃省依托甘肃中医药大学建设"中医药防治慢性病国际科技合作基地"、依托甘肃省农业科学院建设"干旱灌区节水高效农业国际科技合作基地"。

11月10日

甘肃省科技厅获得第二届"三农科技服务金桥奖"优秀组织奖。甘肃省推荐的37家单位获先进集体、16个项目获优秀项目、60位同志获先进个人，在全国名列前矛。

11月10～25日

甘肃省科技厅、省创新办联合省科技发展投资有限责任公司、白银市科技局、白银市创新办开展兰白创新驱动基金"三进"（进高校、进科研院所、进园区）宣讲活动。

11月11日

甘肃省科技厅副厅长郑华平、副巡视员张学斌带领厅机关党委、办公室、农村处、基础处、培训中心和省农业工程技术研究院负责同志赴古浪县新堡乡刘杨村、黄蟒塘村开展双联工作。

11月15～29日

中组部2015年中瑞行动项目甘肃子项目"兰白科技创新改革试验区科技金融人才培训项目"的25人在瑞士洛桑大学高级商学院开展为期14天的培训。

11月16日

第十七届中国国际高新技术成果交易会在深圳开幕，省科技厅副厅长毛曼君带领相关人员参加。

国家科技惠民计划项目"兰州市城关区数字化社会管理和服务平台示范"通过省科技厅等单位组织的专家验收。该项目总投资6366万元，全面构建了数字化社会管理综合调度指挥平台、数字化虚拟养老院服务系统和公共突发事件及灾害隐患预警体系，全面提升了城关区科学化的社会管理与服务水平。

11月23～27日

甘肃省十二届人大常委会第二十次会议审议《甘肃促进科技成果转化条例（修订草案）》。

11月25日

国家知识产权局批复庆阳市镇原县为2015年国家知识产权强县工程试点县，庆阳市环县、庆城县，张掖市肃南裕固族自治县为2015年国家传统知识知识产权保护试点县。

11月27日

甘肃省电力公司风电技术中心、国家电网公司"一种包含上下游效应实时监测的超短期预测方法"和兰州威特焊材炉料有限公司"SAL8090铝锂合金TIG/MIG焊丝及其制备方法"被国家知识产权局授予中国专利优秀奖。

11月28～30日

中国农科院兰州畜牧与兽药研究所主持的国家科技支撑计划"新型动物药剂创制与产业化关键技术研究"项目推进会在兰州召开。省科技厅副厅长郑华平主持会议，科技部农村科技发展中心、农业部科教司、中国兽医药品监察所以及中国农科院科技局等单位领导出席。

12月3日

中国科学技术交流中心副主任王艳率专家组到甘肃对中科院近代物理研究所"国际反质子与离子大科学研究合作机构"、中国农科院兰州兽医研究所"动物医学国合基地"、甘肃省科学院自然能源研究所"太阳能应用技术国合基地"3家国家国际科技合作基地进行评估。

12月4日

国家知识产权局印发《关于确定2015年度国家知识产权示范企业和优势企业的通知》，甘肃大禹节水股份有限公司获批为2015年度国家知识产权示范企业，玉门油田科达化学有限责任公司、兰州海红技术股份有限公司、甘肃普罗生物科技有限公司等10家企业为2015年度国家知识产权优势企业。

12月7日

甘肃省财政厅、省科技厅、省知识产权局联合制定出台《甘肃省专利资助资金管理办法》，这是自1985年我国正式实行专利制度以来，甘肃首次出台省级层面的专利资助政策。

12月8日

甘肃省科技厅在敦煌组织召开了"敦煌国家可持续发展实验区"验收会议，副巡视员何维华出席并讲话。

12月10日

甘肃省评审认定61家众创空间、242名创新创业导师、1个创新创业示范市。

12月10~11日

重庆市科委副主任王力军一行来甘肃调研"三区"科技人员专项计划工作并与"三区"代表进行座谈交流。甘肃省科技厅副巡视员张学斌陪同调研。来自甘肃农业大学、西北师范大学、甘肃省农科院、天水国家农业科技园区、省培训中心、省计算中心等培训机构代表和选派代表及兰州市、白银市、定西市等科技管理部门、企事业单位选派代表、培训代表及受援县区代表共40余人参加座谈交流。

12月15日

天水星火机床有限责任公司的"MK1380数控外圆炮管加工专用磨床"等7项新产品、新技术达到国际先进水平，获甘肃省优秀新产品新技术奖。

12月15~16日

北京大学科技开发部组织信息技术、应用化学、环境科学、复合材料等领域专家来甘肃省开展科技服务工作。这是贯彻落实《甘肃省科技厅北京大学科技开发部关于建立北京大学技术转移甘肃中心合作协议》的具体措施，通过省校双方协同合作，共同推动北京大学优势科技资源和成果在甘肃转移转化。

12月16日

国家科技惠民计划项目"武威市恶性肿瘤高发区防控模式示范"通过甘肃省科技厅组织的专家验收。该项目总经费1990万元，由兰州大学第一医院牵头，省内10家单位联合承担，以武威市胃癌高发为切入点，构建了政府主导、医疗卫生机构实施、公众广泛参与的省、市、县（区）、乡镇（社区）和村五级肿瘤防控体系，受益者达181万人，当地群众胃癌防控知识知晓率由实施前的27.41%提高到81.36%。

12月16～18日

甘肃省科技重大专项"饲用高粱种质创新及栽培技术研究与示范"项目推进暨培训交流会在兰州召开，省科技厅副厅长郑华平出席。会议邀请中科院、中国农科院、山西省农科院、兰州大学、北京古尊百奥公司等单位的行业专家围绕饲用高粱育种、高粱产业发展、甘肃栽培区划进行了专业知识培训和讲解。来自兰州、平凉、酒泉、武威等地从事高粱种质创新及栽培技术研究的科技人员和项目承担单位负责人等共计30余人参加。

12月18日

由甘肃省环境科学设计研究院、省膜科学技术研究院、兰州交通大学等单位联合攻关的甘肃省科技重大专项"甘肃省城镇污水处理回用技术示范应用"取得重大进展，研制出可行有效、适用性广、速度快的新型城镇污水处理回用技术及装置，已在甘肃省危险废物处置中心、甘肃电投三甲水电站等地的生产废水和生活污水进行了现场应用示范。

12月21日

甘肃省政府法制办副主任曾施霖带领省依法行政工作第三考核组，对省科技厅2015年依法行政工作进行了目标责任考核。

甘肃省农科院承担的国家科技支撑计划项目"西北黄土高原旱区增量增效科技工程"课题之一"黄土丘陵沟壑区（甘肃）增粮增效技术研究与示范"项目启动推进会在省农科院召开，配套该项目的甘肃省科技重大专项"甘肃中东部粮食作物稳产增效技术集成示范"项目启动会同时召开。省科技厅副厅长郑华平出席会议并讲话。

12月22日

甘肃建材检验检测认证集团有限公司在兰州科技大市场举行揭牌仪式。副省长夏红民、省政府副秘书长张正峰、省科技厅厅长李文卿、省质量技术监督局局长马平等为甘肃建材检验检测认证集团有限公司揭牌。省政府有关部门、建筑建材行业企业、省属科研院所和高等院校的代表等共计150余人参加了揭牌仪式。揭牌仪式由集团公司总经理李文斌主持。

陕西、甘肃、宁夏科学器材公司专业技术人员利用互联网和云服务对远程网络维护与应用的同步传输进行连接测试并举得成功，标志着陕甘宁科学仪器远程维护与应用系统正式开通。

12月23日

我国首台自主研发的医用重离子加速器在兰州建成出束，实现了碳离子束的加速（每核子400M电子伏）及非线性共振慢引出，达到了设计指标。中科院近代物理研究所会同其控股的兰州科近泰基新技术有限公司，将中科院近物所近60年积累的技术成功转化，研制出具有自主知识产权的医用重离子加速器，实现了世界最大型医疗器械的国产化，标志着中科院近物所成功走出了一条"重离子治疗相关基础研究→技术研发及应用研究→装置示范→产业化"的全产业链自主创新之路。

12月24日

甘肃省科技厅组织实施国家科技支撑计划"敦煌文化遗产与自然遗迹保护关键技术集成试验示范研究""敦煌生态修复关键技术研究与示范"等项目，支撑引领敦煌生态建设与文化保护。

12月26~28日

甘肃省科技厅副厅长郑华平带领相关专家和工作人员赴重庆调研"三区"科技人员专项计划工作，与重庆市科委及相关"三区"人才选派培训单位进行了交流座谈，参观了潼南国家农业科技园区"星创天地"创新创业服务平台、星创育苗基地、现代农业展览馆、科技示范基地和电子商务产业园，走访了园区内部分涉农科技企业。

12月29日

甘肃省副省长郝远调研武威市重离子治疗肿瘤中心，实地察看了重离子治癌中央控制室、主加速器、治疗终端、回旋加速器、同步加速器，深入了解设备创新点和调试工作情况。省政府副秘书长俞建宁、省科技厅厅长李文卿、省政府金融办副主任李相毅随行调研，武威市委书记火荣贵一同参加调研。

科技部认定白银、临夏、甘南国家农业科技园区为第七批国家农业科技园区。

12月30日

甘肃省知识产权局行政权力清单和责任清单经省政府审议，已在"甘肃政务服务网"阳光政务栏目正式公布。

12月31日

甘肃省组织推荐的《敦煌雅丹地貌形成发育过程图谱》荣获2015年全国优秀科普作品。

西北师大附中获国家知识产权局和教育部批复建设全国首批中小学知识产权教育试点学校。

甘肃省荣获2015年度全国科技活动周优秀组织单位。

12月

美国汤森路透科学情报研究所（ISI）公布了全球2015高被引科学家名单，兰州大学数学与统计学院李万同教授继2014年入选榜单后再次入选2015全球高被引科学家。

甘肃省促进科技成果转化条例

第一条 根据《中华人民共和国促进科技成果转化法》和有关法律、行政法规，结合本省实际，制定本条例。

第二条 县级以上人民政府负责管理、指导和协调本行政区域内的科技成果转化工作，应当将科技成果的转化纳入国民经济和社会发展规划，完善科技成果转化政策，健全科技服务体系，引导社会资金投入，推动科技成果转化资金投入多元化。

第三条 县级以上人民政府科学技术行政部门、经济综合管理部门和其他有关行政部门依照法定职责，具体管理、指导和协调科技成果转化工作。

第四条 县级以上人民政府应当引导研究开发机构、高等院校与企业合作，通过联营、技术转让、参股控股等方式，开展产学研一体化研究、开发与试验，促进科技成果转化应用。

第五条 科技成果持有者可以采用下列方式进行科技成果转化：

（一）自行投资实施转化；

（二）向他人转让该科技成果；

（三）许可他人使用该科技成果；

（四）以该科技成果作为合作条件，与他人共同实施转化；

（五）以该科技成果作价投资，折算股份或者出资比例；

（六）其他协商确定的方式。

第六条 对下列科技成果转化项目，县级以上人民政府通过政府采购、研究开发资助、后补助、发布产业技术指导目录、示范推广等方式予以支持：

（一）能够显著提高产业技术水平、经济效益或者能够形成促进社会经济健康发展的新产业的；

（二）能够显著提高国家安全能力和公共安全水平的；

（三）能够合理开发和利用资源、节约能源、降低消耗以及防治环境污染、保护生态、提高应对气候变化和防灾减灾能力的；

（四）能够改善民生和提高公共健康水平的；

（五）能够促进高产、优质、高效、生态、安全农业或者农村经济发展的；

（六）能够加快少数民族地区、边远地区、贫困地区社会经济发展的。

第七条 鼓励研究开发机构、高等院校和技术转移服务机构利用其国际科技合作资源，促进与国外研究开发机构、高等院校和企业开展产学研合作。

第八条 县级以上人民政府应当引导支持科技服务业发展，创新科技成果转化服务模式，拓展科技创新服务链，促进科技服务业网络化、专业化、规模化、国际化。

第九条 县级以上人民政府应当将科技成果转化纳入地方扶贫开发规划，采取有效措施，推动科技成果在贫困地区的转化应用。

鼓励研究开发机构、高等院校、农业试验示范单位在本省贫困地区实施农业科技成果转化。

第十条 县级以上人民政府应当培育和发展技术市场，鼓励创办科技中介服务机构，为技术交易提供交易场所和信息平台、信息加工与分析、评估、经纪等服务。对社会力量设立的科技中介服务机构，可采取政府购买服务等方式予以支持。

第十一条 省人民政府根据产业和区域发展需要建立公共研究开发平台和公共科技服务平台，为科技成果转化提供技术咨询、技术集成、共性技术研究开发、中间试验和工业性试验、科技成果系统化和工程化开发、技术推广与示范检验检测、标准认证、计量检定校准等服务。

第十二条 县级以上人民政府应当建立科技成果转化的稳定投入机制，逐年提高科技成果转化的投入。财政预算安排的科技成果转化经费，主要用于科技成果转化的引导资金、贷款贴息、补助资金和风险投资以及其他促进科技成果转化的资金用途。

第十三条 省人民政府设立科技成果转化引导基金，主要用于新技术、新工艺、新材料、新产品等创新成果转化运用，支撑战略性新兴产业发展和优势传统产业升级改造。

第十四条 建立和完善科技成果转化的风险投资机制。鼓励设立风险投资机构和科技贷款担保组织。鼓励保险机构开发符合科技成果转化特点的保险品种，为科技成果转化提供保险服务。

支持企业通过股权交易、依法发行股票和债券等直接融资方式为科技成果转化项目进行融资。

第十五条 利用财政资金设立的科技项目，其承担者应当按照科技报告制度规定的程序和要求，及时向项目主管部门提交科技报告，并将科技成果和相关知识产权信息汇交到科技成果信息系统。

项目主管部门对科技报告按照分类管理、受控使用的原则向社会公开。涉密项目的科技报告按照国家保密法律法规进行管理。

第十六条 对研究开发机构、高等院校以科技成果作价入股的企业，放宽股权激励、股权出售对企业设立年限和盈利水平的限制。

第十七条 政府设立的研究开发机构和高等院校在转移科技成果时，优先面向中小微企业。

第十八条 政府设立的研究开发机构、高等院校，应当按照国家相关规定建立科技成果转化情况年度报告制度。

第十九条 政府设立的研究开发机构、高等院校的主管部门以及科学技术、财政、人力资源和社会保障等相关行政部门和国有企业应当建立有利于促进科技成果转化的绩效考核评价体系，将科技成果转化情况作为对相关单位及人员评价、科研资金支持的重要内容和依据之一，并对科技成果转化绩效突出的相关单位及人员加大科研资金支持。

政府设立的研究开发机构、高等院校和国有企业应当建立符合科技成果转化工作特点的职称评定、岗位管理和考核评价制度，完善收入分配激励约束机制。

第二十条 政府设立的研究开发机构、高等院校科技人员经征得本单位同意，可以兼职到企业等从事科技成果转化活动，或者离岗创业。

创业期间三年内保留人事关系和基本待遇，与原单位其他在岗人员同等享有参加职称评聘、岗位等级晋升和社会保险等方面的权利。

第二十一条 鼓励有科技成果转化实践经验的企业管理和科技人才到研究开发机构、高等院校兼职。

第二十二条　从事科技成果转化和先进适用技术推广工作的科技人员，在专业技术职务评聘、工作条件、生活待遇等方面与科学研究和教学人员同等对待。

第二十三条　县级以上人民政府选聘的从事科技成果转化服务活动的科技特派员，可以取得技术服务报酬、创办企业或者从企业获得股权、期权和分红。

第二十四条　研究开发机构、高等院校和科技中介服务机构利用财政资金支持形成的，不涉及国防、国家安全、国家利益、重大社会公共利益的科技成果的使用权、处置权和收益权，全部下放给项目承担单位。单位主管部门和财政部门对科技成果在境内的使用、处置不再审批或者备案，科技成果转移转化所得收入全部留归本单位。

研究开发机构、高等院校成果所获得的收入，扣除对完成和转化职务科技成果做出重要贡献人员的奖励和报酬后，主要用于科学技术研发与成果转化等相关工作。

第二十五条　职务科技成果转化后，由科技成果完成单位对完成、转化该项科技成果做出重要贡献的人员给予奖励和报酬。奖励和报酬的方式、数额和时限，科技成果完成单位可以规定或者与科技人员约定。未规定、也未约定奖励和报酬方式、数额和时限的，按照下列标准对完成、转化职务科技成果做出重要贡献的人员给予奖励和报酬：

（一）将该项职务科技成果转让、许可给他人实施的，从该项科技成果转让净收入或者许可净收入中提取不低于百分之六十的比例；

（二）利用该项职务科技成果作价投资的，从该项科技成果形成的股份或者出资比例中提取不低于百分之六十的比例；

（三）将该项职务科技成果自行实施或者与他人合作实施的，应当在实施转化成功投产后连续三至五年，每年从实施该项科技成果的营业利润中提取不低于百分之十的比例。

第二十六条　违反本条例规定的行为，法律法规已有处罚规定的，从其规定。

第二十七条　科技人员所属单位违反本条例规定，未依法或者依约定对完成和转化职务科技成果做出重要贡献的科技人员给予奖励和报酬的，由该单位主管部门责令限期改正；逾期未改正的，由该单位主管部门依法追究单位责任人的行政责任。

第二十八条　科学技术行政部门和其他有关部门及其工作人员在科技成果转化中滥用职权、玩忽职守、徇私舞弊的，由任免机关或者监察机关对直接负责的主管人员和其他直接责任人员依法给予处分；构成犯罪的，依法追究刑事责任。

第二十九条　本条例自2016年6月1日起施行。1998年12月11日省九届人大常委会第七次会议通过的《甘肃省促进科技成果转化条例》同时废止。

（2016年4月1日省十二届人大常委会第二十二次会议修订通过）

甘肃省技术市场管理办法

第一条 为加强技术市场管理，保障技术交易当事人的合法权益，促进科技成果转移转化，推动科技进步和经济社会发展，根据《中华人民共和国合同法》、《甘肃省促进科技成果转化条例》、《甘肃省技术市场条例》等有关法律、法规，结合本省实际，制定本办法。

第二条 本办法所称的技术市场是指从事技术中介服务和技术商品的经营活动。它以推动科技成果向现实生产力转化为宗旨，具体开展技术开发、技术转让、技术咨询、技术服务及其相关的其他技术交易活动。

第三条 本办法适用于自然人、法人和其他组织在本省行政区域内从事技术开发、技术转让、技术咨询、技术服务等技术交易活动和技术交易服务活动。

第四条 县级以上人民政府科学技术行政部门负责本行政区域内技术市场的管理监督工作，履行以下职责：

（一）宣传贯彻有关技术市场的法律、法规和规章；

（二）负责技术合同的认定登记和技术市场统计；

（三）负责技术市场管理、经营和业务培训；

（四）负责技术市场工作的奖励和监督；

（五）法律、法规规定的其他职责。

工商、税务等其他有关行政部门在各自职责范围内做好技术市场的管理、指导和服务工作。

第五条 技术交易各方应当遵循自愿、公平、等价有偿和诚实信用的原则。

第六条 技术交易不受地区、行业、隶属关系和专业范围的限制。一切有益于经济建设、社会发展和科技进步的技术、技术信息都可以进行交易，国家法律、法规另有规定的除外。

第七条 技术交易实行合同制。技术交易当事人应当依法订立技术合同。技术合同的内容由当事人约定。技术交易当事人可以直接交易，也可以通过中介方交易。

技术交易可以通过常设技术市场、网络技术市场以及技术交易会、招标会、拍卖会、洽谈会、信息发布会、科技集市、技术承包、技术入股、技术引进等多种方式进行。

第八条 在技术交易活动中，卖方应当是所提供技术的合法拥有者，并保证其所提供技术的真实性。中介方应当保证自己所提供技术信息的真实性及其来源的合法性。买方应当按照合同约定使用技术，支付费用。

第九条 制作、发布与技术和技术信息有关的广告，应当如实反映该技术和技术信息的性能和效益，必须符合国家法律、法规有关广告管理的规定。

第十条 在技术交易活动中，禁止下列行为：

（一）侵犯他人知识产权、技术权益的；

（二）窃取他人技术秘密的；

（三）以欺诈、胁迫、贿赂等非法手段订立技术合同的；

（四）非法垄断技术和阻碍技术成果转化应用的；

（五）法律、法规禁止的其他行为。

第十一条 县级以上人民政府应当建立健全技术市场，培育各类技术交易服务机构，鼓励建立和完善专业化、社会化、网络化的技术市场服务体系和技术转移机制。

积极开拓农村技术市场，为农村经济提供综合配套技术服务。促进先进适用技术向少数民族地区转移，推进贫困地区的技术进步和经济发展。

第十二条 鼓励兴办各类技术交易中介服务机构。中介服务机构应当为技术交易提供场所、技术论证、技术评估、技术产权交易、技术招标代理等服务。

鼓励企业引进、应用和吸收符合国家产业政策和环保要求的国内外先进技术。鼓励研究开发机构、高等院校以转让、作价入股等方式加强技术转移，在不增加编制的前提下建设专业化技术转移机构。

鼓励技术经纪人依法开展业务活动，并依法保护技术经纪人的权益。技术经纪人应当具备相应的从业资质和专业知识。

第十三条 技术市场各类同业协会应当依据协会章程开展活动，并对会员进行职业道德、行为规范以及执业技能等自律管理，提供技术交易信用服务，适时公布技术交易当事人的信誉信息。

第十四条 技术合同生效后，技术交易的卖方、中介方可以向技术合同登记机构申请认定登记。申请技术合同认定登记应当提供真实、完整的中文书面技术合同文本和相关附件。

以数据电文形式订立的技术合同，当事人申请认定登记的，应当出具纸介形式的合同文本。

同一技术合同只能认定登记一次。

第十五条 技术合同认定登记机构对当事人所提交的合同文本和相关材料进行审查和认定。其主要事项是：

（一）是否属于技术合同；

（二）分类登记；

（三）核定技术性收入数额。

技术合同认定登记机构应当自受理认定登记申请之日起十五日内作出是否予以认定登记的决定，对符合条件的予以登记，对非技术合同或者不符合条件的技术合同不予登记，并向当事人说明理由。

当事人对技术合同认定登记机构的认定结论有异议的，可以按照《中华人民共和国行政复议法》的规定申请行政复议。

第十六条 以技术入股的合同，可以按照技术转让合同认定登记。

从事与技术开发、技术转让相关的技术中介服务的收入，经认定登记，视同技术开发、技术转让收入，享受国家及本省的优惠政策。

第十七条 技术交易当事人凭技术合同书和认定登记证明，可以按照法律、法规的有关规定享受减免税收、提取奖酬费用等优惠政策。

从境外引进技术所订立的合同，当事人凭外经贸部门出具的技术转让合同批准文件，可以按照国家的规定享受税收优惠政策。

第十八条　纳税人提供技术转让、技术开发和与之相关的技术咨询、技术服务免征增值税。免征增值税的技术转让、技术开发的价款和与之相关的技术咨询、技术服务的价款应当在同一张发票上开具。纳税人申请免征增值税时，须持技术转让、开发的书面合同，到纳税人所在地省级科技主管部门认定，并持有关的书面合同和科技主管部门审核意见证明文件报主管税务机关备查。符合条件的技术转让所得可以减免企业所得税。凡享受企业所得税优惠的，应当按照企业所得税相关规定向税务机关履行备案手续，妥善保管留存备查资料。

企业、事业单位和其他组织按照国家有关规定可从认定登记的技术开发、技术转让、技术咨询和技术服务合同的技术性净收入中提取20%-30%的奖酬金，奖酬金以认定登记机构核定的技术性收入为基数计算，税前扣除，计入成本，但不纳入本单位工资总额基数。

奖酬金的提取凭技术合同认定登记机构的登记证明和本单位出具的证明到单位基本账户银行提取现金。

第十九条　经认定登记的技术合同，以技术转让或者许可方式转化职务科技成果的，卖方应当从技术转让或者许可所取得的净收入中提取不低于60%的比例，奖励直接参加技术研究、开发、咨询和服务的人员。买方可以在实施该项技术成果的新增收益中提取一定比例，奖励为实施技术成果做出重要贡献的人员。

对科技人员在科技成果转化工作中开展技术开发、技术咨询、技术服务等活动给予的奖励，可按照本办法执行。

国有企业、事业单位依照本办法对完成、转化职务科技成果作出重要贡献的人员给予奖励和报酬的支出计入当年本单位工资总额，但不受当年本单位工资总额限制、不纳入本单位工资总额基数。

第二十条　承担国家和地方科技计划项目所完成的技术成果及其形成的知识产权，项目承担单位可以依法自主决定实施、许可他人实施、转让、作价入股，并取得相应的收益。在转让其知识产权时，技术成果完成人享有同等条件下优先受让的权利。

第二十一条　省科学技术行政部门管理本省的技术合同认定登记工作。市（州）及其他技术合同登记机构具体办理技术合同的认定登记。

技术合同认定登记机构及其工作人员对涉及国家秘密及当事人商业秘密的技术合同，应当承担保密义务。

第二十二条　县级以上人民政府科学技术行政部门工作人员不依法履行技术市场管理职责或者玩忽职守、徇私舞弊的，由所在单位或者主管部门对相关责任人给予行政处分；构成犯罪的，依法追究刑事责任。

第二十三条　本办法由甘肃省科学技术厅负责解释。

第二十四条　本办法自2016年7月1日起施行，有效期5年。

（甘科成规〔2016〕2号，2016年6月15日）

甘肃省科技企业孵化器认定和管理办法

第一章 总 则

第一条 为贯彻落实创新驱动发展战略，营造良好的创新创业氛围，提升我省科技企业孵化器（以下简称孵化器）的创业服务能力与管理水平，引导、促进我省孵化器行业发展，培育国家级科技企业孵化器，推动大众创业、万众创新，根据《中华人民共和国中小企业促进法》、科技部《科技企业孵化器认定和管理办法》（国科发高〔2010〕680号）文件精神，结合我省实际，制定本办法。

第二条 孵化器是以促进科技成果转化、培养高新技术企业和企业家为宗旨的科技创业服务载体，是科技创新体系的重要组成部分，是区域创新体系的重要内容。孵化器包括科技创业服务中心、大学科技园、归国留学人员创业园等综合性、专业性的科技企业创业服务机构。

专业孵化器是指围绕特定技术领域或特殊人群，在孵化企业、服务内容、运行模式和服务平台上实现专业化服务的孵化器。

第三条 孵化器主要功能是以科技型创业企业为服务对象，提供研发、试制、经营的场地和共享设施，提供政策、法律、投融资、企业管理、市场推广和加速成长等方面的培训、辅导与咨询服务，以降低在孵企业创业风险和创业成本，提高企业的成活率和成长性，培育成功的科技型企业和创业领军人才。

第四条 省级科技行政管理部门负责对全省孵化器的宏观管理和业务指导，负责省级孵化器的认定和管理工作。市（州）、县（区）科技行政管理部门负责辖区内的孵化器建设、管理和指导。

第二章 省级孵化器的认定

第五条 省级孵化器应当具备下列条件：

1. 以促进科技成果转化、培养高新技术企业和企业家为宗旨，具有独立的法人资格，经营状况良好。

2. 定位及发展方向明确，机构设置合理，管理团队具有较高的管理能力和经营水平。孵化器管理人员不低于7人，其中具有大专及以上学历人员的比例占70%以上，接受孵化器专业培训的人员比例达20%以上。

3. 可自主支配的孵化场地使用面积达 5000 m² 以上，专业孵化器达 3000 m² 以上。其中，在孵企业使用的场地（含公共服务场地）面积占场地总面积的 75% 以上，公共服务场地是指孵化器提供给在孵企业共享的活动场所，包括公共餐厅和接待室、会议室、展示室、活动室、技术检测室等非盈利性配套服务场地。

4. 在孵企业总数30家以上（专业孵化器的在孵企业20家以上），在孵企业应有15%以上已申请专利，在孵企业中的大专及以上学历人数占企业总人数的50%以上。

5. 能够为在孵企业提供经营场地和共享设施，形成了创业导师工作机制和服务体系，具备为在孵企业提供创业咨询辅导，以及政策、法律、投融资、人力资源和市场推广等方面服务的能力。

6. 能够按要求组织上报孵化器及在孵企业的统计数据，且统计数据真实、齐全。

7. 孵化器实际运营时间1年以上，运营情况良好。累计毕业企业数达3家以上，在孵企业和毕业企业提供就业岗位300个以上。

8. 形成了创业导师工作机制和服务体系，能够提供创业咨询、辅导和技术、金融、管理、商务、市场、国际合作等方面的服务。

9. 专业孵化器应具备专业技术公共平台或中试基地，并且有专业化技术服务能力和管理团队。

10. 属经济欠发达地区的孵化器，上述条件可适当放宽。

第六条 孵化器在孵企业应当具备下列条件：

1. 在孵企业应是科技型创业企业，成立时间一般不超过2年或上年营业收入一般不超过200万元。

2. 企业注册地和主要研发、办公场所在孵化器场地内。

3. 在孵时限一般不超过5年，特殊情况下可适当延长。

4. 从事研究、生产的主营产品应符合我省产业发展要求，知识产权明晰。

5. 单一在孵企业入驻时使用的孵化场地面积，一般不超过1000m²，特殊情况下可适当增加。

第七条 孵化器毕业企业应具备下列条件中的至少两条：

1. 具有自主知识产权。

2. 连续2年累计营业总收入超过500万元或上年营业总收入超过400万元。

3. 被兼并、收购或在资本市场上市。

第八条 省级孵化器申报认定的基本程序：

1. 申报主体编制申报材料，并向所在市（州）科技行政管理部门提出申请。

2. 地方科技行政管理部门初审合格后，向省科技行政管理部门提出书面推荐意见。

3. 省科技行政管理部门受理省级孵化器认定申请，分批组织专家评审，并视情况进行实地考察。通过专家评审并认定的孵化器，由省科技行政管理部门发文公布，并统一授牌。

4. 被认定为省级孵化器的单位，其原产权和隶属关系不变。

第三章　孵化器管理

第九条 省级孵化器依照国家、省有关规定，享受相关优惠政策扶持。

第十条 各级地方政府和科技行政管理部门、高新区管委会，要坚持正确导向、强化目标管理、推动体制创新，把孵化器建设与发展作为引进高层次科技创业人才，提升区域自主创新能力和产业技术升级的重要手段，要引导孵化器用好用足已有的各类政策，在发展规划、土地征用和财政投入等方面提供政策支持，促进孵化器健康发展，在科技计划安排中对孵化器及在孵企业予以倾斜。鼓励有条件的市（县、区）根据经济发展需要，建设特色孵化器。

第十一条　鼓励孵化器开展创业培训、咨询和辅导等预孵化服务，建设众创空间，完善企业孵化加速机制，建立全孵化链条的服务体系，提供科技成果转化信息及咨询服务，满足在孵企业不同阶段发展需求。

第十二条　孵化器应坚持"专业孵化+创业导师+天使投资"的孵化模式，探索和推动持股孵化及市场化运行机制，提升内生发展能力，鼓励孵化器设立种子资金或孵化资金；建立或完善在孵企业联系制度、毕业企业跟踪制度，延伸服务范围；建立金融担保贷款机制，与银行、投资机构合作，创新面向科技创业企业的金融产品，拓展孵化功能，促进企业的加速成长。

第四章　统计和考评

第十三条　省级孵化器参加科技年度统计工作，省科技行政管理部门对省级孵化器进行年度考评。

第十四条　各市（州）科技行政管理部门负责指导、监督本辖区内省级孵化器数据统计、报告、考评工作。

第十五条　省级孵化器考评结果分为优秀（A）、良好（B）、合格（C）和不合格（D）四个等级。考评结果为优秀的省级孵化器，在安排相关科技计划项目和表彰时，予以优先考虑。

第十六条　不按规定时间和要求提供考评资料的或提供虚假评价资料的省级孵化器，视为不合格。

第十七条　对连续2次考评结果不合格的省级孵化器，取消其省级资格。被取消省级资格的孵化器，2年内不得重新申报。

第五章　附　则

第十八条　各市（州）科技行政管理部门可参照本办法制定地方孵化器管理规定。

第十九条　本办法由省科技行政管理部门负责解释，自2016年7月1日起实施，有效期至2021年7月1日止。

（甘科高规〔2016〕1号，2016年7月18日）

甘肃省科学技术奖励办法实施细则
（2016年修订版）

第一章　总　则

第一条　为了做好甘肃省科学技术奖励工作，保证甘肃省科学技术奖的评审质量，根据《甘肃省科学技术奖励办法》（省政府第104号令）（以下简称奖励办法）制订本细则。

第二条　本细则适用于甘肃省科技功臣奖、甘肃省自然科学奖、甘肃省技术发明奖、甘肃省科技进步奖的推荐、评审、授奖等各项工作。

第三条　甘肃省科学技术奖授予在推动科学技术进步，促进发明创造和科技成果转化，发展高新技术产业中做出突出贡献的公民、组织。对同一项目授奖的公民、组织按贡献大小排序。

第四条　甘肃省科学技术奖所授予的公民、组织，是指在甘的公民、组织，或与在甘的公民、组织合作的其他地域的公民或组织。

第五条　甘肃省科学技术奖是省政府授予公民或者组织的荣誉，授奖证书不作为确定科学技术成果权属的直接依据。

第六条　甘肃省科学技术奖励委员会（以下简称奖励委员会）负责省科学技术奖的宏观管理和指导，对省科学技术奖的评审活动及评审结果等进行协调和作出决议；奖励委员会下设评审委员会和监督委员会，分别负责省科学技术奖的评审和监督。

第七条　甘肃省科学技术行政部门负责省科学技术奖评审的组织工作和全省科学技术奖励的管理工作，并设立甘肃省科学技术奖励委员会办公室（以下简称奖励办公室），负责科学技术奖励日常工作。

第二章　奖励范围和评审标准

第一节　甘肃省科技功臣奖

第八条　奖励办法第六条（一）所称"在科学技术创新、科学技术成果转化及高新技术产业化中做出突出贡献，创造重大经济效益和社会效益的"，是指候选人在科学技术活动中，特别是在高新技术领域取得一批具有自主知识产权的重要科技成果，并以市场为导向，积极推动科技成果转化，实现产业化，引领了该技术领域的跨越发展，促进了产业结构的变革，创造了重大的经济效益、生态效益或者社会效益，对促进甘肃经济、社会发展做出了突出贡献。

第九条　奖励办法第六条（二）所称"在某一学科领域取得重大突破或者在科学技术发展中卓有建树的"，是指候选人在基础研究、应用基础研究方面取得系列或者特别重大发现，丰富和拓展了学科理论，引起该学科或者相关学科领域的突破性发展，主要论著已在国内外公开发行的重要学术刊物上发表或者作为学术专著公开发行，为国内外同行所公认，曾获得国家级或国际上科技奖励，对科学技术发展和社会进步做出了重大贡献。

第十条 省科技功臣奖的候选人应当热爱祖国，具有高尚的科学道德，并仍活跃在当代科技前沿，从事科学研究和技术开发工作的在甘公民。

第十一条 省科技功臣奖不分等级，每年评选一次，每次授予人数不超过1名，可以空缺，且不重复授予同一公民。

第二节 甘肃省自然科学奖

第十二条 奖励办法第七条（一）所称"前人尚未发现或者尚未阐明"，是指在国内外该项自然科学新发现首次提出，且主要论著为国内外首次发表。

第十三条 奖励办法第七条（二）所称"具有重要科学价值"是指该发现在科学理论、学说上有创见，或者在研究方法、手段上有创新；对于推动学科发展具有重大意义，或者对于经济建设和社会发展具有重要影响。

第十四条 奖励办法第七条（三）所称"得到国内外自然科学界公认"，是指主要论著已在国内外公开发行的学术刊物上发表或者作为学术专著出版三年以上，其重要科学结论已为国内外同行所正面引用或者应用。

第十五条 自然科学奖的候选人应当是相关科学技术论著的主要作者，并具备下列条件之一：

（一）提出总体学术思想、研究方案；

（二）发现重要科学现象、特性和规律，并阐明科学理论和学说；

（三）提出研究方法和手段，解决关键性学术疑难问题或者实验技术难点，以及对重要基础数据的系统收集和综合分析等。

第十六条 自然科学奖每个项目的授奖人数不超过5人。推荐综合性重大自然科学发现的候选人数超过规定的，推荐单位或推荐人应当在《甘肃省科学技术奖励推荐书》（以下简称推荐书）中提出充分理由。

第十七条 评定自然科学奖获奖项目的等级标准如下：

（一）在科学上取得突破性进展，发现的自然现象、揭示的科学规律、提出的学术观点或者其研究方法为国内外学术界所公认和广泛应用，推动了本学科或者相关学科的发展，或者对经济建设、社会发展有重大影响的，可以评为一等奖；

（二）在科学上有重要的进展，发现的自然现象、揭示的科学规律、提出的学术观点或者其研究方法为国内外学术界所公认和引用，推动了本学科或者其分支学科的发展，或者对经济建设、社会发展有重要影响的，可以评为二等奖；

（三）在科学上有一定的进展，并为学术界所公认和引用，对本学科的发展有一定的推动作用，或者对经济建设、社会发展有一定影响的，可以评为三等奖。

第三节 甘肃省技术发明奖

第十八条 奖励办法第八条所称的"产品"是指各种仪器、设备、器械、工具、零部件及生物新品种等；所称的"工艺"是指工业、农业、医疗卫生和国家安全等领域的各种技术方法；所称的"材料"是指各种技术方法获得的新物质等；所称的"系统"是指产品、工艺和材料的技术集成。

第十九条 技术发明奖的授奖范围不包括仅依赖个人经验和技能、技巧又不可重复实现的技术。

第二十条 奖励办法第八条（一）所称"前人尚未发明或者尚未公开"，是指该项技术发明为国内外首创，或者虽然国内外已有但主要技术内容尚未在国内外各种公开出版物、媒体及其他公众信息渠道上发表或者公开，也未曾公开使用过。

第二十一条 奖励办法第八条（二）所称"具有先进性和创造性"，是指该项技术发明与国内外已有同类技术相比较，其技术思路有创新，技术上有实质性的特点和显著的进步，主要性能（性状）、技术经济指标、科学技术水平及其促进科学技术进步的作用和意义等方面综合优于同类技术。

第二十二条 奖励办法第八条（三）所称"具有自主知识产权"，是指该项技术已经获得发明专利、实用新型以及非简单改变产品图案和形象的外观设计专利、计算机软件著作权、集成电路布图设计权、动植物新品种权；国家、行业和甘肃省地方技术标准等。

第二十三条 奖励办法第八条（四）所称"经实施应用三年以上，创造显著经济效益或者社会效益"，是指该发明技术成熟，已实施应用三年以上，应用效果显著。

第二十四条 技术发明奖的候选人应当是该项技术发明自主知识产权的全部或者部分创造性技术内容的独立完成人。

技术发明奖单项授奖人数实行限额，每个项目的授奖人数不超过6人。

第二十五条 技术发明奖授奖等级根据候选人所做出的技术发明综合评定，评定标准如下：

（一）属国内外首创的重大技术发明，技术思路独特，技术上有重大的创新，技术经济指标达到了同类技术的领先水平，推动了相关领域的技术进步，产生了显著的经济效益或者社会效益，可以评为一等奖；

（二）属国内外首创，或者国内外虽已有，但尚未公开的重要技术发明，技术思路新颖，技术上有较大的创新，技术经济指标达到了同类技术的先进水平，对本领域的技术进步有推动作用，取得明显的经济效益或者社会效益，可以评为二等奖；

（三）属国内外首创，或者国内外虽已有，但尚未公开的技术发明，技术思路新颖，技术上有一定的创新，技术经济指标达到了同类技术的先进水平，对本领域的技术进步有推动作用，取得较大的经济效益或者社会效益，可以评为三等奖。

第四节 甘肃省科技进步奖

第二十六条 奖励办法第九条（一）所称"技术开发项目"，是指在科学研究和技术开发活动中，完成具有市场价值和经济效益的产品、技术、工艺、材料、设计、系统、资源开发、动植物新品种及其推广应用。

第二十七条 奖励办法第九条（三）所称"社会公益项目"，是指在标准、计量、科技信息、科技档案等科学技术基础性工作和环境保护、人口卫生、自然资源调查和合理利用、自然灾害监测预报和防治等社会公益性科学技术事业中取得的重大成果及其推广应用。

第二十八条 奖励办法第九条（四）所涉及的科普类奖励参考国家有关办法另行制定评审规则。

第二十九条 奖励办法第九条（五）所称的"三年以上"是指该项目三年以上较大规模的实施应用；所称的"创造显著经济效益或者社会效益"，是指该项目技术成熟，并较大规模的实施应用，产生了很大的经济效益或者社会效益，实现了技术创新的市场价值或者社会价值，为本省经济建设、社会发展做出了很大贡献。

第三十条 奖励办法第九条所述"企业技术创新的奖项"，是指企业为实现产业关键技术、共性技术突破或重大产品研发，提升产业技术水平和竞争能力等目标，实施的自主创新活动所取得的重要成果，该类项目需由企业作为主要完成单位申报且须是产学研合作机制。

第三十一条 省科技进步奖候选人应具备下列条件之一：

（一）在设计项目的总体技术方案中做出重要贡献；

（二）在关键技术和疑难问题的解决中做出重大技术创新；

（三）在成果转化和推广应用过程中做出创造性贡献；

（四）在高技术产业化方面做出重要贡献。

第三十二条 省科技进步奖候选单位应当是在项目研制、开发、投产、应用和推广过程中提供技术、设备和人员等条件，对项目的完成起到组织、管理和协调作用的主要完成单位。

各级政府部门不得作为省科技进步奖的候选单位。

第三十三条 省科技进步奖单项授奖人数和授奖单位数实行限额。一等奖的授奖人数不超过15人，授奖单位不超过10个；二等奖的授奖人数不超过10人，授奖单位不超过7个；三等奖的授奖人数不超过7人，授奖单位不超过4个。

第三十四条 省科技进步奖候选项目应当总体符合下列条件：

（一）技术创新性突出：在技术上有重要的创新，特别是在高新技术领域进行自主创新，形成了产业的主导技术和名牌产品，或者应用高新技术对传统产业进行装备和改造，通过技术创新，提升传统产业技术水平，提高产品附加值；技术难度较大，解决了行业发展中的热点、难点和关键问题；总体技术水平和主要技术经济指标达到了行业的领先水平；

（二）经济效益或者社会效益显著：成果经过三年以上较大规模的实施应用，产生了显著的经济效益或者社会效益，实现了技术创新的市场价值或者社会价值，为经济建设、社会发展和国家安全做出了突出贡献；

（三）推动行业科技进步作用明显：项目的转化程度高，具有较强的示范、带动和扩散能力，提高了行业的整体技术水平，促进了产业结构的调整、优化、升级及产品的更新换代，对行业的发展具有很大的促进作用。

第三十五条 省科技进步奖授奖等级根据候选人所完成的项目综合评定，评定标准如下：

（一）技术开发项目类：

在关键技术或者系统集成上有重大创新，技术难度大，总体技术水平和主要技术经济指标达到了同类技术或者产品的国际先进水平，市场竞争力强、成果转化程度高，创造了重大的经济效益，对行业的技术进步和产业结构优化升级有重大作用的，可以评为一等奖。

在关键技术或者系统集成上有较大创新，技术难度较大，总体技术水平和主要技术经济指标达到了同类技术或者产品的国内领先水平，成果转化程度较高，创造了显著的经济效益，对行业的技术进步和产业结构调整有显著意义的，可以评为二等奖。

在关键技术或者系统集成上有一定创新，有一定的技术难度，总体技术和主要技术经济指标达到同类技术或者产品的国内先进水平，成果转化程度较高，创造了明显的经济效益，对行业的技术进步和产业结构调整有较大意义的，可以评为三等奖。

（二）社会公益项目类：

在关键技术或者系统集成上有重大创新，技术难度大，总体技术水平、主要技术经济指标达到了同类技术或者产品国际先进水平，并得到广泛应用，取得了重大的社会效益，对科技发展和社会进步有重大意义的，可以评为一等奖。

在关键技术或者系统集成上有较大创新，技术难度较大，总体技术水平、主要技术经济指标达到了同类技术或者产品的国内领先水平，在较大范围应用，取得了显著的社会效益，对科技发展和社会进步有显著意义的，可以评为二等奖。

在关键技术或者系统集成上有一定创新，技术有一定难度，总体技术水平、主要技术经济指标达到了国内先进水平，在较大范围应用，取得了较大的社会效益，对科技发展和社会进步有较大意义的，可以评为三等奖。

（三）推广应用项目类：

在推广应用技术上有重大创新，区域或行业中有很大覆盖面，占可推广面比例很大；推广方法和措施有很大的改进和创新，具有很强的示范、带动和扩散能力，推广应用效果十分突出，取得了显著的经济效益、社会效益和生态效益，可以评为一等奖。

在推广应用技术上有较大创新，区域或行业中有较大的覆盖面，占可推广面比例较大；推广方法和措施有较大的改进或创新，具有较大的示范、带动和扩散能力，推广应用效果很突出，取得了显著的经济效益、社会效益和生态效益，可以评为二等奖。

在推广应用技术上有创新，区域或行业中有一定的覆盖面，占可推广面一定比例；推广方法和措施有一定的改进和创新，具有一定的示范、带动和扩散能力，推广应用效果较突出，取得了较大的经济效益、社会效益和生态效益，可以评为三等奖。

第三十六条 按照甘肃省科技进步奖评审程序，同时评审企业技术创新示范奖和优秀科技创新企业家奖。旨在鼓励企业自主创新、彰显创新科技人才，加快转变发展方式和产业优化升级，奖励在技术创新、促进科技进步方面做出突出贡献的企业和企业家。企业技术创新示范奖和优秀科技创新企业家奖分别授予企业和企业家，每年评选一次，每次授予企业和企业家各不超过1家（人），可以空缺，且不重复授予同一企业和企业家，等同于科技进步奖一等奖。

第三章　评审组织

第三十七条　奖励办法第五条、第十四条等所称的省科学技术行政部门为省科学技术厅（以下简称省科技厅），其主要职责是：

（一）负责全省科学技术奖励的指导、管理工作；

（二）省科学技术奖的申报、评审工作的组织协调和管理；

（三）负责向省人民政府提出奖励委员会组成人选；

（四）负责公示奖励委员会的授奖建议，报省人民政府批准；

（五）会同有关部门及时处理异议；

（六）负责国家科学技术奖推荐的相关工作，报省人民政府向国家推荐。

第三十八条　奖励办法第五条"省科学技术奖励委员会日常工作由省科学技术行政部门负责"，负责机构指省科技厅下设的奖励办公室，其主要职责是：

（一）负责研究提出全省科学技术奖励的政策措施，负责省科学技术就奖励工作计划的制定和实施；

（二）负责推荐项目的受理、形式审查和公示等工作；

（三）负责异议受理、组织处理异议；

（四）负责推荐、评审、授奖等各项工作的具体实施和协调保障；

（五）负责获奖项目的跟踪调研和相关统计分析；

（六）负责国家科学技术奖的推荐及相关的指导和服务。

第三十九条　奖励委员会的主要职责是：

（一）根据奖励类别分别聘请有关专家、学者组成评审委员会；

（二）聘请有关专家、学者、管理人员等5人组成监督委员会，监督委员会主任由管理部门相关负责人担任；

（三）根据评审委员会的评审结果，实名投票产生获奖人选、项目和奖励等级，并作出授奖建议；

（四）研究、解决省科学技术奖评审工作中出现的其他重大问题；

（五）为完善省科学技术奖励工作提供政策性意见和建议。

奖励委员会实行聘任制，每届任期3年。

第四十条　奖励委员会委员41~45人，主任委员由省科技厅厅长担任；副主任委员3-5人，由两院院士及省科技厅和省直有关部门分管科学技术奖励工作的负责人担任；秘书长1人，由奖励办公室主任担任。奖励委员会委员由科技、教育、经济、社会发展等领域的专家、学者、企业家和行政部门领导组成，委员人选由省科技厅提出，报省人民政府批准。

第四十一条　奖励委员会主任、副主任及秘书长组成奖励委员会领导机构，负责代表奖励委员会审批评审委员会组成人员名单，审批年度省科学技术奖组织及评审方案，以及其他年度奖励工作的有关事项。

第四十二条　奖励委员会从专家库遴选并聘请有关专家组成科技功臣奖、自然科学奖、技术发明奖、科技进步奖评审委员会，其中技术发明奖评审委员会中，来自企业的专家不能少于50%。

第四十三条 各评审委员会设主任委员1人，副主任委员1~2人，委员若干人。其主要职责是：

（一）负责省科学技术奖的评审工作；

（二）对省科学技术奖的授奖人选、项目和奖励等级提出评审建议；

（三）向奖励委员会报告评审结果；

（四）处理省科学技术奖评审工作中出现的有关问题；

（五）为完善省科学技术奖励工作提供政策性意见和建议。

第四十四条 根据评审工作需要，委员每年更新半数以上。各评审委员会可根据当年奖励申报情况，设立若干专业（学科）评审组，各专业（学科）评审组设组长1人，副组长1~2人，委员7~9人。各专业（学科）评审组负责本类别省科学技术奖的专业（学科）评审工作，并提出评审结果。

评审委员会成员及专业（学科）评审组成员实行年度聘任制，其资格由省科技厅认定。

第四十五条 省科学技术奖励评审委员会及其专业（学科）评审组的评审委员和相关的工作人员，应当对候选人和候选单位所完成项目的技术内容及评审情况严格保守秘密。

第四章　推荐和受理

第四十六条 省科学技术奖实行推荐制度。省科技厅在每年评审工作启动时，向社会公开发布推荐通知，提出评审工作安排和具体推荐要求。

第四十七条 奖励办法第十条"授奖比例1∶4∶5"是指一等奖不超过年度授奖数的10%，二等奖不超过40%，三等奖不超过50%。

第四十八条 奖励办法第十一条（一）（二）所列推荐单位的推荐工作，由其科学技术主管机构负责。省直有关部门以及市、州所属的候选人（候选项目）须由省直有关部门或市、州人民政府办公室行文推荐；奖励办法第十一条（三）所列中央在甘单位可直接推荐；奖励办法第十一条（五）由2名以上中国科学院院士、中国工程院院士、甘肃省科技功臣共同推荐1名科技功臣候选人或1项自然科学奖（候选项目）；奖励办法第十一条（六）所列经省科技厅认定的，具备推荐条件的企业集团及其他企事业单位和社会力量设奖单位等亦可推荐。

第四十九条 推荐单位和推荐人推荐省科学技术奖的候选人、候选单位应当征得候选人和候选单位的同意，并对被推荐人、被推荐项目择优推荐。单位推荐的应当在推荐单位和被推荐人所在单位分别公示；个人推荐的由被推荐人所在单位公示。填写由省科技厅制作的统一格式的推荐书，提供必要的证明或者评价材料。推荐书及相关材料应当完整、真实、准确、可靠。

推荐单位和推荐人负责对推荐材料进行形式审查，并确认推荐材料的真实性和准确性。对不符合规定的推荐材料，不得推荐。

第五十条 一项科学技术成果在同一年度只能推荐一种奖励类别；不得重复推荐参加科技功臣奖、自然科学奖、技术发明奖和科技进步奖评审；同一完成人在同一年度只能作为一个项目推荐的前三名完成人，同一完成人每年参加推荐项目不得超过2项。上一年度一等奖项目的前三名完成人，再次作为项目前三名完成人推荐的，须间隔一年以上。

第五十一条　奖励办法第十二条"省科学技术奖采取限额推荐"指推荐人根据推荐指标实行逐级推荐和限额推荐。各推荐单位在省科技厅当年下达的推荐限额内进行推荐。

申报与推荐省科学技术奖的项目应具备下列条件：

（一）科技成果符合国家有关规定和《甘肃省科学技术奖励办法》的要求；

（二）按规定格式和要求认真填写《甘肃省科学技术奖推荐书》；

（三）推荐科技进步奖的候选项目应当是经省科技厅或国内同等机构登记的科技成果，成果登记截止日期为上年十二月三十一日；

（四）在规定的期限内进行省科学技术奖的申报推荐；

（五）在科学研究、技术发明和技术开发中仅从事组织管理和辅助服务的人员，未直接参与科学研究、技术发明和技术开发的政府部门公务员和企事业单位主要负责人、行政管理人员原则上不得作为省科学技术奖候选人和候选项目完成人被推荐。

第五十二条　在上年进入评审程序经评定未授奖的各类省科学技术奖候选人、候选单位，如果再次以相同或者相关项目技术内容推荐的，须间隔一年以上。

第五十三条　省科学技术奖的申报推荐程序，原则上按照候选项目第一完成单位（人）的直属或属地关系逐级申报，经符合奖励办法及本细则规定的推荐单位审查合格后推荐。

两个或两个以上单位（人）合作完成的项目，若第一完成单位（人）是省外的，且已在我省实施应用，创造了显著的经济效益或社会效益，对我省的经济建设、社会发展做出重要贡献的，经征得第一完成单位（人）及其主管部门同意，可以按照省内排序最前完成单位（人）的直属或属地关系申报推荐。

中央在甘单位完成的项目，可以按照单位属地关系或行业归口关系或代管关系申报推荐。

第五十四条　奖励办法第十三条（一）指涉密成果；奖励办法第十三条（二）指凡存在知识产权以及推荐单位、推荐人员等方面争议的，在争议未解决前不得推荐；奖励办法第十三条（三）指各种对人体健康、社会安全和公共利益有害的成果；奖励办法第十三条（四）指法律、行政法规规定必须取得有关许可证，且直接关系到人身和社会安全、公共利益的项目，如动植物新品种、食品、药品、基因工程技术和产品等，在未获得有关主管行政机关批准之前，不得推荐；奖励办法第十三条（五）指同一技术内容已经获得同级或同级以上政府、同级行业和军队科学技术奖励的，不得推荐；奖励办法第十三条（六）指候选人、候选单位及其项目如被发现存在本细则规定不得推荐的情形的，不提交评审。

第五十五条　奖励办法第十二条"单位推荐的应当在推荐单位和被推荐人所在单位分别公示"，指推荐人要在向省科技厅推荐前在公开和显著地方对推荐人（项目）的基本情况进行公示，公示期不少于7个工作日；省科技厅对被推荐人、被推荐项目进行形式审查，并在其官方网站上公布通过形式审查的省科学技术奖候选单位、候选人及项目简介，公示期为7个工作日。

第五章　评　审

第五十六条　符合《甘肃省科学技术奖励办法》第十一条及本细则第四十七条规定的推荐组织和推

荐个人，应当在规定的时间内向奖励办公室提交推荐书及相关材料。奖励办公室对不符合规定的推荐材料，不提交评审。

第五十七条 对形式审查合格并经公布后没有异议，或者虽有异议但已在规定时间内处理完毕的自然科学奖、技术发明奖、科技进步奖推荐材料，由奖励办公室提交相应评审委员会下设的专业（学科）评审组按照本细则第二章规定的奖励范围和评审标准进行初评。科技功臣候选人由奖励办公室组织相关专家，对其进行综合性实地考察，形成调研意见，提交相应评审组。

第五十八条 奖励委员会根据评审委员会的评审结果，对科技功臣奖提名人（限一人）和其他科学技术奖评审为一等奖候选项目的主要完成人应当在奖励委员会会议上进行答辩，实名投票产生授奖建议。

第五十九条 省科学技术奖的评审表决规则如下：

（一）专业（学科）组评审（初评）。初评以网络评审或者网络会议评审方式进行，自然科学奖初评由省外专家网络评审，以记名限额投票方式表决并按得分高低排序产生初评结果；

（二）各奖种评审委员会评审（复评）。省科学技术奖各奖种评审委员会以网络会议方式进行评审，以记名限额投票方式表决产生评审结果；

（三）评审采取网络评审或网络会议评审的方式。以打分投票表决产生评审结果。各评审委员会在认真审阅材料的基础上，采取定性与定量结合的方法，按照限额提出科技功臣奖候选人及自然科学奖、技术发明奖、科技进步奖一、二、三等奖候选项目；

（四）各评审委员会向奖励委员会报告本评审委员会评审情况和评出的省科技功臣奖候选人及省自然科学奖、技术发明奖、科技进步奖候选项目情况；

（五）奖励委员会采取差额评选、记名方式对省科技功臣奖候选人、省自然科学奖、技术发明奖、科技进步奖一、二、三等奖候选项目进行评审表决（终评）；

（六）奖励委员会及其各奖种评审委员会的评审会议应当至少三分之二以上委员到会，其网络会议表决结果有效；

（七）科技功臣奖及自然科学奖、技术发明奖、科技进步奖一、二等奖获奖项目，须经奖励委员会到会委员三分之二以上投票通过。通过三分之二以上投票的项目超过限额时，从高至低取至限额；

（八）评审自然科学奖、技术发明奖和科技进步奖的三等奖以网络评审得分排序等额确定。

第六十条 评审过程中出现的问题，由奖励办公室提出解决方案，分别由评审委员会和奖励委员会审议通过后实行。

第六十一条 省科学技术奖评审实行回避制度，被推荐为省科学技术奖的候选人不得参加当年评审工作；其他与被评审的候选人、候选单位或者项目有利害关系的评审专家应当回避。

第六十二条 省科技厅对参加评审活动的专家学者建立信誉档案，信誉记录作为推荐评审委员会委员人选的重要依据。

第六章 监督与异议处理

第六十三条 由有关专家、学者、管理人员等5人组成的监督委员会，主任委员由管理部门负责人担任，负责对省科学技术奖的推荐、评审和异议处理工作进行监督，并在评审结束前向奖励委员会做出年度评审工作监督报告。监督委员会组成人选由省科技厅提出，报奖励委员会批准。

第六十四条　任何单位和个人发现省科学技术奖的推荐、评审和异议处理工作中存在问题的，可以向监督委员会进行举报和投诉。有关方面收到举报或者投诉材料的，应及时转交监督委员会。

第六十五条　监督委员会对在评审活动中违反奖励办法及本细则有关规定的专家学者，建议有关方面给予责令改正、记录不良信誉、警告、通报批评或者取消资格的处理。

第六十六条　省科技厅将奖励委员会的授奖建议及时向社会公示，公示期30日。在公示期内，任何单位或者个人对公示事项有异议的，以书面形式实名向省科技厅提出。

第六十七条　省科学技术奖励接受社会监督。科学技术奖评审工作实行异议制度，异议受理范围包括对候选人、候选单位所完成项目的创新性、先进性、实用性、真实性等，以及推荐书填写不实所提的异议。

第六十八条　异议分为实质性异议和非实质性异议。凡对项目的技术内容、有关评价材料的真实性提出的异议为实质性异议；对候选人、候选单位及其排序的异议为非实质性异议。

第六十九条　提出异议的单位或者个人应当提供书面异议材料，并提供必要的证明文件。

个人提出异议的，应在书面异议材料上签署真实姓名；以单位名义提出异议的，应当加盖本单位公章。以匿名方式提出的异议一般不予受理。

第七十条　奖励办公室在收到异议材料后应当进行审查，对符合规定并能提供充分证据的实质性异议予以受理。

第七十一条　实质性异议由奖励办公室负责协调，会同有关部门处理，由推荐单位或推荐人协助，涉及异议的任何一方应积极配合，不得推诿和延误。推荐单位或推荐人在接到异议通知后应当在15天时间内核实异议材料，并将调查、核实的情况报送奖励办公室审核。必要时，奖励办公室可以组织评审委员及专家进行调查，提出处理意见。推荐单位或者推荐人在规定的时间内未提出调查、核实报告和协调处理意见的，视为自动放弃。

非实质性异议不予受理。

第七十二条　奖励办公室、推荐单位工作人员、推荐专家，以及其他参与异议调查、处理的有关人员应对异议者的身份予以保密；确实需要公开的，应事先征求异议者的意见。

第七十三条　提出异议的单位、个人不得自行将异议材料直接提交评审组织或者其他委员；评审委员收到异议材料的应当及时转交奖励办公室，不得自行提交评审组织讨论或转发其他委员。

第七十四条　监督委员会负责监督异议处理的全过程。任何单位和个人发现省科学技术奖的评审和异议处理工作中存在问题，可向省监督委员会进行举报和投诉。

第七章　批准和授奖

第七十五条　奖励委员会根据评审委员会的评审结果，作出获奖人、获奖单位、获奖项目、奖励种类及等级的决定，省科技厅将公示后的授奖建议，报省人民政府批准。

第七十六条 甘肃省科技功臣奖获得者，授予"甘肃省科技功臣"荣誉称号，省人民政府颁发荣誉证书和奖金。省科技功臣奖奖金数额为80万元。

第七十七条 甘肃省自然科学奖、甘肃省技术发明奖、甘肃省科技进步奖由省政府颁发证书和奖金。奖金数额为：一等奖8万元、二等奖4万元、三等奖2万元。

获奖项目的奖金应如数发给获奖个人，各级单位不得截留，不得以任何借口克扣、挤占和挪用。科学技术奖励的获奖奖金，不计入单位奖金总额，不征收个人所得税。

第七十八条 省科学技术奖励年度评审工作经费和奖金共700万元，由省财政列入年度预算。省科学技术奖的推荐、评审、授奖的经费管理，按照我省有关规定执行。

第八章 法律责任

第七十九条 剽窃、侵夺他人的科学发现、技术发明及其他科学技术成果的，或者以其他不正当手段骗取省科学技术奖的单位和个人，经查明属实，由省科技厅报省人民政府批准后，撤销其奖励，追回奖励证书和奖金并公告且五年内不得申报省科学技术奖。

第八十条 推荐单位和推荐人协助他人提供虚假数据、材料申报省科学技术奖的，由省科技厅给予通报批评。

参与评审活动的省科学技术奖励委员会和省科学技术奖评审委员会的委员在评审活动中弄虚作假、徇私舞弊、玩忽职守的，取消其评审资格，由省科技厅通报批评，建议其所在单位或者主管部门依法予以处理。参与评审活动的其他有关人员在评审活动中弄虚作假、徇私舞弊、玩忽职守的，依法予以处理。

第九章 附 则

第八十一条 本细则自发布之日起实施，有效期至2021年6月15日止。2014年7月28日发布的《甘肃省科学技术奖励办法实施细则（2014年修订版）》同时废止。

（甘科成规〔2016〕1号，2016年6月15日）

甘肃省省级科技计划（专项、基金等）严重失信行为记录规定（试行）

第一条 为加强科研信用体系建设，净化科研风气，构筑诚实守信的科技创新环境氛围，规范省级财政科技计划（专项、基金等）（以下简称"科技计划"）相关管理工作，保证科技计划和项目目标实现及财政资金安全，推进依法行政，根据《国家科技计划（专项、基金等）严重失信行为记录暂行规定》（国科发政〔2016〕97号）、《甘肃省科学技术进步条例》、《甘肃省人民政府关于印发改进加强省级财政科研项目和资金管理的办法的通知》（甘政发〔2015〕78号）和有关法律法规，制定本规定。

第二条 本规定所指严重失信行为是指科研不端、违规、违纪和违法且造成严重后果和恶劣影响的行为。本规定所指严重失信行为记录，是对经有关部门、机构查处认定的，科技计划和项目相关责任主体在项目申报、立项、实施、管理、验收、咨询评审评估和成果登记等全过程的严重失信行为，按程序进行的客观记录，是科研信用体系建设的重要组成部分。

第三条 严重失信行为记录应当覆盖科技计划、项目管理和实施的相关责任主体，遵循客观公正、标准统一、分级分类的原则。

第四条 本规定的记录对象为在参与科技计划、项目组织管理或实施中存在严重失信行为的相关责任主体，主要包括有关项目承担人员、咨询评审专家等自然人，以及项目管理专业机构、项目承担单位、中介服务机构等法人机构。

政府工作人员在科技计划和项目管理工作中存在严重失信行为的，依据公务员法及其相关规定进行处理。

第五条 甘肃省科学技术厅（以下简称省科技厅）会同有关行业部门、项目管理专业机构，根据科技计划和项目管理职责，负责受其管理或委托的科技计划和项目相关责任主体的严重失信行为记录管理和结果应用工作。

相关部门加强合作与信息共享，实施跨部门联合惩戒，形成工作合力。

第六条 实行科技计划和项目相关责任主体的诚信承诺制度，在申请科技计划项目及参与科技计划项目管理和实施前，本规定第四条中所涉及的相关责任主体都应当遵守诚信承诺制度。

第七条 结合科技计划管理改革工作，逐步推行科研信用记录制度，加强科技计划和项目相关责任主体科研信用管理。

第八条 参与科技计划、项目管理和实施的相关项目承担人员、咨询评审专家等自然人，应当加强自律，按照相关管理规定履职尽责。以下行为属于严重失信行为：

（一）采取贿赂或变相贿赂、造假、故意重复申报等不正当手段获取科技计划和项目承担资格。

（二）项目申报或实施中抄袭他人科研成果，故意侵犯他人知识产权，捏造或篡改科研数据和图表等，违反科研伦理规范。

（三）违反科技计划和项目管理规定，无正当理由不按项目任务书（合同、协议书等）约定执行；擅自超权限调整项目任务或预算安排；科技报告、项目成果等造假。

（四）违反科研资金管理规定，套取、转移、挪用、贪污科研经费，谋取私利。

（五）利用管理、咨询、评审或评估专家身份索贿、受贿；故意违反回避原则；与相关单位或人员恶意串通。

（六）泄露相关秘密或咨询评审信息。

（七）不配合监督检查和评估工作，提供虚假材料，对相关处理意见拒不整改或虚假整改。

（八）其他违法、违反财经纪律、违反项目任务书（合同、协议书等）约定和科研不端行为等情况。

第九条 参与科技计划、项目管理和实施相关项目管理专业机构、项目承担单位以及中介服务机构等法人和机构，应当履行法人管理职责，规范管理。以下行为属于严重失信行为：

（一）采取贿赂或变相贿赂、造假、故意重复申报等不正当手段获取管理、承担科技计划和项目或中介服务资格。

（二）利用管理职能，设租寻租，为本单位、项目申报单位、项目承担单位或项目承担人员谋取不正当利益。

（三）项目管理专业机构违反委托合同约定，不按制度执行或违反制度规定；管理严重失职，所管理的科技计划和项目或相关工作人员存在重大问题。

（四）项目承担单位未履行法人管理和服务职责；包庇、纵容项目承担人员严重失信行为；截留、挤占、挪用、转移科研经费。

（五）中介服务机构违反合同或协议约定，采取造假、串通等不正当竞争手段谋取利益。

（六）不配合监督检查和评估工作，提供虚假材料，对相关处理意见拒不整改或虚假整改。

（七）其他违法、违反财经纪律、违反项目任务书（合同、协议书等）约定等情况。

第十条 对具有本规定第八条、第九条行为的责任主体，且受到以下处理的，纳入严重失信行为记录。

（一）受到刑事处罚或行政处罚并正式公告。

（二）受审计、纪检监察等部门查处并正式通报。

（三）受相关部门和单位在科技计划、项目管理或监督检查中查处并以正式文件发布。

（四）因伪造、篡改、抄袭等严重科研不端行为被国内外公开发行的学术出版刊物撤稿，或被国内外政府奖励评审主办方取消评审和获奖资格并正式通报。

（五）经核实并履行告知程序的其他严重违规违纪行为。

对纪检监察、监督检查等部门已掌握确凿违规违纪问题线索和证据，因客观原因尚未形成正式处理决定的相关责任主体，参照本条款执行。

第十一条 依托甘肃省科技计划管理信息系统建立严重失信行为数据库。记录信息应当包括：责任主体名称、统一社会信用代码、所涉及的项目名称和编号、违规违纪情形、处理处罚结果及主要责任人、处理单位、处理依据和做出处理决定的时间。

对于责任主体为法人和机构，根据处理决定，记录信息还应包括直接责任人员。

第十二条 对于列入严重失信行为记录的责任主体，按照科技计划和项目管理办法的相关规定，阶段性或永久取消其申请省级科技计划、项目或参与项目实施与管理的资格，阶段性取消其推荐申请国家科技计划、项目或参与项目实施的资格。同时，在后续省级科技计划和项目管理工作中，应当充分利用严重失信行为记录信息，对相关责任主体采取如下限制措施：

（一）在科研立项、评审专家遴选、项目管理专业机构确定、科研项目评估、科技奖励评审、间接费用核定、结余资金留用以及基地人才遴选中，将严重失信行为记录作为重要依据。

（二）对纳入严重失信行为记录的相关法人单位，以及违规违纪违法多发、频发，一年内有2个及以上相关责任主体被纳入严重失信行为记录管理的法人单位作为项目实施监督的重点对象，加强监督和管理。

第十三条 实行记录名单动态调整机制，对处理处罚期限届满的相关责任主体，及时移出严重失信记录名单。

第十四条 严重失信行为记录名单为省科技厅、相关部门、项目管理专业机构、监督和评估专业化支撑机构掌握使用，严格执行信息发布、查询、获取和修改的权限。

严重失信行为记录名单及时向责任主体通报，对于责任主体为自然人的还应向其所在法人单位通报。

对行为恶劣、影响较大的严重失信行为按程序向社会公布失信行为记录信息。

第十五条 在本规定暂行实施的基础上，总结经验，完善跨部门联动工作体系，加强与其他社会信用记录衔接，逐步形成全省统一的科研信用制度和管理体系。

第十六条 国家和省有关法律法规对国家和省级科技计划和项目相关责任主体所涉及的严重失信行为另有规定的，依照其规定执行。

各市、州科技计划和项目管理可参照执行。

第十七条 本规定自发布之日起实施，有效期二年，由省科技厅负责解释。

（甘科计〔2016〕7号，2016年7月13日）

主要参考文献

1. 甘肃年鉴编委会.2015甘肃发展年鉴[M].北京：中国统计出版社，2015

2. 甘肃省科学技术厅，甘肃省统计局，甘肃省教育厅.2015甘肃科技统计年鉴[R].2015

3. 李文卿.2015甘肃科技发展报告[M].兰州：甘肃科学技术出版社，2015

4. 甘肃省科学技术厅，甘肃省科学技术奖励委员会办公室.甘肃省科学技术奖励公报.2015

5. 甘肃省科学技术厅，甘肃省统计局.2015甘肃省科技进步统计监测报告[R].2016

6. 甘肃省知识产权局.甘肃省专利统计分析报告[R].2015

7. 中国科技发展战略研究院，中国科学院大学中国创新创业管理研究中心.2015中国区域创新能力评价报告2015[M].北京：科学技术文献出版社，2016

8. 中国科技发展战略研究院.国家创新指数报告[M].北京：科学技术文献出版社，2016

9. 科学技术部办公厅.世界前沿技术发展报告2015[M].北京：科学出版社，2015

10. 2015世界科技发展回顾

    http://digitalpaper stdaily.com/http_www.kjrb.com/kjrb/html/2015-01/07/content_289061.htm?div=-1

11. 2015中国十大科技进展新闻 http://tech.gmw.cn/newspaper/2015-02/01/content 104229326.htm

12. 中华人民共和国科学技术部网站.http://www.most.gov.cn

13. 中华人民共和国中央人民政府网站. http://www.gov.cn/

14. 新华网.http://news.china.com

15. 甘肃人民政府网站. http://www.gansudaily.com.cn/

16. 甘肃省科学技术厅网站. http://www.gsstc.gov.cn

17. 甘肃省科技信息网. http://www.gsinfo.net.cn

18. 甘肃统计信息网. http://www.gstj.gov.cn/

19. 甘肃省工业和信息化委员会网站. http://www.gsec.gov.cn/

20. 每日甘肃网. http://www.gansudaily.com.cn/

21. 搜狐网新闻频道. http://news.sohu.com

后 记

金秋送爽，《2016年甘肃科技发展报告》（以下简称《报告》）与大家见面了。《报告》在延续以往篇章结构的基础上，体现数据资料的真实、准确和连续性，力求更加生动地反映全省科技创新工作的新进展、新成果和新动向，分析谋划"十三五"科技发展的方向重点，为各级管理部门和科技人员了解甘肃科技，进行科学决策和科学研究提供基础数据和决策参考。

2015年，全省科技工作紧紧围绕经济社会发展大局，坚定不移实施创新驱动发展战略，扎实推进科技体制机制改革，《报告》全面反映了2015年主要领域科技工作进展和取得的重大科技成就；展示"十二五"期间甘肃省大院大所在重大科技创新、成果转化、人才培养、服务经济社会发展等方面的成效；围绕精准脱贫、科技创新人才、战略性新兴产业发展、"互联网+"科技大市场、环境保护科技创新等方面，邀请省内外知名专家和高层管理人员进行专题研究，并提出对策建议；收录了2015年甘肃省出台的重大科技政策和文件。《报告》力求内容丰富、图文并茂。

《报告》在编写过程中得到了中国农村技术开发中心、甘肃省发展改革委、甘肃省科技发展投资有限责任公司、甘肃省环境科学设计研究院、中国科学院兰州分院、甘肃省科学院、甘肃省农业科学院、中国农业科学院兰州畜牧与兽药研究所、中国农业科学院兰州兽医研究所、甘肃省商业科技研究所等单位领导和同志的大力支持；得到了甘肃省科技厅各业务处室、甘肃省知识产权局、甘肃省科技发展战略研究院的大力支持和帮助。在此对所有支持和参与《报告》编写工作的专家和领导致以深深的谢意！

参与《报告》撰稿的人员有省内外特邀知名专家（见正文内），还有（按姓氏笔画排序）：马燕玲、马锟、于彩虹、王明学、牛振明、付英、刘勇、刘晓荣、吴洁琼、苏积德、李晓玲、陈晓飞、张佳宁、杨志才、欧阳春光、郭涛、荣良骥、姜玲、谢艳艳。张自强、马燕玲、刘晓荣进行了统稿与稿件审核，在此一并感谢。

感谢广大读者对《报告》的长期支持和关注，欢迎对本书的编辑工作提出宝贵的意见和建议。

《报告》中未作单独说明的数据均来自于甘肃省科学技术厅相关业务处统计报表。《报告》中数据如与国家统计年鉴有出入，请以权威统计年鉴为准。

《2016甘肃科技发展报告》编写组

2016年9月